定边–樊学罗卯地区延安组、延长组成藏条件及工程地质研究

唐建云 陈玉宝 杨海龙 张冠华 著

中国石化出版社

图书在版编目（CIP）数据

定边－樊学罗卯地区延安组、延长组成藏条件及工程地质研究/唐建云等著．—北京：中国石化出版社，2022.1
ISBN 978－7－5114－6538－2

Ⅰ．①定… Ⅱ．①唐… Ⅲ．①鄂尔多斯盆地－成藏条件②鄂尔多斯盆地－石油天然气地质－研究 Ⅳ．①P618.130.2

中国版本图书馆 CIP 数据核字（2022）第 014245 号

中国石化出版社出版发行
地址：北京市东城区安定门外大街 58 号
邮编：100011 电话：（010）57512500
发行部电话：（010）57512575
http：//www. sinopec-press. com
E-mail：press@ sinopec. com
北京艾普海德印刷有限公司印刷
全国各地新华书店经销
*
710×1000 毫米 16 开本 12.25 印张 185 千字
2022 年 2 月第 1 版 2022 年 2 月第 1 次印刷
定价：108.00 元

前言

FOREWORD

近些年，鄂尔多斯盆地定边－樊学罗卯地区在侏罗系延安组、三叠系延长组发现了许多新油田，表明该地区具有丰富的石油资源。然而在已发现的油田中，低渗、特低渗透油藏储量约占总储量的28%，已探明而未开发的地质储量中，低渗、特低渗透油藏储量占36%以上。低渗、特低渗透油田的开发已成为该地区稳定发展的重要潜力之一，特别是随着经济的快速发展，对能源的需求越来越大，能源短缺的问题也越来越突出，高品位油藏日渐减少，大规模开采储量丰富的低渗、特低渗油藏已刻不容缓、势在必行。

本书以油气系统及油气成藏理论为指导，应用测井、录井、岩心及各种油气地质、地球化学、地球物理等分析资料对鄂尔多斯盆地定边－樊学罗卯地区延安组和延长组成藏条件、油藏类型及油气富集规律的差异性进行了深入分析。此外通过对该地区油藏工程研究、注水开发效果分析、技术政策研究等，以期寻找出一套适合该油区地层特点的注水开发方案，提高水驱动用程度，提高单井产量，提高油田开发采收率，提升油田整体开发水平和经济效益，同时也为同类型油藏“高效、科学、合理、经济”的开发提供科学依据。

本书以油气系统及油气成藏理论为指导，通过对定边地区油藏地质及油藏工程研究、注水开发效果分析、技术政策等展开研究，全书共分8章。

第1章主要介绍了定边－樊学罗卯地区所处的自然地理位置、地质背景、地层特征以及勘探开发现状等相关内容。

第2章建立了定边－樊学罗卯地区三叠系延长组及侏罗系延安组地层骨架结构，恢复了前侏罗纪古地貌，识别了河谷、高地、斜坡等古地貌单元。

第3章通过对延安世及延长世轻、重矿物及其类型的研究，分析了研究区主要沉积物源方向，利用目的层段的岩性特征、结构特征及电测曲线特征进行沉积相识别与划分。

第4章依据烃源岩地球化学特征对定边－樊学罗卯地区区长7和长9烃源岩进行了深入的分析与研究，并对定边－樊学罗卯地区主力油层的油源问题进行了分析。

第5章分别对定边－樊学罗卯地区延安组及延长组主要目的层段进行了储层评价；对延安组及延长组主要油层组砂体及其展布特征、物性与含油性特征进行了详细的描述与刻画。

第6章根据定边－樊学罗卯地区延安组与延长组主要油层的特点，分别总结了其主要的油藏类型，在此基础上对油气成藏条件、富集规律及主控因素进行了深入的分析。

第7章针对定边－樊学罗卯油区的压力与温度系统进行了分析，对该区的油藏特征、试油、试采特征、注水能力进行了分析。

第8章按照理论结合实际的原则，对定边－樊学罗卯地区开发状况、注水方式和井网的适应性进行分析评价，结合单井产能、措施方法和参数，提出开发樊学罗卯油区合理注水方法，并对采收率进行预测，且对生产能力和采油速度进行分析。

在本书编写过程中，得到了西北大学大陆动力学国家重点实验室开放课题基金（课题编号：20LCD04）、江西省重点实验室开放基金（课题编号：JELRGBDT202008）的大力支持。任战利（西北大学），崔军平、殷文［中国石油大学（北京）克拉玛依校区］，王维（中国石油新疆油田勘探开发研究院）、陈大友（兰州城市学院），孙新铭（克拉玛依职业技术学院）等同志参与了素材收集整理及编校工作，在此一并表示衷心的感谢！由于作者水平有限，尽管付出很大努力，书中仍难免存在瑕疵和错误，恳请各位读者批评指正。

目录

CONTENTS

第 1 章　定边地区地质概况

定边 – 樊学罗卯地区处于鄂尔多斯盆地西北部，地层发育相对完整，具有多套含油层系。定边 – 樊学罗卯地区油田延安组“高产”油气藏以及延长组“下组合”油气藏的新发现是鄂尔多斯盆地今年来的油气增产增储点。勘探开发历程充分表明研究区三叠系延长组及侏罗系延安组具有很大的勘探开发潜力。

1.1　自然地理位置

定边 – 樊学罗卯地区位于陕西省榆林市定边县西北部，距离定边县城约 20km，西接宁夏回族自治区盐池县，面积约 $12000km^2$。区域内研究区地表被第四系黄土覆盖，地面海拔为 1013 ~1297m，地形起伏不平，沟谷纵横，干旱少雨，为典型的黄土高原墚峁地貌(图 1 – 1)。

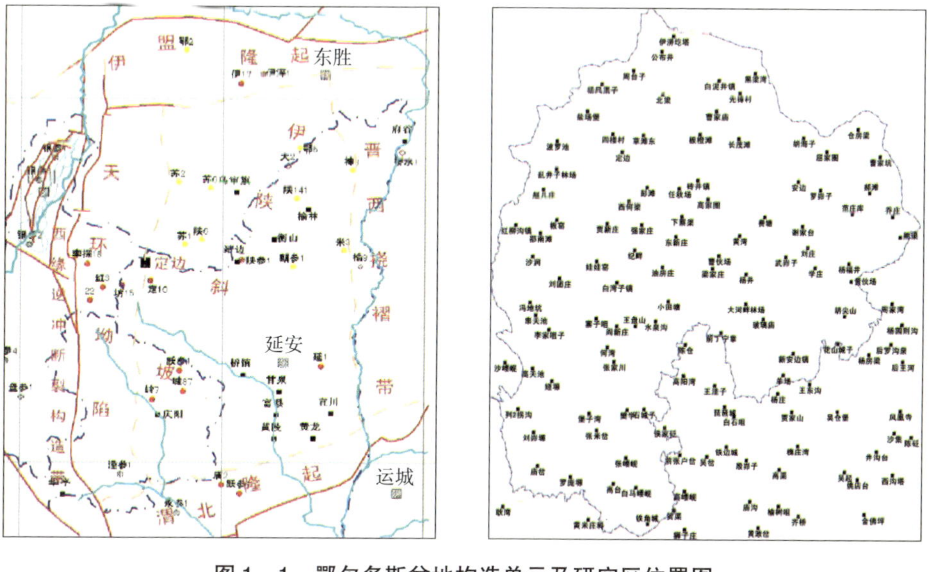

图 1 – 1　鄂尔多斯盆地构造单元及研究区位置图

1.2 区域地质背景

鄂尔多斯盆地是在华北克拉通地块上经历了长期演化过程的中生代大型坳陷沉积盆地，鄂尔多斯盆地现今总体表现为东翼宽缓而西翼陡窄的矩形盆地，该盆地是在华北克拉通地块上形成的中生代大型坳陷沉积盆地(赵重远，1990；张渝昌等，1997；周鼎武 2002)。

前人根据鄂尔多斯盆地不同发展阶段的地球动力学背景、地质构造层和沉积古地理环境，将该盆地的演化归纳为五个阶段，分别是：①中~晚元古代拗拉槽裂陷盆地阶段；②早古生代边缘海盆地阶段；③古生代~早、中三叠世大型内克拉通盆地阶段；④中生代鄂尔多斯盆地发育阶段；⑤中、新生代鄂尔多斯盆地改造阶段。

现今鄂尔多斯盆地区域为一残留叠合盆地，是地史上不同时期多个盆地叠加与复合的结果(刘池阳，2005)。依据现今的鄂尔多斯盆地构造形态样式、基底性质及区域范围，可将鄂尔多斯盆地划分为六个一级构造单元，分别是北部伊盟隆起、西部逆冲带和天环坳陷、中部伊陕斜坡、南部渭北隆起以及东部晋西挠褶带。定边地区位于鄂尔多斯盆地伊陕斜坡与天环坳陷两个一级构造单元接合部。

1.3 勘探开发现状

研究区勘探开发主要经历了以下三个阶段：

1. 早期勘探阶段(2004 年之前)

定边油田勘探开发始于 2003 年，前身定边钻采公司以“三权回收”的 33 口井为起点，其中建有产能的只有十余口井，开采层位以延安组延 9 为主，其具有产液量高，含水比例大，日产油最高为 120t。2004 年开始，勘探开发的重点开始向侏罗系延安组下部油层转移；同年 10 月，在定 4119 油井长 4+5 获得突破，试油日产液量 17.25m^3，获得工业油流 2.588m^3，含水 85%。12 月又在定 4101 井长 2 油层段获得工业油流 0.969m^3。

2. 快速上产阶段(2005—2009 年)

定边油田勘探与开发的大发展应始于 2005 年，针对长 4+5、长 6 油层试油获得重大突破。2006 年实现了油气勘探开发跨越式发展，浅层延 8、延 9 找到了两个高产层位，深层长 8 取得了重大突破。全年累计完成钻井 312 口，其中完成探井 47 口，进尺 119856.6m，注水井 13 口，开发井 252 口，当年能够生产油井的井数达到 294 口，累计产液 $28 \times 10^4 m^3$，产油 153200.04t，综合含水为 52.57%，平均单井日产量为 1.86t。2007 年累计完成钻井 533 口，其中完成探井 27 口，进尺 68853.78m，注水井 33 口，开发井 410 口，当年能够生产油井的井数达到 506 口，累计产液 707526.00m^3，产油 370013.28t，综合含水为 37.74%，平均单井日产量为 2.61t，完成了油田产量在上一年基础上的成倍增长。2008 年累计完成钻井 678 口，其中完成探井 26 口，进尺 66303.46m，注水井 38 口，开发井 614 口，当年能够生产油井的井数达到 842 口，累计产液 1152469.20m^3，产油 638647.80t，综合含水为 34.03%，平均单井日产量为 2.71t，实现了油田产量的跨越式发展。2009 年定边油田共计完成 2048 口井，其中以延安组、长 2、长 4+5、长 6、长 8 为目的层的各类探井共计 191 口，取心进尺 1785m，心长 1713.6m，取心成功率为 96%，具有工业油流井 134 口，勘探成功率 70%。完成开发井 1813 口，注水井 116 口，累计生产原油 $205 \times 10^4 t$。

3. 稳步发展阶段(2010 年至今)

2010 年完钻探井 50 口，完钻生产井 85 口，生产原油 $183 \times 10^4 t$。2011 年完钻探井 50 口，完钻生产井 633 口，生产原油 $200 \times 10^4 t$。2012 年完钻探井 48 口，完钻生产井 553 口，生产原油 $203.5 \times 10^4 t$。2013 年完钻探井 47 口，完钻生产井 747 口，具有工业油流井 700 余口，勘探成功率 78%，生产原油 $217 \times 10^4 t$，实现了油田产量又一次跨越式的发展。

1.4 研究区地层特征

鄂尔多斯盆地中上元古界、下古生界主要为碳酸盐岩沉积，上古生界主要为滨海－海陆过渡相陆源碎屑沉积，中－新生界主要为陆相碎屑岩沉积。本书以定边油田的主要石油勘探目的层有关的地层表述如下：

1. 上三叠统延长组

盆地最主要的石油勘探目的层系延长组是鄂尔多斯盆地内陆湖盆沉积的第一套生储油岩系，一般而言，依据延长组地层岩性特征将地层自下而上划分为五段，即 T_3y_1、T_3y_2、T_3y_3、T_3y_4 和 T_3y_5，然后再依据各段的岩性、电性和含油性之间的关系，再将上述五段划分为 10 个油层组(长 1～长 10)，各段及油层组特征见表1－1。

表1－1　三叠系延长组地层简表

系	组	段	厚度/m	油组	岩　性
侏罗系					
三叠系	延长组	第五段 T_3y_5	0～250	长1	为一套深灰绿色粉砂质泥岩、黑色泥岩与泥质粉砂岩、细砂岩互层，局部夹薄煤层
		第四段 T_3y_4	0～230	长2	为一套灰绿色中－细粒砂岩夹灰黑色泥岩、粉砂质泥岩，该套地层是盆地延长组重要的储油层之一
				长3	
		第三段 T_3y_3	250～310	长4＋5	为一套砂泥岩互层。长7以泥岩为主，在盆地南部发育“张家滩”页岩，是盆地主要的烃源岩；长6以砂岩较发育，是盆地主要的储油层；长4＋5为砂泥岩互层，其下部砂岩较发育，是较好的储油层
				长6	
				长7	
		第二段 T_3y_2	150～200	长8	以湖相沉积为主的砂、泥岩地层。长8砂岩较发育，是盆地重要的储层；长9上部发育泥岩，习称“李家畔”页岩，是盆地又一套烃源岩
				长9	
		第一段 T_3y_1	100～350	长10	为灰绿色、浅红色长石砂岩夹暗紫红色泥岩及粉砂岩，砂岩为浊沸石胶结，呈麻斑结构
	纸坊组				紫红色泥岩夹少量长石砂岩

2. 下侏罗统富县组

该套地层为侏罗系的早期沉积，地层沉积受到延长组顶部古地貌控制，其岩性与地层厚度在横向上变化较大，一般为0～150m。侏罗纪早期古河道区底部沉积以含砾砂岩及砾岩为主，剖面下粗上细，具有正旋回特征，其上部为一套暗红、棕褐、灰绿等杂色泥岩和粉砂质泥岩互层沉积。由于富县组地层横向变化大，本书不单独划分出富县组地层，而归入延安组延10油组，统称为延10＋富县组地层。

3. 中侏罗统延安组

延安组地层是延长组之后的又一套内陆湖盆沉积，其沉积建造为一套砂泥岩互层夹煤层的沉积。根据延安组地层的岩性特征，前人将其划分为四段10个油层组，表1－2列出了各段与油层组对应关系与岩性特征，延安组第一段(即延9－延10油组)所发现的储量和产量几乎占整个延安组石油储量和产量的80%，是延安组最重要的勘探目标，也是该区涉足的油层组之一。

表 1－2　侏罗系延安组地层简表

系	组	段	厚度	油组	岩性
侏罗系	直罗组				紫红色砂泥岩互层
	延安组	第四段	0～90	延 1－3	灰黑色、深灰色砂泥岩互层，盆地西部、北部发育煤层
		第三段	80～90	延 4－5	灰黑色泥岩、碳质页岩夹灰白色粉砂岩。盆地西部、北部发育煤层
		第二段	90～100	延 6－8	灰黑色泥岩、粉砂质泥岩、碳质泥岩夹中细粒砂岩。盆地西部、北部发育煤层
		第一段	0～120	延 9－10	灰黄、灰白色厚块状中粗粒砂岩、含砾砂岩，顶部发育碳质泥岩
	富县组				顶部杂色泥岩、下部含砾砂岩、砾岩

第 2 章　地层划分与对比

鄂尔多斯盆地定边地区钻遇地层自下而上分别为：三叠系延长组、富县组、延安组、直罗组、安定组、白垩系洛河组和第四系。其中侏罗系延安组与三叠系延长组为本区的主要开发层系。

在深入分析前人有关本区地层划分方案的基础上，利用区域地质资料、钻井录井资料，测井资料，岩心描述等资料，建立了定边－樊学罗卯地区三叠系延长组及侏罗系延安组地层骨架结构，并在层位精细标定的基础上，通过放大剖面显示及沿沟弯线的解释技术，对研究区地震反射层进行精细解释，完成了主要地层的顶面构造图的编制，恢复了前侏罗纪古地貌，识别了河谷、高地、斜坡等古地貌单元。

2.1　地层对比、划分原则及实施步骤

研究区内有石油探井数千口之多，资料涉及多家石油单位，不同的单位对油井的分层标准不尽一致，存在一定局限性。为了更客观的反映研究区地质背景，编制研究区各种地质图件，有效地指导勘探，对研究区探井按一定的密度选取，进行统一地层对比划分。

2.1.1　地层对比、划分原则

在研究时对地层对比、划分遵循以下主要原则：

1. 先层系后油层组的划分、对比原则

准确地划分各探井的层系是地层对比的基础与前提。研究区多年来的钻探资料为延安组、延长组地层划分提供了充分的岩性、电性资料，在层系划分准确的基础上，再按各层系内的标准层进行油层组的划分与对比。

2. 地层划分、对比方案坚持统筹兼顾的原则

这项原则主要基于以下两点，①编图需要，必须实行统一的地层划分对比方案；②对长 6 油层组岩性、电性特征的判识，以及长 6 油层组划分方案上存在的差异，既有将长 6 油层组三分方案（长 6^1、长 6^2、长 6^3），又有将长 6 油层四分方案（长 6^1、长 6^2、长 6^3、长 6^4）。

3. 以钻井综合测井图为主，综合地震、地质录井资料进行划分对比

延长组长 7“张家滩”页岩作为延长组地层对比标志层是所有地质工作者的共识。在进行地层对比过程中，延长组沉积坳陷斜坡区“张家滩”页岩的追踪对比十分清楚，高电阻、高伽马、高时差，自然电位偏正是判识“张家滩”页岩的电性特征。

4. 依据沉积补偿原理，在标准层控制下进行等时对比与划分

盆地克拉通基底性质以及以翘倾升降运动为基本形式的构造运动是奠定盆地沉积补偿原理的基础。在标准层控制下进行地层追踪对比，为建立地层的等时格架提供了保障。

2.1.2 地层划分、对比实施步骤

地层划分、对比实施步骤如下：

1. 建立地层对比标准井

标准井应具备以下三个条件：①钻达层位深。钻达层位必须达到长 7“张家滩”页岩以下，通常选择钻达长 9 地层的探井为地层对比标准井。②测井曲线齐全准确，能客观反映钻孔岩性特征，提供划分层系界面及油层组对比信息。③平面分布合理，具有一定代表性的探井。通过筛选在研究区 1600 余口探井中选定 26 口探井作为本书研究的地层对比标准井（表 2－1）。从表 2－1 统计结果可看出，钻达长 9 地层井 20 口，钻达长 10 地层井 6 口，尽可能多的运用深井资料，无疑对区域地层对比的可靠性有明显的保障作用。

2. 对地层对比标准井进行层系划分

盆地侏罗系延安组（含富县组，下同）与三叠系延长组岩性特征各异，反映在电性特征有明显的不同，运用多种测井曲线判识延安组和延长组的界面对地层的划分、对比工作。

表 2－1 定边工区地层对比标准井统计表

序号	井名	钻达层位	序号	井名	钻达层位
1	峰 12	长 9	14	定注 4950	长 10
2	池 36	长 9	15	定 6340	长 10
3	池 46	长 9	16	定 4955	长 9
4	池 41	长 9	17	定 4961	长 9
5	定 4491	长 9	18	定 4833	长 9
6	定资 44	长 10	19	周台 1	长 10
7	耿 99	长 9	20	定 1	长 9
8	耿 11	长 9	21	定 6	长 9
9	元 138	长 9	22	定 16	长 9
10	定 46	长 9	23	定 6131	长 9
11	胡 148	长 9	24	定 4511	长 10
12	定 43	长 9	25	定探 4241	长 10
13	定 6192	长 9	26	定 4915	长 9

3. 油层组的划分、对比

在对标准井层系划分(即延安组与延长组地层界面)基础上，分别判识延长组地层中的标准层(张家滩页岩)、辅助标准层和延安组辅助标准层(注延安组无区域性标志层，仅延 6－8 岩电特征可作为辅助标准层)，进而进行油层组划分。延长组划分为长 1～长 10 十个油层组，延安组也按延 1～延 10(含富县组)进行划分，但本书仅分出延 4＋5 以下油组。

4. 建立区域地层对比连井剖面

本书共编制区域地层对比剖面 10 条，其中延长组地层对比剖面 5 条，延安组地层对比剖面 5 条。

5. 以“标准井”为核心，向周边探井进行“辐射性”地层划分与对比

本书总共对 1600 余口探井进行了地层对比、划分。大量的基础地质工作，为各类图件编制奠定了可靠的基础。

2.2 延长组、延安组地层对比、划分

2.2.1 延长组地层对比、划分方案

1. 长庆油田延长组对比划分方案

延长组地层对比、划分方案在经历了多年反复论证之后逐步趋向统一。长 7

内部“张家滩”页岩是盆地延长组地层对比唯一的标志层(也称 K_1)，在长庆内部取得了共识。在此基础上找出了几个辅助标志层，即常称的 K_9-K_2。辅助标志层在区域上发育不稳定，对比、追踪性不强。尽管如此，在局部地区，辅助标志层对地层对比、划分仍具有指导性意义。本书就将长庆油田延长组地层中的标志层、辅助标志层岩性、电性特征简述如下。

K_1：标志层，又称“张家滩”页岩。由黑色泥岩、页岩夹凝灰岩组成。沉积坳陷中心局部为油页岩；沉积坳陷边缘则相变为碳质泥岩。测井曲线表现为高电阻、高时差、高伽马、自然电位偏正等特征。K_1 位于长 7 中下部，厚度变化为 ±15m(坳陷中心) ~ ±2m(坳陷边缘)。

K_2：为辅助标志层，由黑灰泥岩夹凝灰岩组成，厚度约 2m，是长 7 与长 6 的分界。K_2 在坳陷的斜坡地带较发育。电性特征为高时差、高伽马、低电阻、低感应。

K_3：辅助标志层，岩性为凝灰岩，厚度约 1.0m，发育于长 6^2 底部。该标志层横向不太稳定，电测曲线上具有高声速、高伽马、低电阻特征。

K_4：辅助标志层，岩性以黑色泥岩为主，局部偶见凝灰岩，厚度 1 ~ 2m，是长 4 +5 与长 6 的分界。具有高伽马、高时差、较低电阻电性特征。

K_5：辅助标志层，岩性以黑色泥岩为主，局部夹凝灰质泥岩，厚度约 1.0m，发育于长 4 +5 的中部，是长 $4+5^1$ 与长 $4+5^2$ 的分界线，横向追踪较稳定，具有高声速、高伽马、较低电阻电性特征。

K_6：辅助标志层，岩性为灰黑色泥岩、凝灰岩与凝灰质泥岩，厚度 2 ~ 3m，发育于长 3 底部，是长 4 +5 与长 3 的分界。该辅助标志层横向不稳定，电性特征表现为高声速、高伽马、较低电阻。

K_7：辅助标志层，岩性为灰黑色泥岩、凝灰质泥岩与凝灰岩，厚度 1 ~ 2m，发育于长 3 与长 2 分界处。该辅助标志层横向不稳定，电性特征为高声速、高伽马、较低电阻。

K_8：辅助标志层，岩性为灰黑色泥岩、碳质泥岩与凝灰岩，厚度约 2.0m，发育于长 2^2 顶部，是长 2^1 与长 2^2 分界。该辅助标志层横向不稳定，电性特征为高声速、高伽马、较低电阻。

K_9：辅助标志层，岩性为黑色泥岩、碳质泥岩与凝灰岩，厚度约 2 ~ 3.0m，发育于长 1 底部，是长 1 与长 2 的分界。该辅助标志层电性特征为高时差、高伽马、低电阻。需要指出的是，在长 1 下部地层中时有 2 ~ 3 层厚度与电性特征和

K_9相似的地层，在追踪对比时要谨慎。

综上所述，在K_1标志层追踪、对比基础上，综合考虑沉积旋回、地层厚度、辅助标志层等多种因素进行油层组对比、划分是长庆油田历年来开展延长地层对比划分的基本思路与方法。

2. 延长油田延长组地层对比、划分方案

延长油田在延长组各油层组划分原则上与长庆油田并无本质上的差别，同样采用在区域标志层(张家滩页岩－B_1)基础上，结合辅助标志层、地层厚度、沉积旋回等多种因素进行油层组划分。长1～长10十个油层组的岩性、电性特征与长庆油田划分也基本一致。仅在具体界线上的判识有一定差异，这是陆相岩性地层特征所决定的。长6油层组的小层划分方面，延长油田长6油层组小层划分为4段，即长6^1、长6^2、长6^3、长6^4，具体划分原则如表2－2。

表2－2 延长油田长6油组细分方案

油层组	油层亚组	厚度/m	标志层位置	标志层稳定性
长4+5			B_6	一般
长6	长6^1	±40	B_5 B_4	一般
	长6^2	±30	B_3	较好
	长6^3	±30		较好
	长6^4	±20	B_2	好
		±50	B_1	很好

3. 本书延长组地层对比、划分方案

本书地层对比划分如前所述，采用先层系，后油组；先区域，后区块；按照统筹兼顾的原则；区域标志层为基础，综合地震、录井及地区辅助标志层等资料，参考沉积旋回、地层厚度进行油层划分与对比。标准井油层组的划分在充分考虑长1～长10各油层组岩电特征基础上，标准层标定是前提，结合辅助标志层、厚度、沉积旋回等资料确定油层组界线(图2－1～图2－4)，延长组地层对比划分具体实施方案见表2－3。在筛选出地层对比标准井基础上，进行区域对比，以长7顶界为基准线，编制区域地层对比剖面5条(图2－5～图2－8)，建立全区地层对比、划分主体框架。

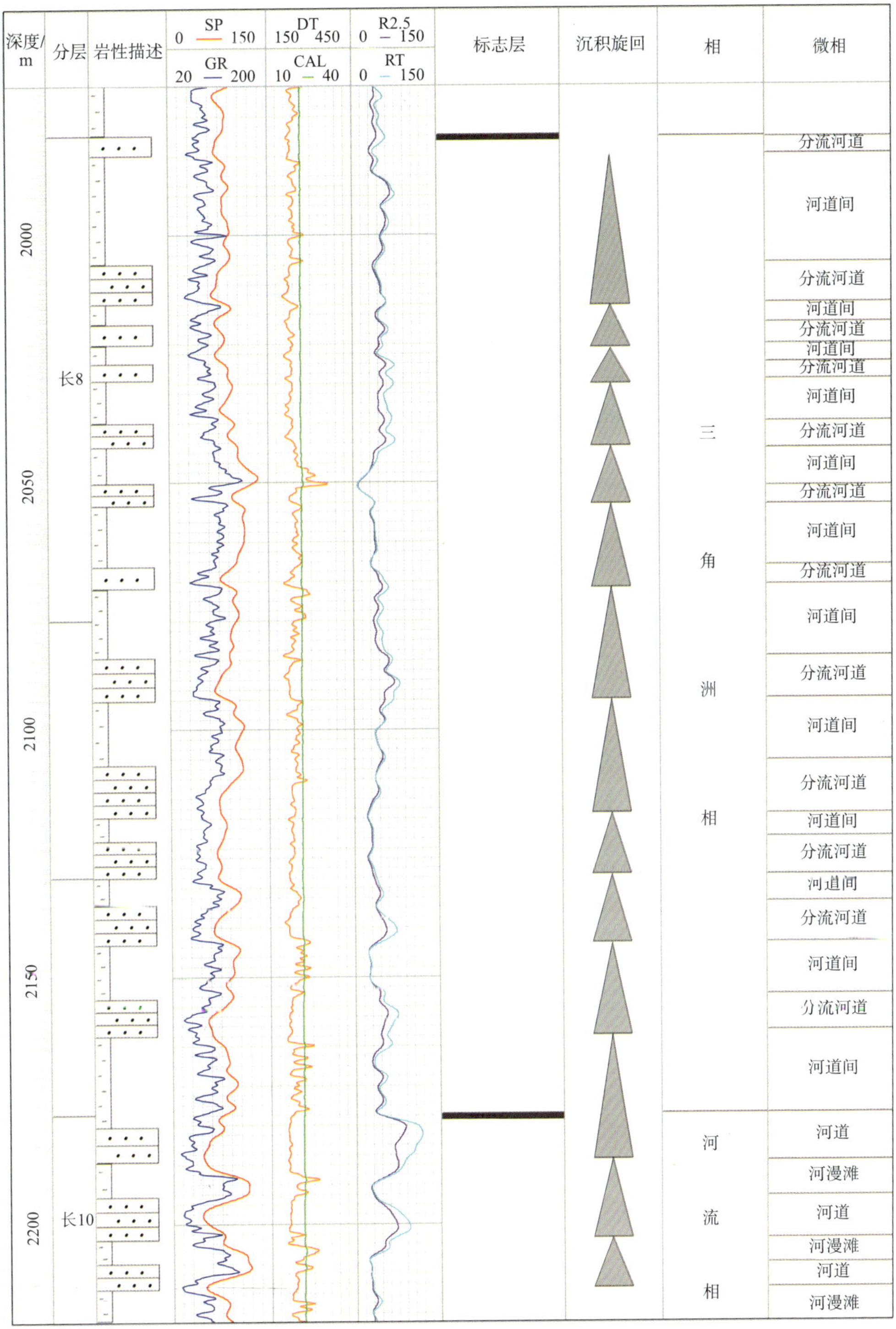

图 2-1　研究区定资 32 井延长组长 8、长 9、长 10 分层依据及电性特征

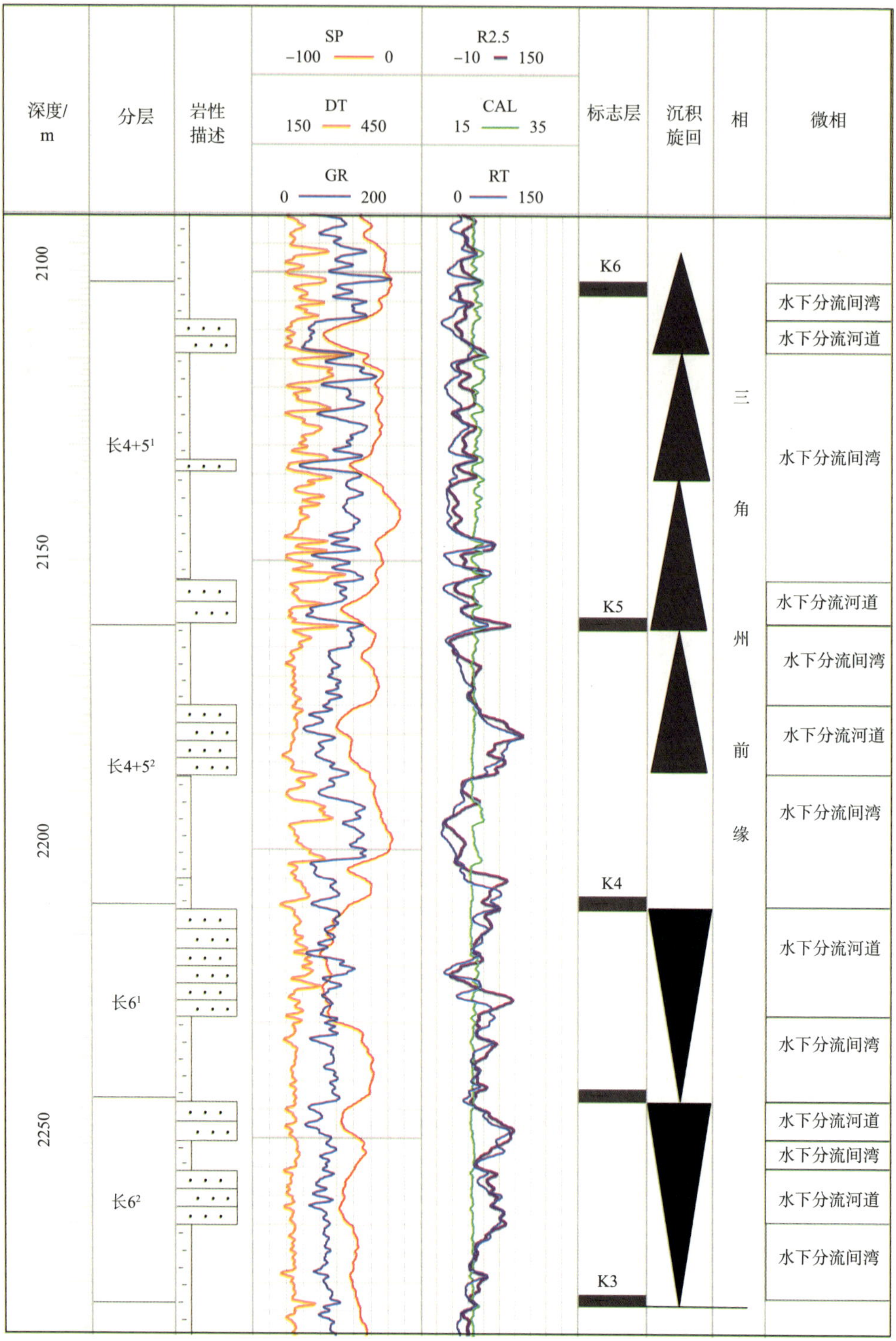

图2-2 研究区4107-2井延长组长4+5、长6分层依据及电性特征

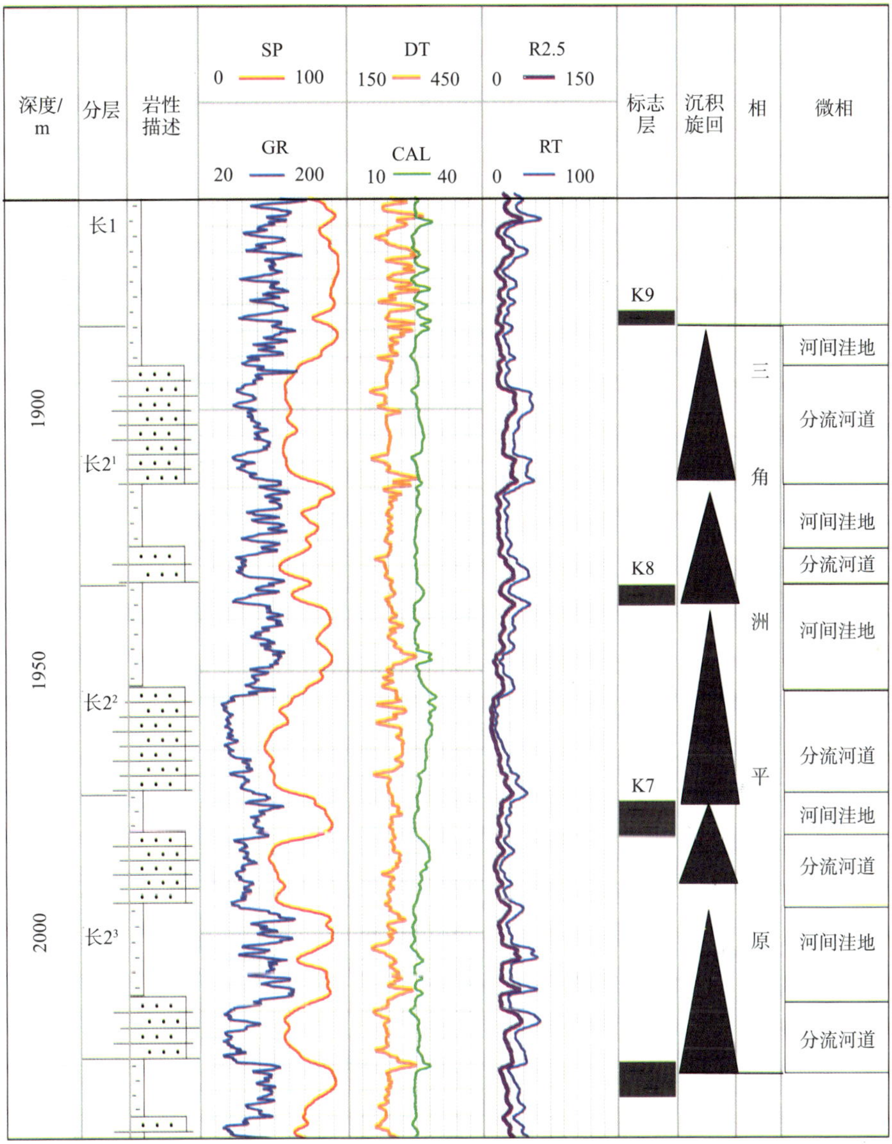

图2-3 研究区4177井延长组长2分层依据及电性特征

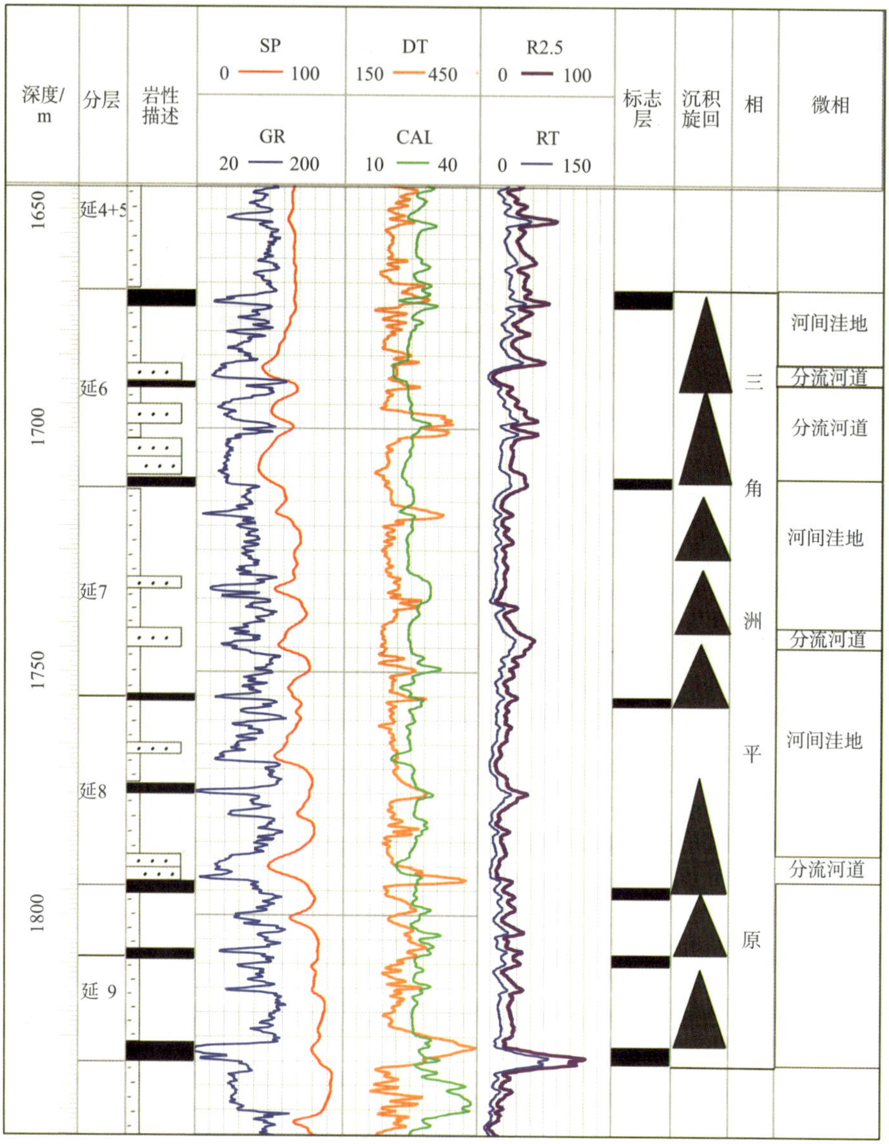

图 2 –4　研究区 4117 井延安组分层依据及电性特征

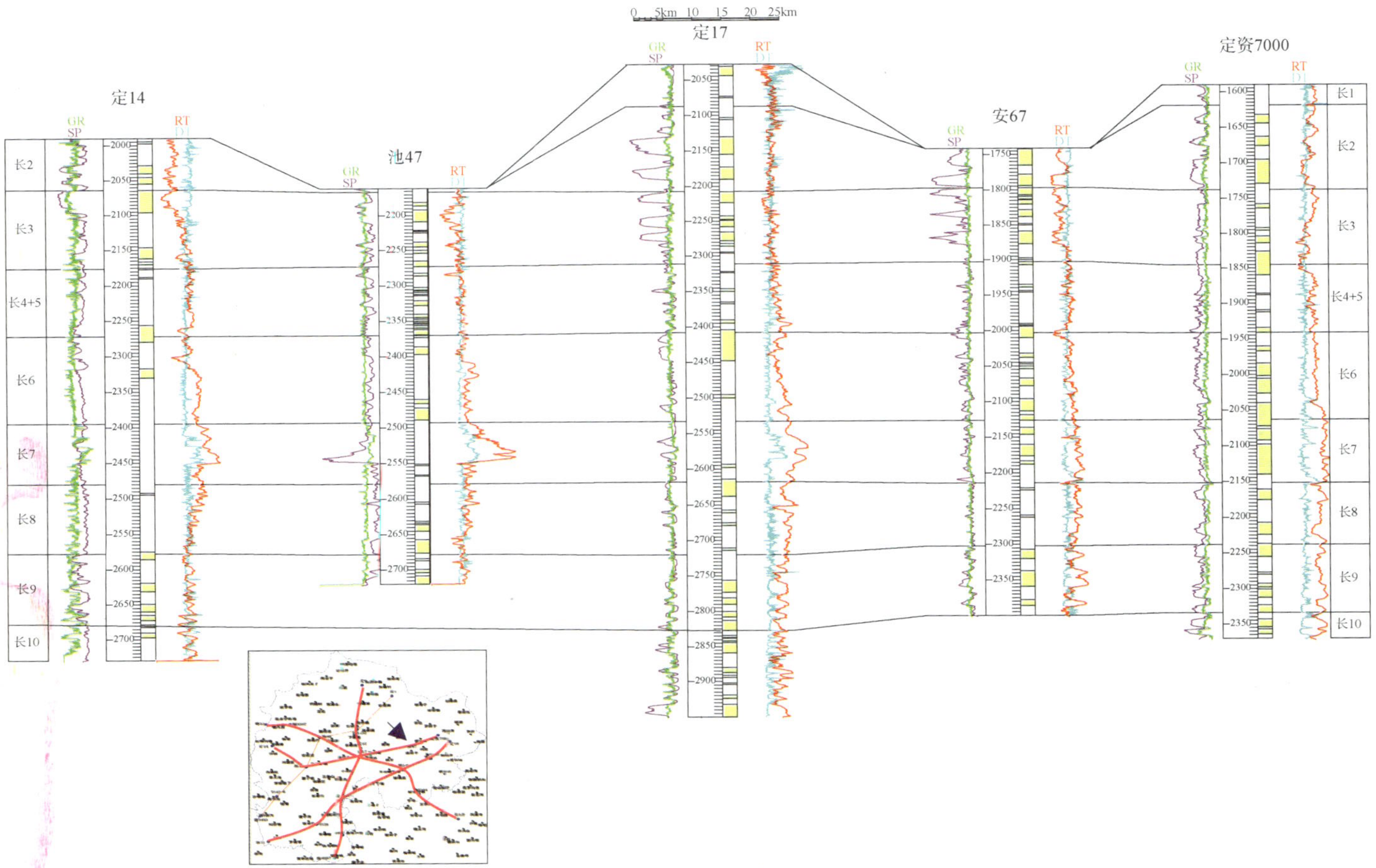

图2－5　定14—定资7000井延长组地层对比剖面

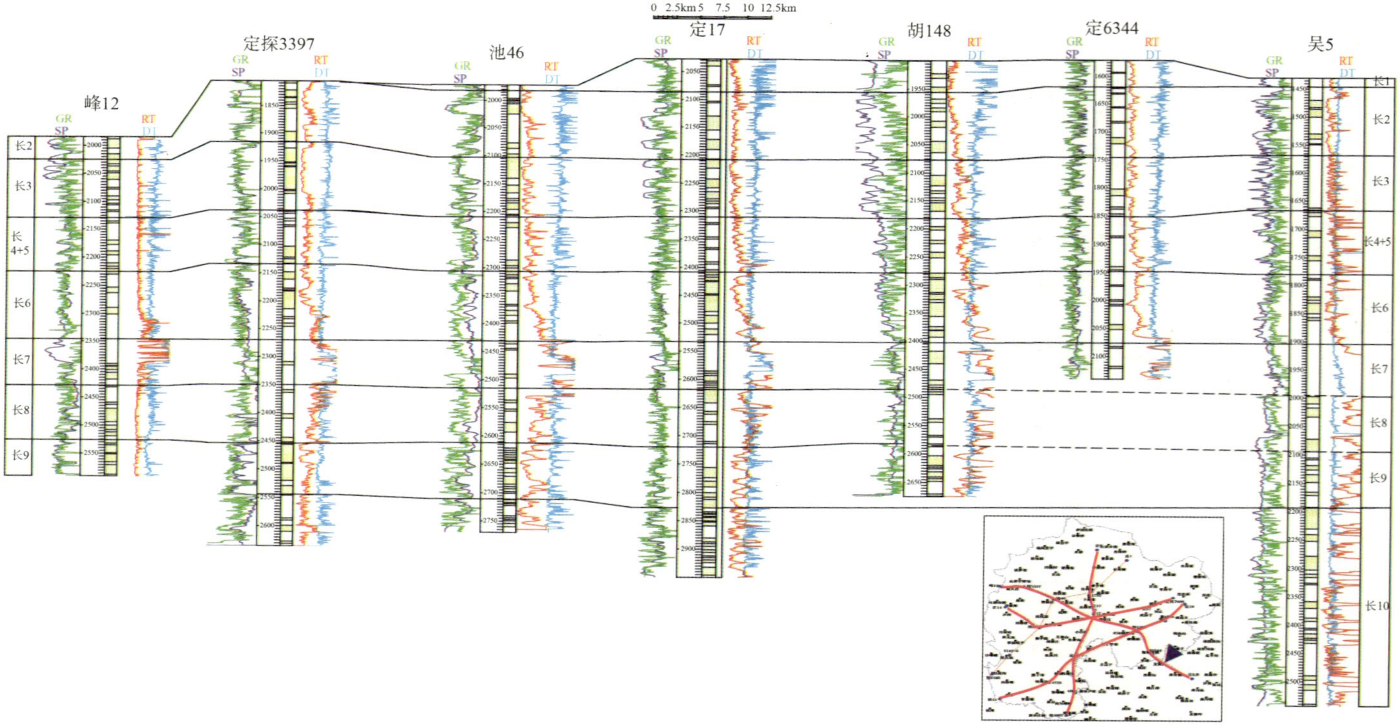

图2-6　峰12—吴6井延长组地层对比剖面

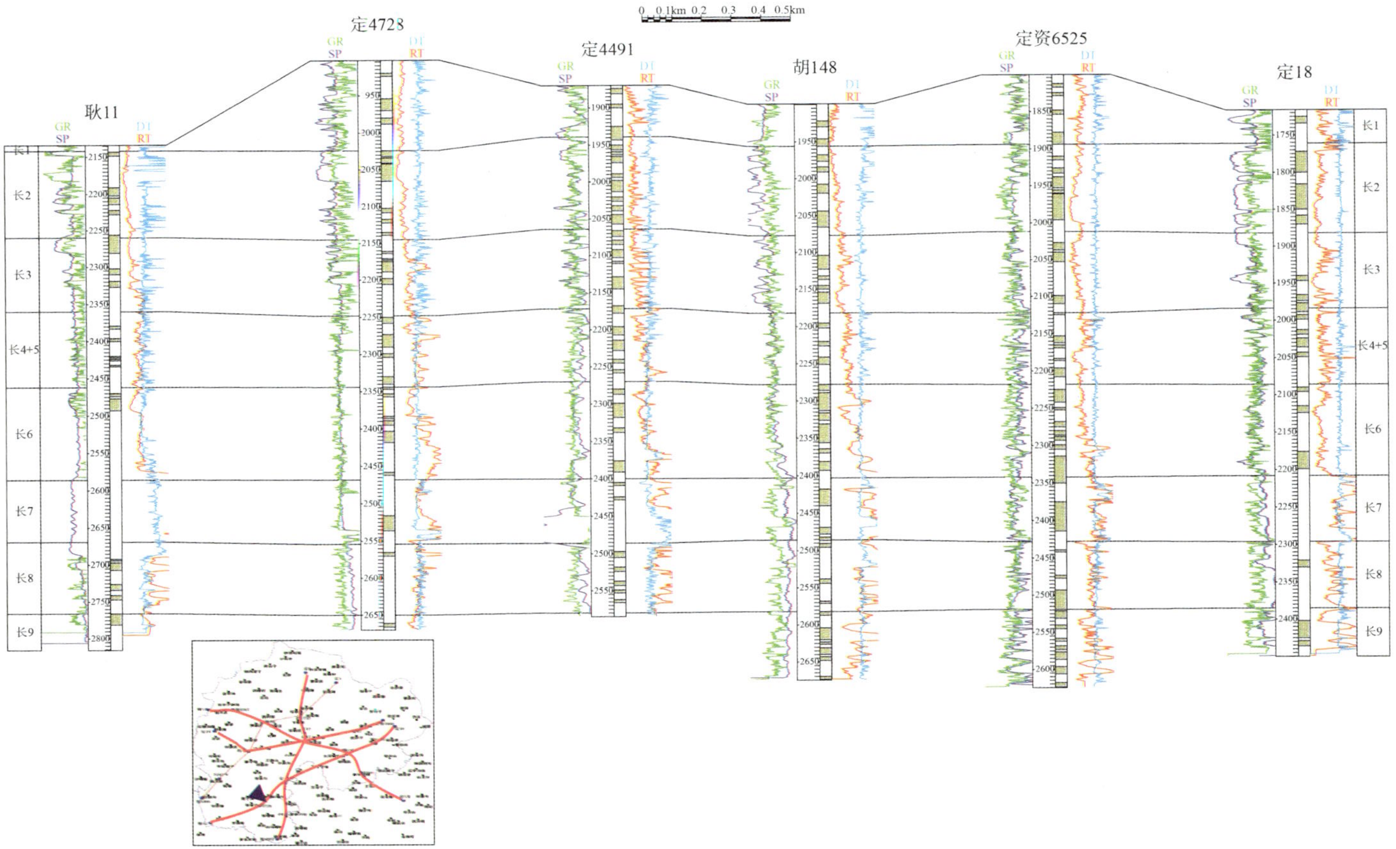

图2-7　耿11—定18井延长组地层对比剖面

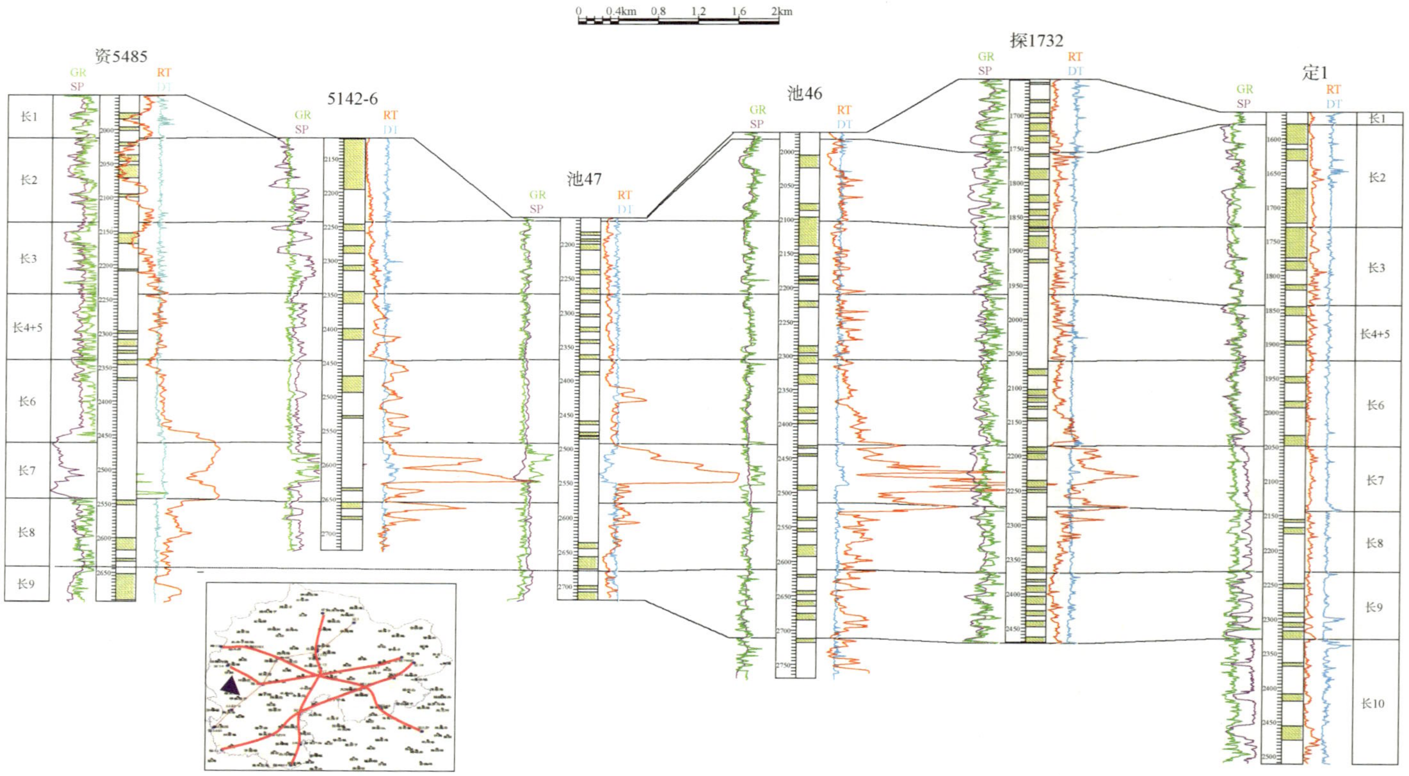

图 2－8　资 5485—定 1 井延长组地层对比剖

表 2－3　延长组地层对比、划分方案

地层	油层组		厚度/m	标准层位置		岩电特征
				长庆	延长	
第五段 T_3y_5	长 1		0～250	K_9 K_8		灰黑、黑色泥岩、碳质泥岩夹绿灰色细砂岩、粉砂岩；呈高伽马、高时差特征
第四段 T_3y_4	长 2		0～230	K_7 K_6		黄绿、绿灰色厚层砂岩夹泥岩。低伽马、低时差、自然电位呈箱状，局部高电阻与上覆地层相区别
	长 3					
第三段 T_3y_3	长 4＋5		50～100	K_5 K_4	B_6 B_5	砂、泥岩互层岩性段。声波时差、自然伽马起伏较上覆地层大、电阻略显高值与上覆地层区别
	长 6	长 6^1	±40		B_4	砂岩以细砂、粉细砂为主，砂夹泥或砂泥岩互层段。低时差、低伽马自然电位偏负小与上覆地层相区别
		长 6^2	±30	K_3	B_3	
		长 6^3	±30	K_2	B_2	
		长 6^4	±20			
	长 7		±80	K_1	B_1	泥岩夹粉细砂岩、粉砂岩段，以高电阻、高伽马、低时差、自然电位平直(局部偏正)为特征
第二段 T_3y_2	长 8		150～200			砂泥岩互层。长 8 砂岩发育，长 9 顶局部发育泥岩。低时差、低伽马、较高电阻为基本特征
	长 9					
第一段 T_3y_1	长 10		100～350			麻斑砂岩夹紫红色泥岩，低时差、高电阻

另外，将延长组长 6 油层组的岩性和电性特征进行了单井比对以及全区比对，发现在研究区具有一定的分区性，在研究区西部长 6^4特征不是很明显，而在研究区东部 6^4特征相对明显。长 6 期研究区湖盆沉积的多变性以及差异性，是造成这样岩电分区性的原因(图 2－9)。

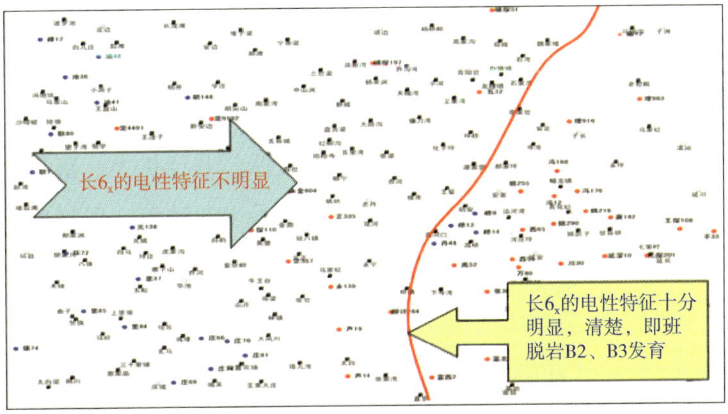

图 2－9　延长组长 6^4 与岩电特征分区图

2.2.2 延安组、富县组地层对比划分

1. 长庆油田关于延安组地层对比、划分

对延安组油层组的划分主要是根据延安组地层中的煤层作为油层组界面，自下而上划分为延10～延1十个油层组。经过多年的钻探实践对盆地侏罗系延安组油层组划分取得如下基本共识。

(1)盆地延安组地层与延长组地层不同，区域上无对比标志层。

(2)延安组是一个由粗到细的沉积旋回，在此背景上发育两个次一级旋回，即延10～延6、延5～延1，与此相对应的即传统地层划分的第一段至第二段、第三段至第四段。

(3)第一个次级旋回下部(即延9～延10)地层厚度、分布及岩性受前侏罗纪古地貌控制明显；第一个次级旋回上部(延6～延8)地层厚度相对稳定。延安组沉积时，湖盆边缘为煤系地层，湖盆中心为砂泥互层特征。

2. 关于富县组地层

目前对富县组地层的基本认识如下：

(1)富县组地层属早侏罗纪沉积。

(2)富县组地层为下粗上细旋回沉积。

(3)富县组地层沉积时受前侏罗纪古地貌控制，中侏罗世早期河道对富县组上部地层有下切和剥失作用，使得盆地中现今保留的富县组地层残缺不全。

(4)富县组地层下部为含砾粗砂岩或砾岩(如延安附近的金盆湾剖面)；电性特征为较高的自然伽马、较高的电阻与上覆延10河道砂岩相区别；上部为黑色泥岩、杂色泥岩，含砂，电性特征表现为电阻较低、井径扩大。富县组地层含油性差，目前仅在盆地西南的马岭地区个别井发现了工业油流，但规模较小。本书采用这一划分方案，不单独划出富县组地层。

3. 关于延安组地层对比划分

本书对延安组地层对比划分基本上沿用上述方案。在划分出层系界面基础上，综合考虑前侏罗纪古地貌背景、沉积旋回、岩性、电性特征、沉积厚度等多种因素。通过地层对比标准井(图2－10)划分出延安组油层组延6～延10(含富

县组）地层，以延 8 底为基准线编制东西向、北东向、北西向、南北向共 5 条区域地层对比剖面图（图 2－11 ~ 图 2－15），建立全区延安组地层划分对比框架。具体实施方案见表 2－4。

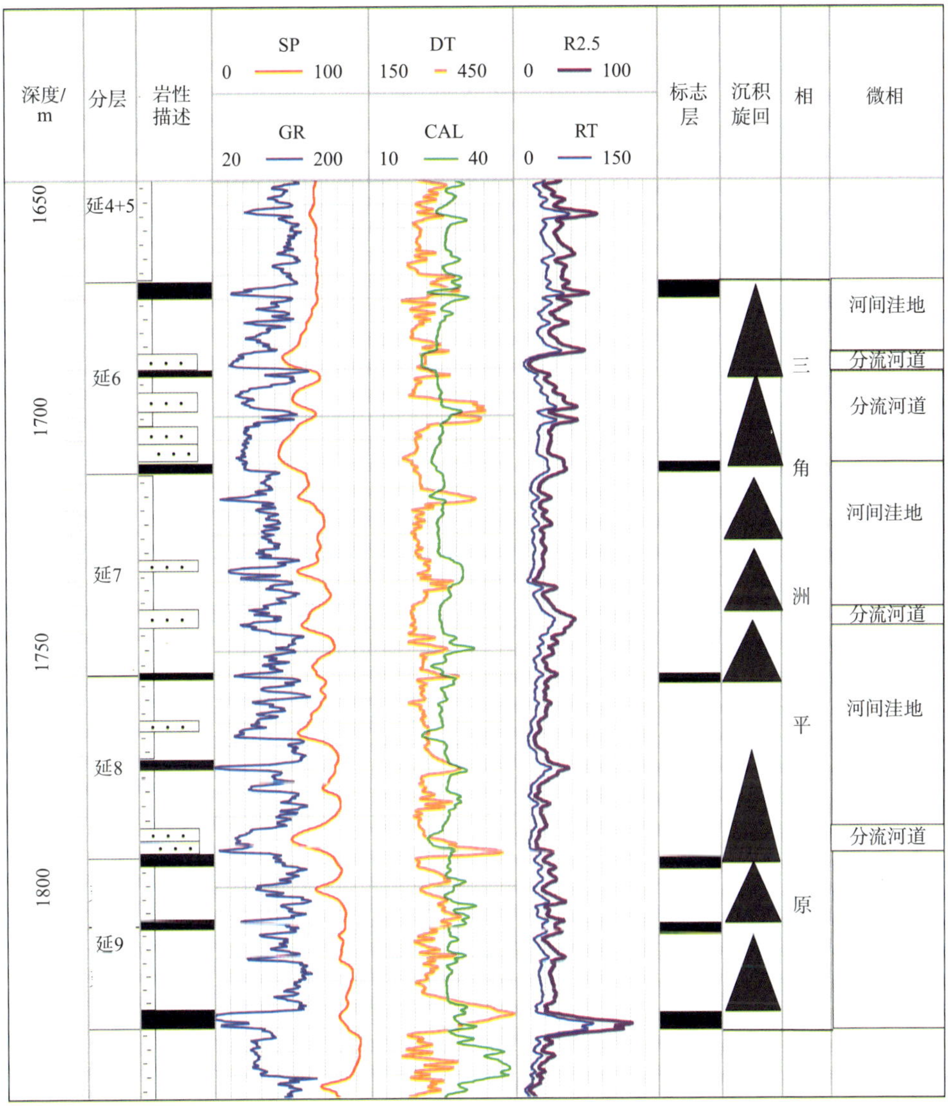

图 2－10　定边油田 4117 井延安组分层依据及电性特征

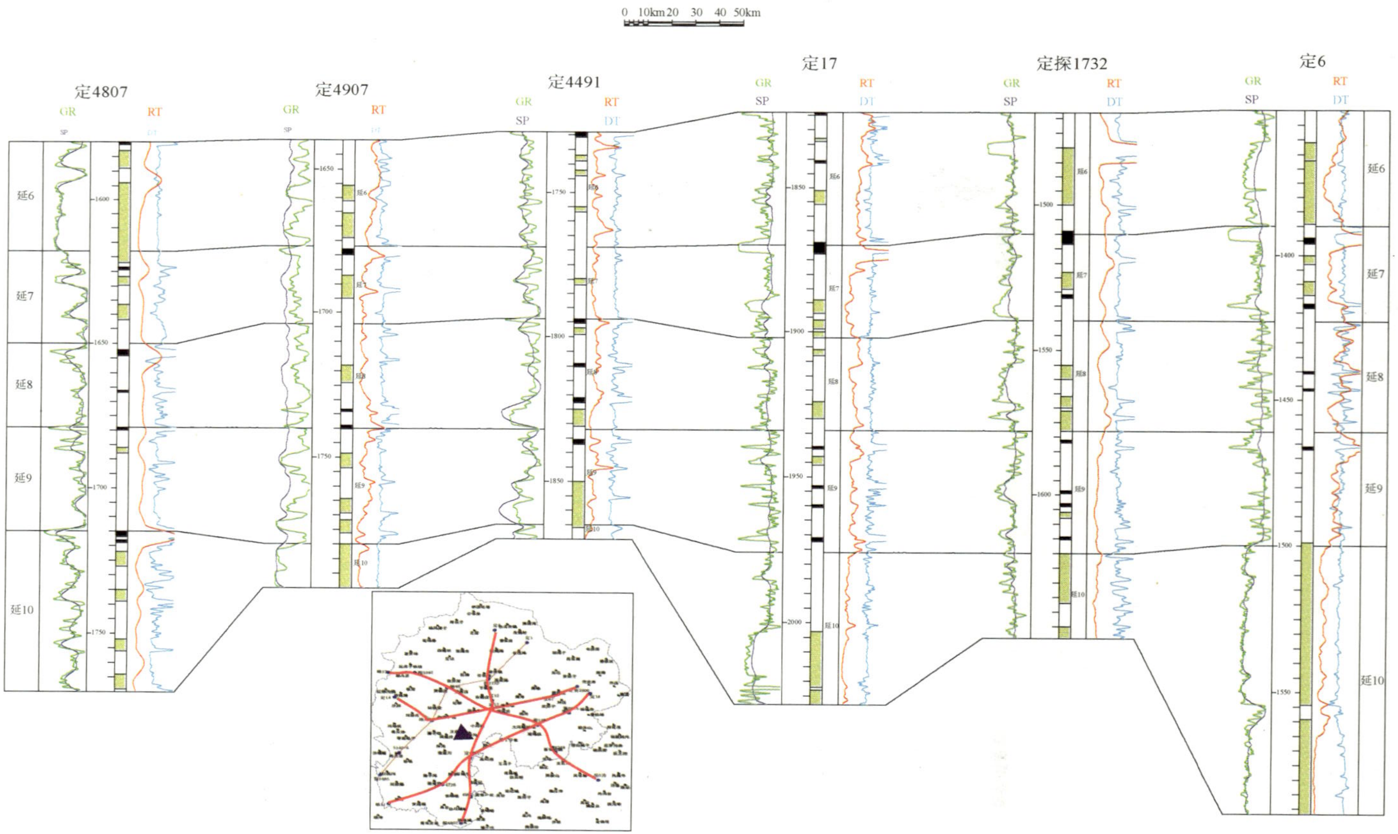

图2-11 定4807—定6井延安组地层对比剖

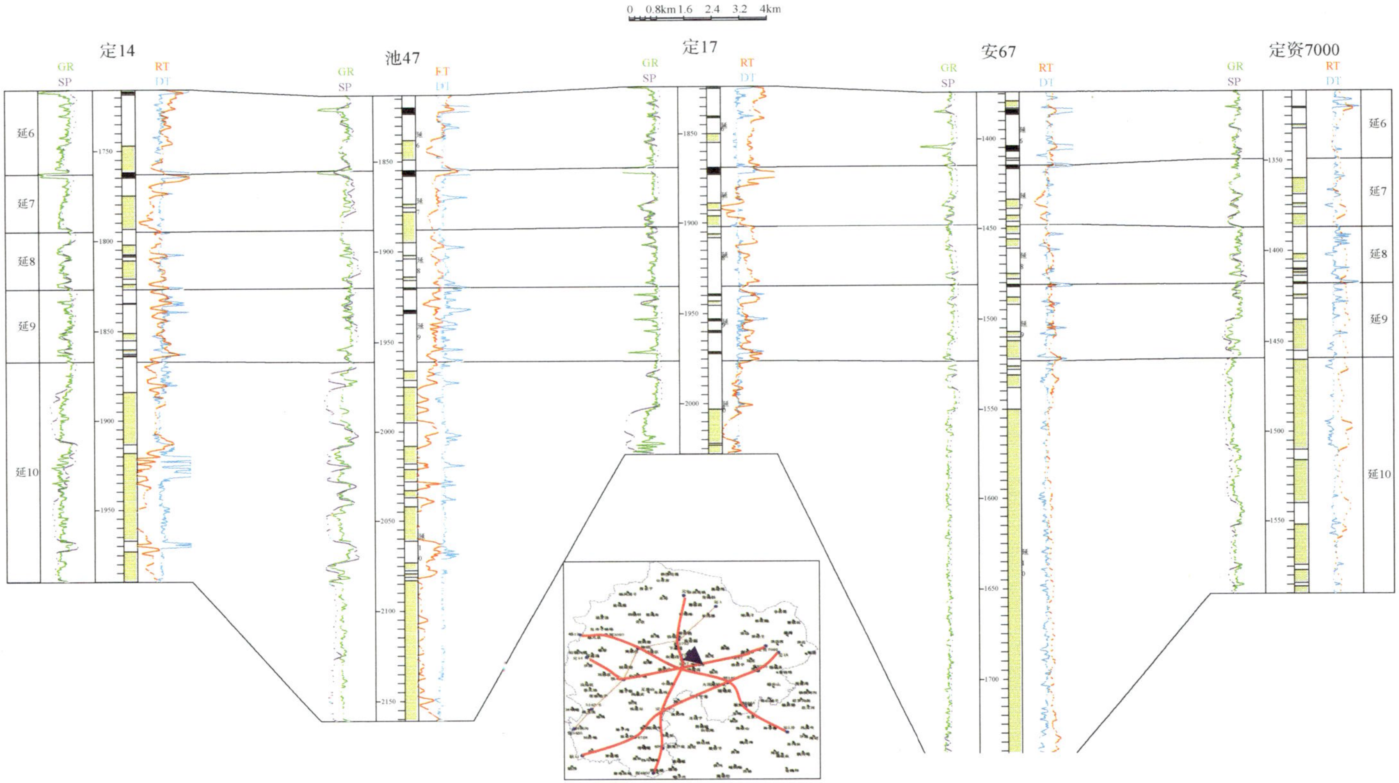

图2－12 定14—定资7000井延安组地层对比剖

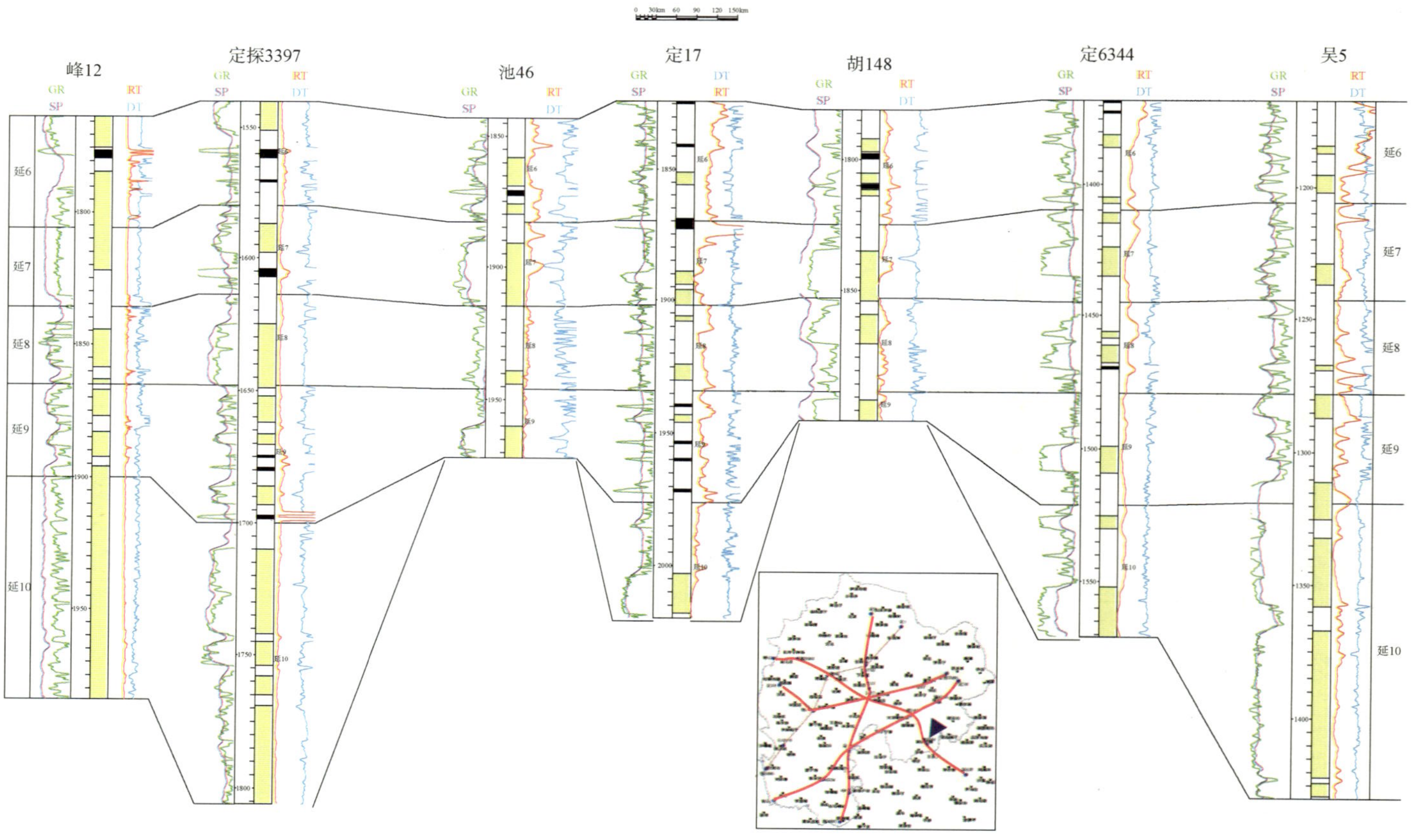

图2－13　峰12—吴5井延安组地层对比剖

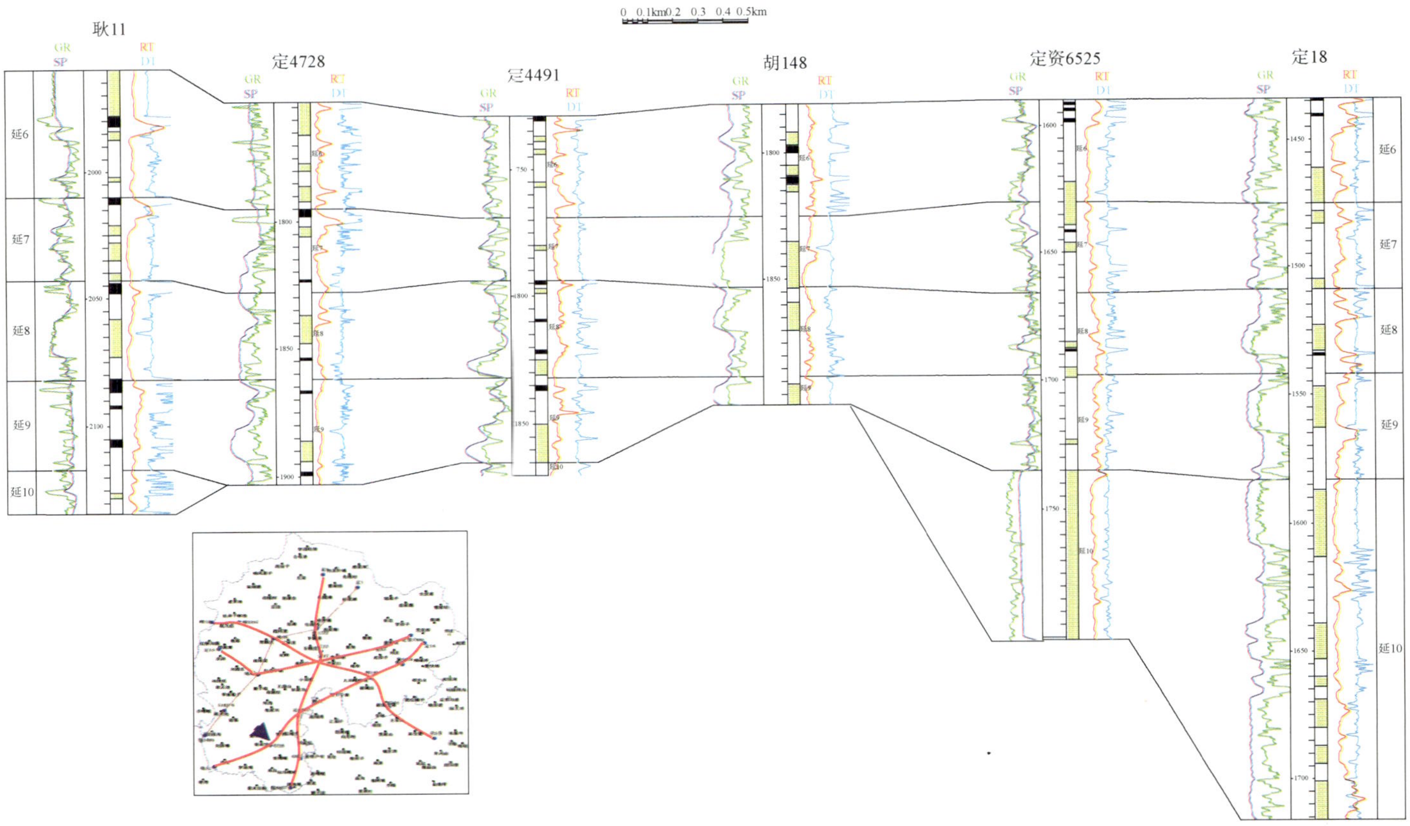

图 2－14 耿 11—定 18 井延安组地层对比剖

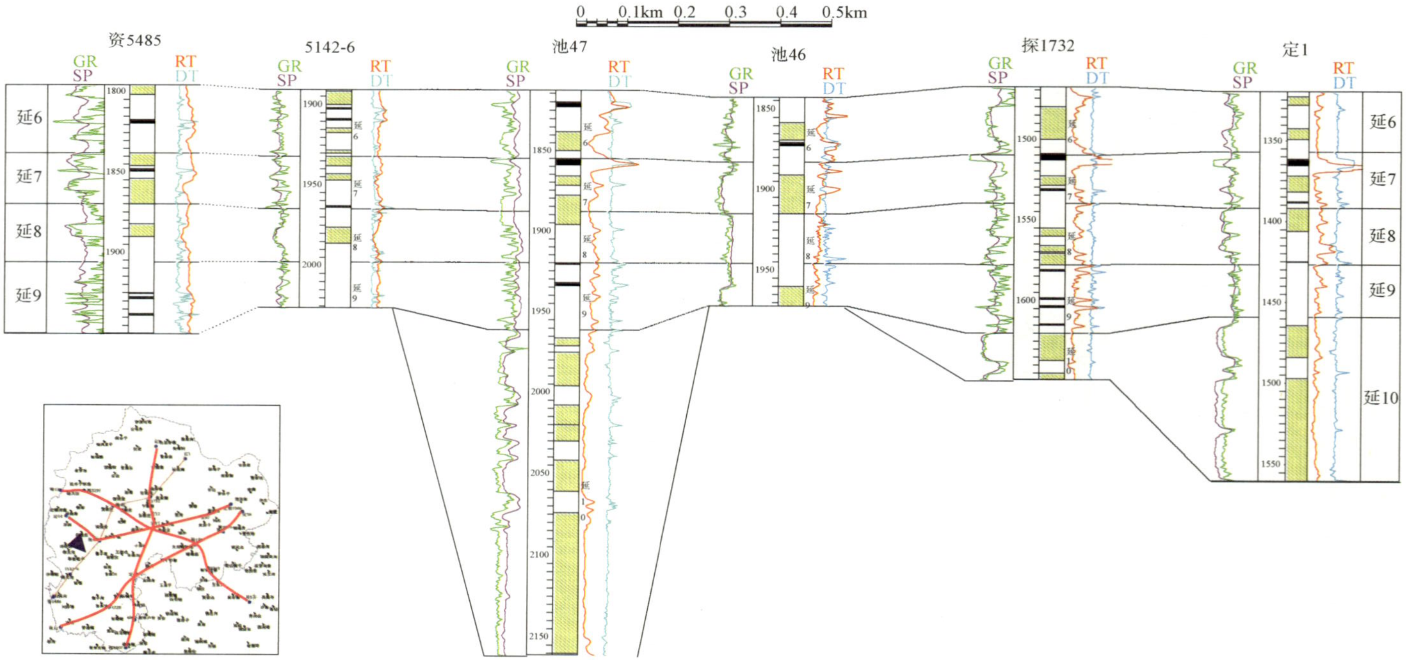

图2－15 资5485—定1井延安组地层对比剖

表 2-4　延安组地层对比划分方案

地层	油层组	厚度/m	本次划分	厚度/m	岩电特征	
延安组	第四段	延 1 ~ 延 3	0 ~ 90			底部为厚层状含砾砂岩，中粗砂岩，具有高电阻特征
	第三段	延 4 ~ 延 5	80 ~ 90			
	第二段	延 6 ~ 延 8	90 ~ 100		延 6	40 ±	研究区西部有 3 ~ 4 层煤层构成的砂、泥岩互层；研究区中东部无煤层，局部发育厚层状砂岩，低电阻背景、高时差是该段地层基本电性特征，可视为辅助标志层
					延 7	30 ±	
					延 8	30 ±	
	第一段	延 9 ~ 延 10	0 ~ 120	延 9	0 ~ 40 ±	主河道区为厚层状砂岩夹少量泥岩，非主河道区为泥岩、砂泥岩互层，电阻略呈高值
富县组			0 ~ 100	延 10 + 富县	0 ~ 200 ±	厚层 - 块状砂岩、含砾砂岩，局部夹泥岩，砂岩底部见滞留沉积，呈高电阻

2.3　定边地区构造特征

定边地区地震资料解释全部是通过计算机来实现的。在层位精细标定的基础上，通过放大剖面显示及沿沟弯线的解释技术，对研究区地震 T_{J9}、T_J、T_{T4+5}、T_{T7}、T_{T8}、T_{T9} 等反射层进行精细解释；完成了构造图（长 8 顶）、延 8 顶构造图、延 9 顶构造图、延 10 顶构造图、长 2 顶构造图的编制，恢复了前侏罗纪古地貌，为油气田的评价及井位部署提供依据。

2.3.1　层位标定

地震反射层的地质层位标定主要是利用人工合成记录来进行的。首先对测井资料进行必要的井径校正，然后制作的合成记录，再与井旁地震剖面作比较，最后借助地震 T_{J9}、T_{T7} 等标准反射层，对目的层段的地震反射进行标定（图 2 - 16）。标定结果如下：

T_{J9}：位于延 9 底部附近的反射在地震剖面反射特征呈中 - 弱振幅，及断续反射的特点。

T_J：位于延长组顶部侵蚀面附近的反射在地震剖面反射特征呈中 - 弱振幅，及断续反射的特点。

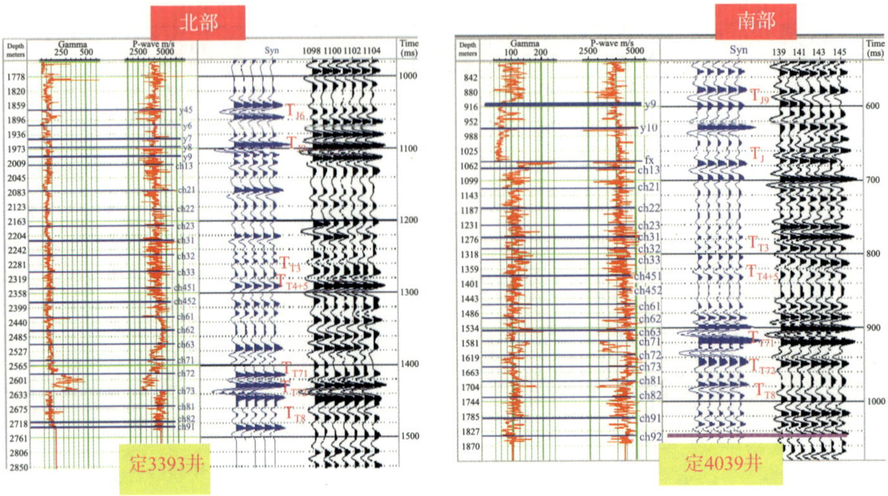

图 2－16　定边地区地震层位标定图

T_{T1}：位于延长组长 1 底部（K9）附近的反射在地震剖面反射特征呈中－弱振幅，及较连续－断续反射的特点。

T_{T2}：位于延长组长 2 底部附近的反射在地震剖面反射特征呈中－弱振幅，及较连续－断续反射的特点。

T_{T4+5}波：位于长 4＋5 底部附近的反射在地震剖面反射特征呈中－弱振幅，及断续－较连续反射的特点。

T_{T71}：位于延长组长 7 泥岩（K1）顶部附近的反射在地震剖面反射特征呈中－强振幅，及连续反射的特点。

T_{T72}：位于延长组长 7 泥岩（K1）底部附近的反射在地震剖面反射特征呈中－强振幅，及连续反射的特点。

T_{T8}：位于延长组长 9 顶部附近的反射在地震剖面反射特征呈强－中弱振幅，及连续－断续反射的特点。

T_{T9}：位于延长组长 9 底部附近的反射在地震剖面反射特征呈中－弱振幅，及较连续－断续反射的特点。

2.3.2　定边地区延长组、延安组构造特征

定边地区位于盆地伊陕斜坡与天环坳陷两个一级构造单元的接合部，西部接壤西缘逆冲断裂构造带，西缘逆冲断裂构造带是盆地冲掩断裂最为发育的地区。伊陕斜坡构造相对简单，在西倾的背景上发育一些向西倾伏的小鼻隆，其构造特

征是由克拉通结晶基底所决定。通过对定边研究区内 T_{C2}(图 2-17)与 T_{T7}(图 2-18)地震反射层构造图、延 8 顶构造图、延 9 顶构造图、延 10 顶构造图、长 2 顶构造图的编制与分析，揭示了定边地区构造特征。

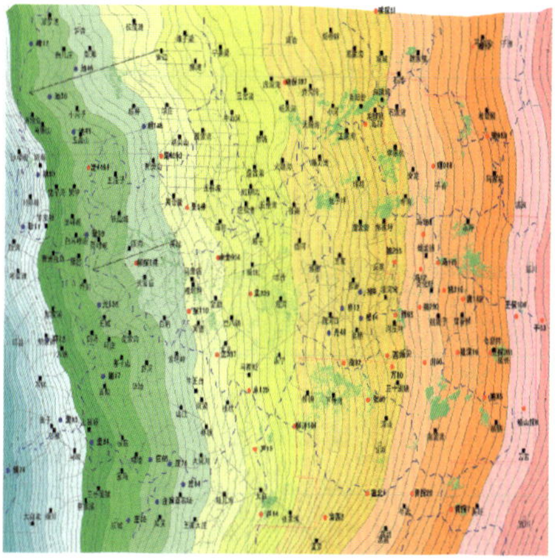

图 2-17　研究区内 T_{C2} 地震反射层构造图

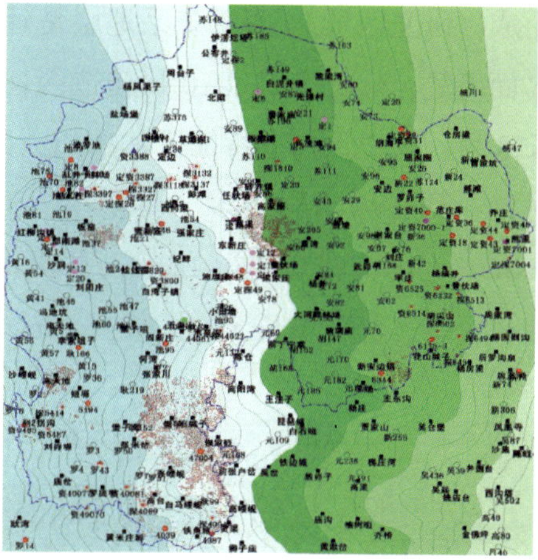

图 2-18　研究区延长组 T_{T7} 反射层构造

1. 地震 T_{T7} 反射层构造特征

地震 T_{T7} 反射层系指延长组长 7 油层组内部的高阻泥岩、凝灰岩。该界面具有反射特征明显、横向追踪较连续、较稳定的特征，是盆地延长组区域地层对比的标志层。该反射层在局部地区具有双向位(或相位分歧)的现象。从编制的研究区地震 T_{T7} 反射层构造图可以看出，构造面貌总的趋势东高西低，西部海拔最低为 -1100m，东部海拔最高为 -500m，平均坡降 5.4m/km。区内存在多排北东或北东东向鼻隆带，鼻隆最长 12km，最短 6km，最大幅度约 20m，平均宽度 2~3km(图 2-18)。

2. 延长组长 2 顶部构造特征

延长组长 2 顶部构造是依据钻井资料的地质分层结合地震 T_{T1} 反射界面而编制的。从编制的研究区延长组长 2 顶构造图(图 2-19)可以看出，该构造层构造特征与长 8 顶构造层基本相似，总体上仍是一个向西斜倾的大单斜，平面上构造等高线密度、起伏幅度仍具有西部高于东部的特征。由于受侏罗纪早期的宁陕古河、蒙陕古河的下切剥蚀，导致宁陕古河、蒙陕古河所在地区长 1 地层保存不全。构造面貌总的趋势东高西低，西部海拔最低为 -540m，东部海拔最高为 80m，平均坡降 5.6m/km。区内存在多排北东或北东东向鼻隆带，鼻隆最长

10km，最短 4km，最大幅度约 20m，平均宽度 2～3km。

3. 延安组延 10 油组顶部构造特征

延安组延 10 油组顶部构造图是由钻井分层与地震 TJ9 反射层资料综合编制而成。研究区延 10 顶部煤系地层是延安组延 9 与延 10 的分界，地震测线上反射界面清楚，从延安组延 10 顶构造图(图 2－20)上不难发现，其构造特征与前述长 8 顶、长 2 顶构造特征极其相似，延 10 顶鼻状构造与长 8 顶、长 2 顶构造层对比，具有鼻状构造多、幅度小、延伸短等特征，工区内西部海拔最低为－500m，东部海拔最高为 220m，平均坡降 6. 5m/km。区内存在多排北东或北东东向鼻隆带，鼻隆最长 8km，最短 4km，最大幅度约 20m，平均宽度 2～3km。

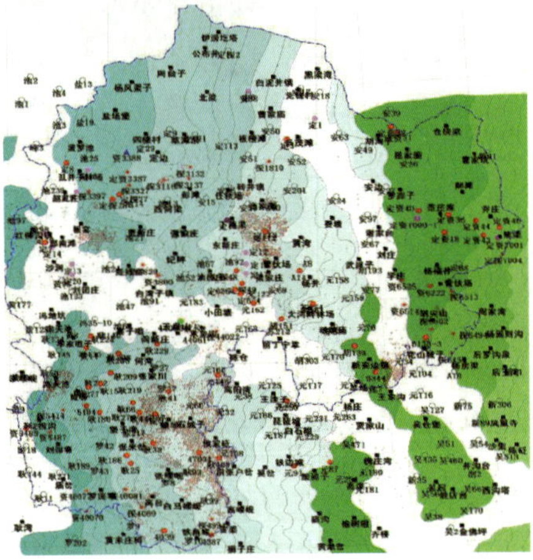

图 2－19　研究区延长组长 2 顶部构造特征

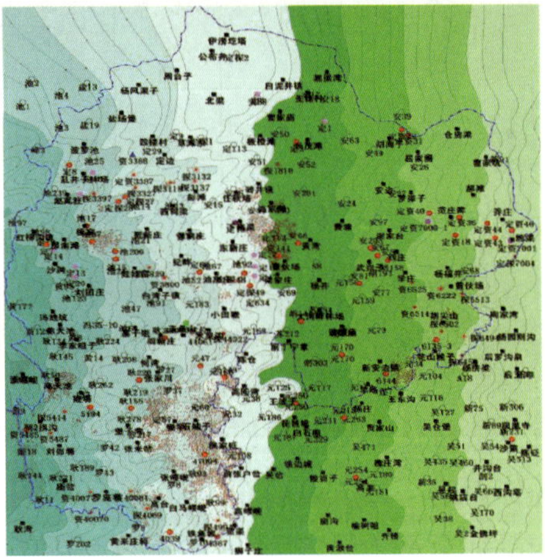

图 2－20　延安组延 10 油组顶部构造特征

4. 延安组延 9 油组顶部构造特征

延安组延 9 油组顶部构造图是由钻井分层与地震 TJ8 反射层资料综合编制而成。从延安组延 9 顶构造图(图 2－21)上不难发现，其构造特征与前述长 8 顶、长 2 顶、延 10 顶构造特征极其相似，延 9 顶鼻状构造与延 10 顶、长 8 顶、长 2 顶构造层对比，具有鼻状构造多、幅度小、延伸短等特征，工区内西部海拔最低为－420m，东部海拔最高为 280m，平均坡降 6. 3m/km。区内存在多排北东或北东东向鼻隆带，鼻隆最长 8km，最短 4km，最大幅度约 20m，平均宽度 2～3km。

5. 延安组延 8 油组顶部构造特征

延安组延 8 油组顶部构造图是由钻井分层与地震 TJ7 反射层资料综合编制而成。从延安组延 8 顶构造图(图 2－22)上不难发现，其构造特征与前述长 8 顶、长 2 顶、延 10 顶、延 9 顶构造特征极其相似，延 8 顶鼻状构造与下伏构造层对比，具有鼻状构造多、幅度小、延伸短等特征，工区内西部海拔最低为 -440m，东部海拔最高为 280m，平均坡降 6m/km。区内存在多排北东或北东东向鼻隆带，鼻隆最长 8km，最短 4km，最大幅度约 20m，平均宽度 2 ~ 3km。

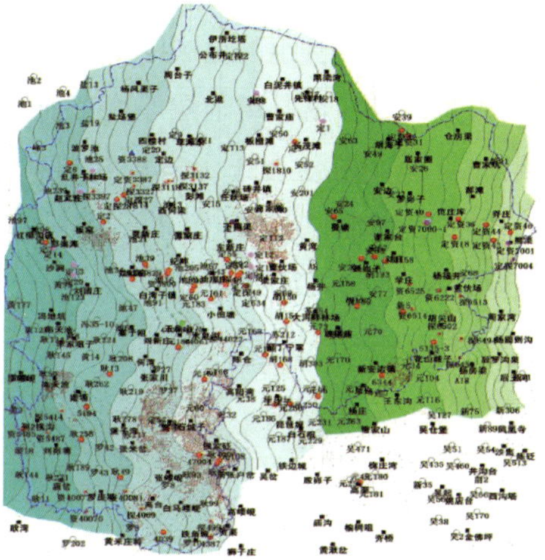

图 2 -21　延安组延 9 油组顶部构造特征

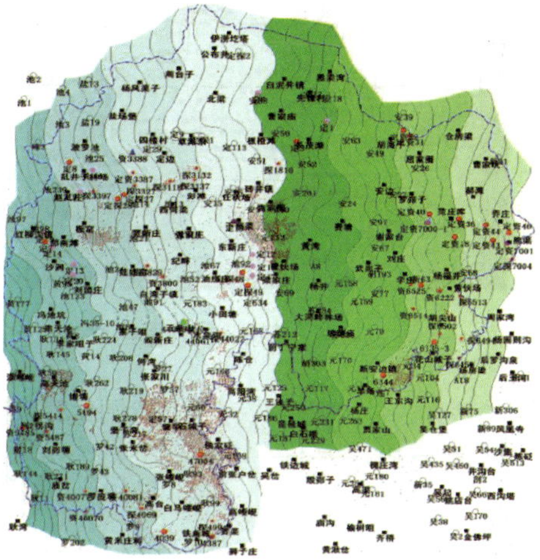

图 2 -22　延安组延 8 油组顶部构造特征

研究区三叠系延长组构造为西倾大单斜，具有等高线西部高于东部，等高线起伏幅度西部大于东部的特征，发育向西倾伏的鼻状构造，长 2、长 1 地层由于古河古下切，导致地层保存不完整，鼻状构造面不清晰的特点；而延安组特征与延长组构造特征基本相似，西倾大单斜是基本格局，其上发育西倾的鼻状构造，延安组具有鼻状构造多，幅度小，延伸短的特征。

这些特征的形成与盆地的克拉通基底、地台区坳陷型沉积盆地稳定的沉积背景、盆地构造运动具有整体抬升、差异升降的翘倾运动特征以及盆地西缘构造运动相对强烈等多种地质因素有关；而各构造层沉积环境的差异是导致各构造层局部鼻状构造形态各异的主要因素。

2.3.3　前侏罗纪古地貌预测方法及成果

本次研究采用侵蚀面解释技术，利用侵蚀面上下地层岩性不同所带来的地震相带的差异进行重新解释(图 2 -23)，结合已知井的信息，在以往的基础上进一步细化了整个定边地区前侏罗纪展布格局。主要采用地层厚度法(地震 TJ9 - TJ 反射层厚度)来恢复前侏罗纪的古地貌形态。具体方法为：首先在精细解释出前

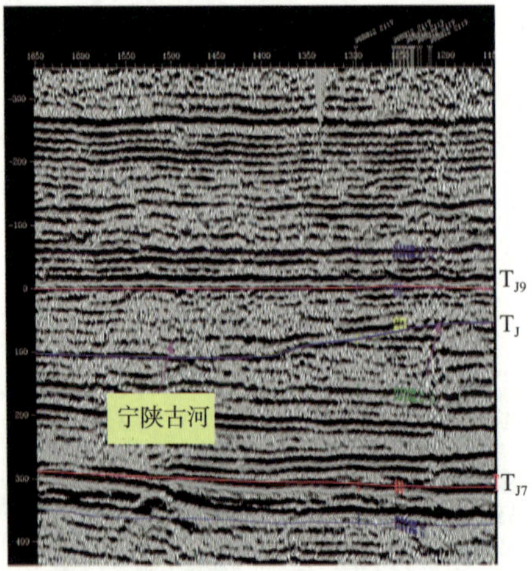

图 2-23　99BB1 地震剖面

侏罗纪古侵蚀面 TJ 以及侏罗纪延安组延 9 底部附近的反射 T_{J9} 基础上，然后利用减法计算出延 10 + 富县组地层双程反射的时间厚度，最后采用公式：地层厚度 = 反射双程时间 × 层速度/2，即可以得到延 10 + 富县组的地层厚度。

依据延 10 + 富县组地层厚度把前侏罗纪古地貌可划分为 3 个古地貌单元，即：河谷、高地、斜坡（图 2-24）。各个单元的古地貌特征分述如下：

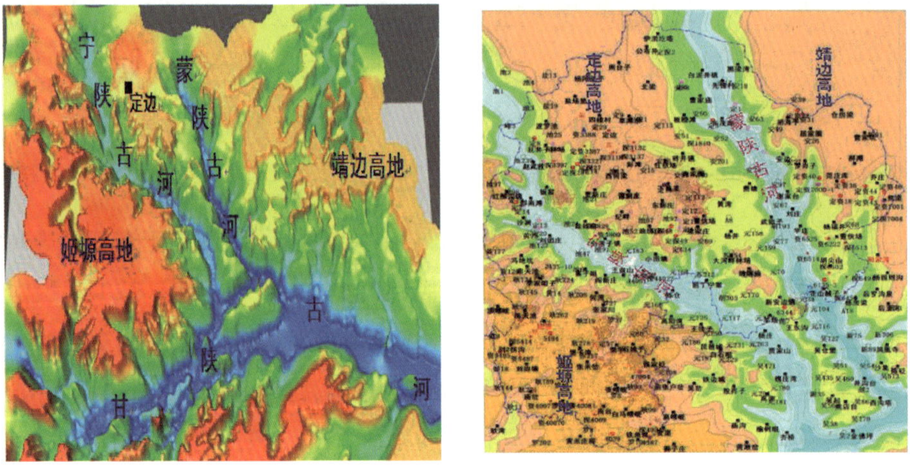

图 2-24　定边地区前侏罗纪古地貌立体图

1. 河谷

河谷是最低洼的古地貌单元，一般呈长条状展布。它是三叠纪末期古侵蚀凹槽演化而来的。依据河谷的规模大小、切割深度大致可将区内河谷划分为 2 条二级古河和 46 条三级支河谷。①二级古河：二级古河研究区内延伸长度为 100 ~ 200km，宽 3 ~ 15km，切割深度 180m 以上，区内发育宁陕古河和蒙陕古河 2 条二级古河。②三级古河：三级古河区内延伸长度一般为 5 ~ 26km，宽 1 ~ 3km，分布在各高地斜坡区的残丘之间低凹地带，流入二级或一级古河。区内共发育 46 条三级古河。

2. 高地

分布在古地形的高部位，延 10 + 富县地层厚度一般 <40m，区内共分布有 4 个高地：古峰庄、盐定、姬塬、靖边高地。

3. 斜坡

地与河谷之间的过渡地带称为斜坡。区内共分布有 4 个斜坡：古峰庄东斜坡、姬塬东斜坡、盐定南斜坡、靖边南斜坡。

第3章　沉积相研究

通过对延安世及延长世轻、重矿物及其类型的研究，分析了研究区主要沉积物源方向。利用定边－樊学罗卯地区延安组及延长组主要目的层段的岩性特征、结构特征及电测曲线特征进行沉积相识别与划分。在此基础上，通过研究区内沉积相平面图、沉积相剖面再结合单井沉积剖面，分析定边－樊学罗卯地区延长组与延安组主要油层组沉积微相的平面展布特征。

3.1　物源方向分析

物源方向分析是沉积相研究的基础。通常是通过地层中轻、重矿物含量、类型判识沉积物源方向。

3.1.1　延长世沉积物源方向

延长组沉积过程经历了早期的河流向湖泊的演化过程，至长7期是盆地发育的鼎盛时期，之后湖盆开始萎缩，直至消亡。纵向上构成一个从粗到细到粗完整沉积旋回。根据延长世早期、中期、晚期地层中轻、重矿物组成与分布特征，分析物源方向。

3.1.1.1　延长世早期物源方向

延长世早期系指长10、长9、长8油层组沉积时期。

1. 重矿物特征

所谓重矿物是指在碎屑岩中相对密度>2.86的矿物，其含量在岩石中一般不超过1%。重矿物的类型较多，通常依据风化稳定性将其划分为稳定和次稳定重矿物两类。稳定重矿物具有抗风化能力强，分布广泛，在远离母岩区的沉积岩中其百分含量相对增高的特点；次稳定重矿物抗风化能力相对较弱，分布范围较小，离母岩愈远其相对含量愈少的特点。研究区常见的重矿物主要有锆石、金红石、电气石、石榴子石、磁铁矿、白钛矿、榍石、绿帘石等，其中锆石、金红石、电气石最稳定，其他属次稳定重矿物。从砂岩成分来看，重矿物尤其是抗风化稳定度高的重矿物在成分纯、分选好的石英砂岩中重矿物含量少。

定边地区延长组长9期具有高石榴子石的特征。石榴子石最高含量为79%，最低含量为71%，平均含量为75%；锆石含量一般为10%左右；绿帘石整体含量较高，最高含量为17%，最低含量为9%，平均含量为12.7%（图3－1）。结合长9重矿物分布平面图(图3－2)可知，西北、西南地区整体较高，一般>15%。

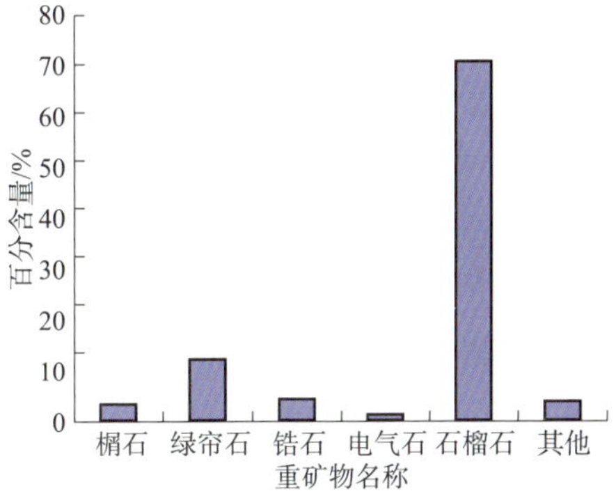

图3－1　延长组长9重矿物含量直方图

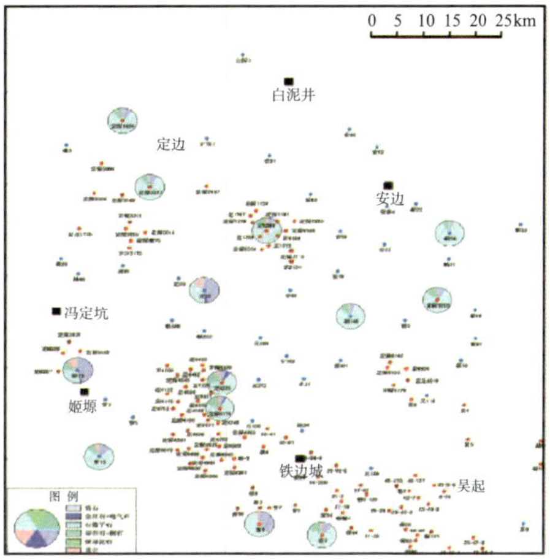

图3－2　长9重矿物分布图

长9期研究区主要受西北沉积体系及西南和东北沉积体系控制，其中西北沉积体系影响范围最大，西南和东北沉积体系影响范围相对较小。西北沉积体系主要是绿帘石＋榍石组合；西南沉积体系主要是硬绿泥石＋绿帘石组合；东北沉积体系与西北沉积体系混源区大致位于长茂滩－安边之间；西北与西南沉积体系混源区大致位于姬塬以南。通过以上重矿物的统计分析，定边地区长9明显地受到西北、西南物源区的影响，以西北物源区最为发育。研究区延长组长8期整体具有高石榴子石的特点，整体分区性不是很明显(图3－3)，

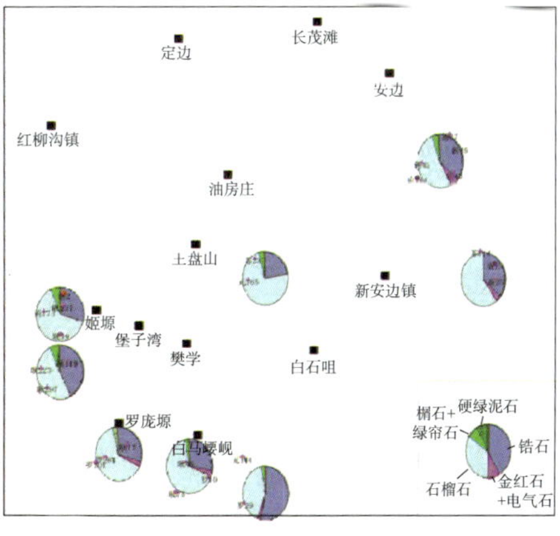

图3－3　长8重矿物分布图

锆石+石榴子石平均含量约为90%，与长9相比较具有一定的继承性，绿帘石含量较高，具有近物源重矿物特点。西北物源区总体为绿帘石+硬绿泥石组合，其中定边、姬塬局部地区为绿帘石+榍石，与长9具有很好的继承性。

2. 轻矿物特征

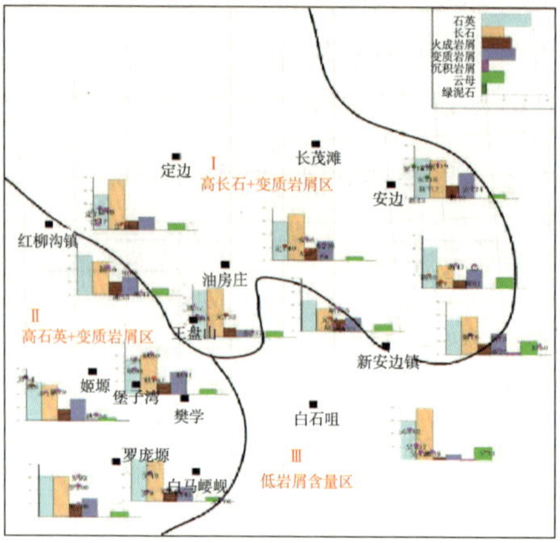

图3-4　长8碎屑组分组合分区图

由定边地区长8碎屑组分组合分Ⅰ区、Ⅱ区、Ⅲ区3个区，并在平面上的分布呈现一定规律性(图3-4)。

Ⅰ区：高长石+变质岩屑区。在区内长石含量普遍高于石英含量，长石含量一般>30%，且具有西北地区偏高、东南地区偏低的趋势。相反石英含量一般<30%，具有西北地区低、东南地区高的变化规律。尤其是王盘山地区石英含量最高可达35%。该区域又一轻矿物特点是高岩屑含量(尤其是变质岩屑)，岩屑含量一般在15%~20%，具有离物源区较近的特点。

Ⅱ区：高石英+变质岩屑区。区内石英含量普遍高于长石含量是该区轻矿物特征之一，石英含量一般为30%左右，且具有自西向东石英含量呈增大趋势，如白马崾岘地区石英含量可达35%左右。高岩屑含量也是该区又一轻矿物特征，岩屑含量一般为15%~20%，具有近源区特征。

Ⅲ区：低岩屑含量区。区内岩屑含量低是该区最主要的轻矿物特征，岩屑含量一般<5%，而云母含量则一般>5%，具有远物源轻矿物特征。

3. 延长世早期物源方向分析

依据上述轻矿物、重矿物平面分布特征，不难判识定边地区延长世早期的物源方向主要受西北、西南(或正西)两个方向的物源控制，东北物源在定边地区的影响范围相对较弱，仅涉及定边的东部地区。长茂滩-安边一带以及姬塬以南地区是西北物源与东北物源、西北物源与西南(或正西)物源的混源地区。

3.1.1.2　延长世中期物源方向

延长世中期系指长6、长4+5油层组沉积时期

1. 重矿物特征

在长4+5、长6时期，研究区重矿物(石榴子石+榍石组合)，分布在东北部，而西南部重矿物组合为高锆石+石榴子石组合，平面上具有自东北向西南稳定矿物逐渐增加和不稳定矿物相对减少的趋势。反映出延长世中期，定边地区的物源方向较延长世早期有所改变，表现出东北物源起主导作用，西北、西南(或正西)物源则退居次要地位(图3-5)。

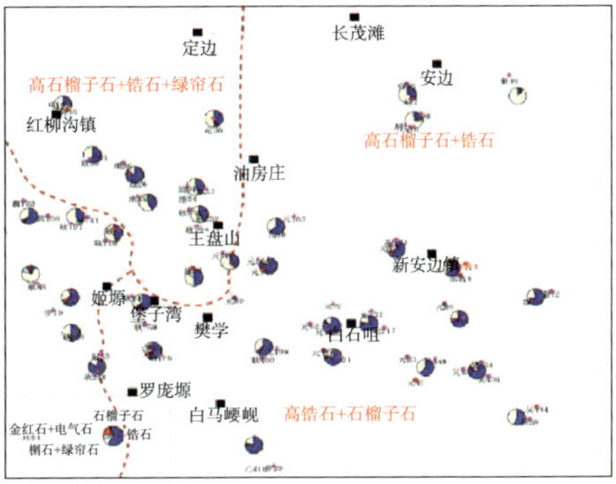

图3-5 延长组长4+5、长6重矿物分区图

2. 轻矿物特征

通过对该地区74口井268块砂岩薄片资料统计分析表明，长4+5、长6期定边地区砂岩碎屑成分以低石英(含量18.00%~33.38%，均值24.3%)、高长石(含量32.5%~58.5%，均值43.9%)组成为特征，而在研究区西部麻黄山、史家湾、大巴咀地区，砂岩碎屑成分则表现为高石英(均值33.3%)低长石(均值23.7%)组成特征。

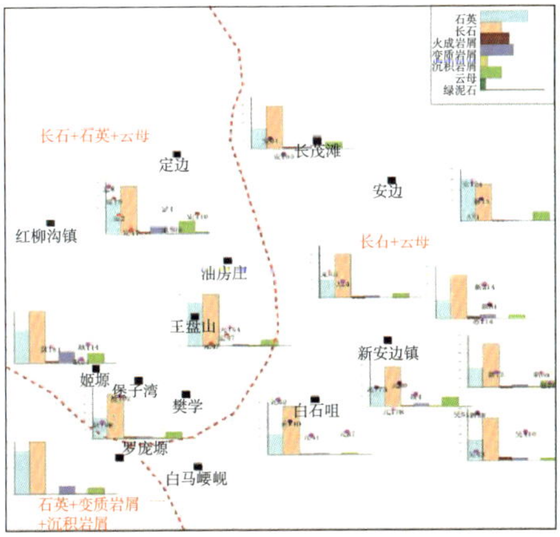

图3-6 延长组长6碎屑组分组合分区图

图3-6是定边地区延长组长6砂岩碎屑组分分区图，图中显示，研究区东北部则为高长石+低石英+云母组合区，研究区西北部则为石英(较高)+长石+云母组合区。轻矿物在研究区平面上的组合分布，揭示了其东北物源与西北物源在轻矿物组合特征上的差异。

图3-7是定边地区延长组长6^1轻矿物分布图，图中轻矿物组合的变化趋势，反映出研究区长6期东北物源的强势趋势。图3-8是定边地区延长组长4+5轻矿物分布图，图中轻矿物组合的变化趋势与长6^1轻矿物变化趋势相一致，具有较好的继承性，表明研究区长4+5期东北物源的强势趋势。

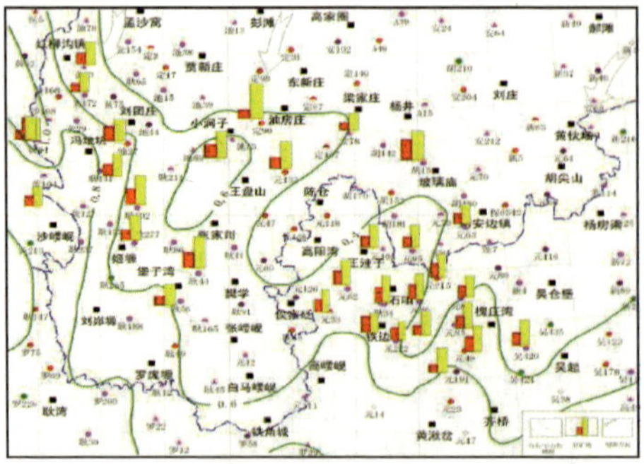

图 3-7　延长组长 6[1] 轻矿物分布图

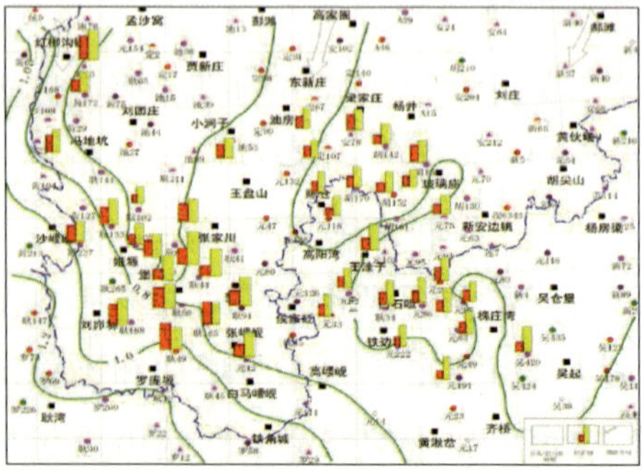

图 3-8　延长组长 4+5 轻矿物分布图

3. 延长世中期物源方向分析

依据延长世中期轻、重矿物组合的变化趋势(图 3-5～图 3-8)不难判识，延长世中期定边地区的物源方向较之延长世早期发生了较大的变化，前者表现以东北物源占主导地位；后者则以西北、西南(或正西)物源控制了研究区大部，东北物源仅为该地区的次要物源。

3.1.1.3　延长世晚期物源方向

延长世晚期系指长 3、长 2、长 1 油层组沉积时期。

1. 重矿物特征

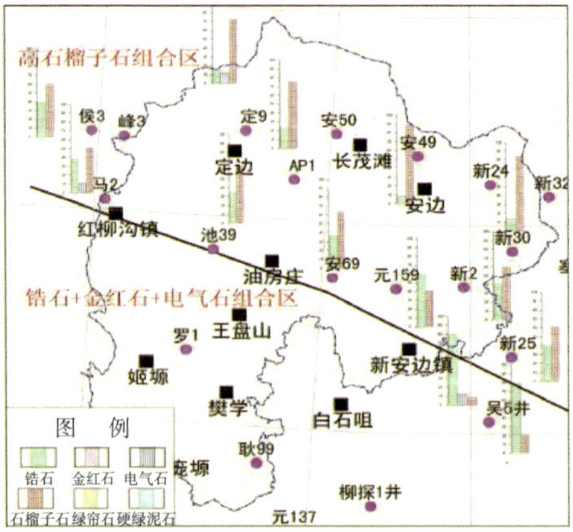

图 3-9　延长世晚期重矿物分区图

定边地区延长世晚期重矿物由锆石、金红石、电气石、石榴子石、榍石组成。按照其平面分布，高石榴子石含量组合区位于定边-安边-胡尖山一带，呈北西-东南向条带状展布，石榴子石含量通常达 50%～70% 左右。位于王盘山-新安边一带的锆石+金红石+电气石组合尤其是锆金电含量可达 90% 以上，表明该区是沉积坳陷的中心区域(图 3-9)。

2. 轻矿物特征

研究区延长世晚期地层中的轻矿物是主要是高长石含量区域，其长石含量一般在 55%～60% 之间，且岩屑中白云岩岩屑的含量很少。从轻矿物含量及平面分布明显反映延长世晚期，研究区内存在东北向物源(图 3－10)。

3. 延长世晚期物源方向

结合重矿物组合及轻矿物含量平面分布可判断出延长世晚期，定边地区以发育东北向物源为主(图 3－11)，与延长世早期物源方向以北西、正西方向为主，东北方向为辅的特征有明显的区别。

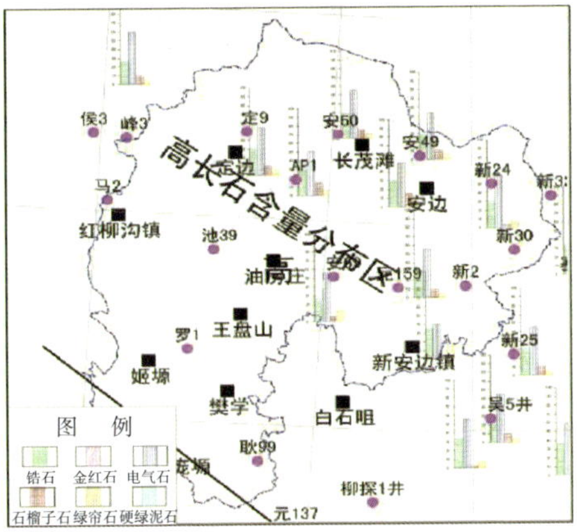

图 3－10　延长世晚期轻矿物分区图

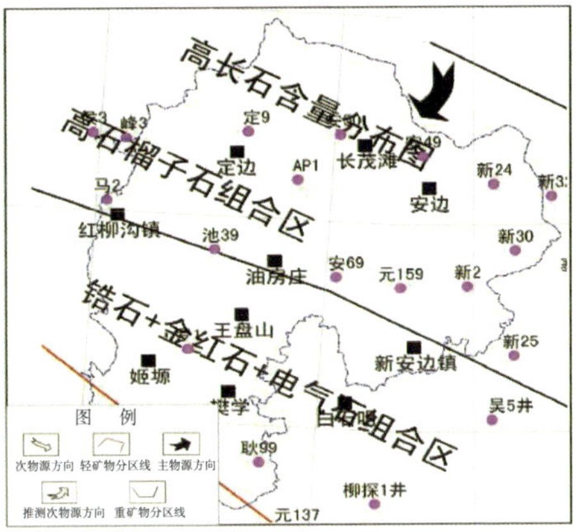

图 3－11　延长世晚期物源方向分析图

3.1.2　延安世早期物源方向

1. 重矿物特征

定边地区延安世早期重矿物主要由锆石＋金红石＋石榴子石组成。石榴子石含量普遍较高，一般在 30%～55% 之间(图 3－12)。研究区内重矿物仅有稳定和次稳定重矿物，不稳定重矿物很少见，说明研究区距离母源区较远。

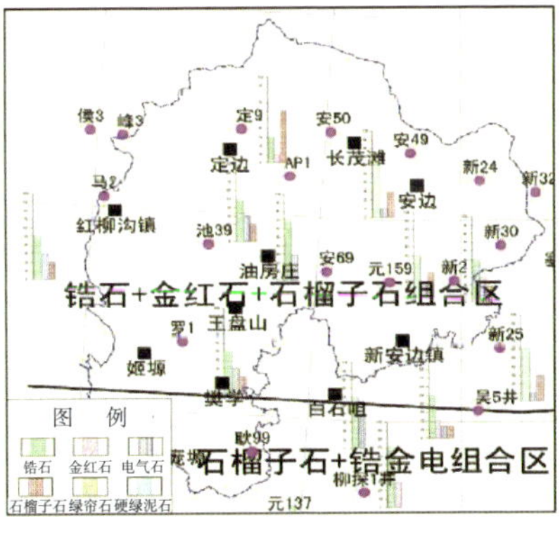

图 3－12　延安世早期重矿物分区图

2. 轻矿物特征

依据定边地区已有轻矿物资料，轻矿物主要由次岩屑长石砂岩－长石砂岩组成(图 3－13)。

3. 延安世早期物源方向

根据定边地区延安世早期轻、重矿物分布特征，结合研究区前侏罗纪古地貌形态综合分析认为，西北物源是研究区内的主要物源方向(图 3－14)。

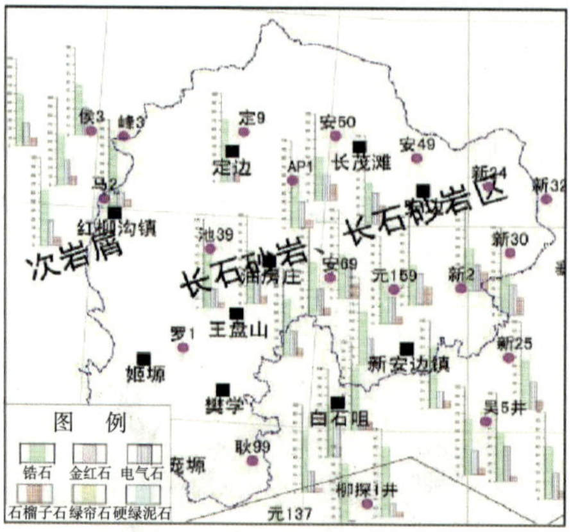

图 3－13　延安世早期轻矿物分区图

图 3－14　延安世早期物源方向分析图

3.2　沉积相划分依据及沉积相类型

3.2.1　沉积相划分依据

沉积相划分依据众多，有岩性特征、地球化学资料、测井、地震和古生物资料等。以下主要以沉积岩岩性、结构、电测曲线特征进行沉积相识别与划分。

1. *岩石类型*

定边地区延长组与延安组岩石类型主要为陆源碎屑岩，包括砾岩、砂岩、粉砂岩、泥岩、油页岩和煤层。砾岩主要见于延 10 + 富县底部地层中，分布在前侏罗纪古河谷地区，属辫状河流沉积。砂岩主要是长石砂岩、岩屑长石砂岩，多沉积在三角洲前缘、三角洲平原分流河道中。滨浅湖相中的滩坝、席状砂也有粒级偏细长石砂岩沉积。粉砂岩主要沉积环境为河漫滩、泛滥平原、滨浅湖、三角洲平原中的河间洼地，多以薄－中层状产出。半深湖－深湖环境中的浊积岩以粉砂岩居多，呈薄层、厚层、块状产出。泥岩沉积于水动力条件相对较弱的各类环境中，借助泥岩的颜色，对判识沉积环境有较好的作用。长 7 地层中的油页岩是半深湖－深湖厌氧环境的沉积物，具有较好的指相意义。煤层属沼泽相沉积，具有指相意义。

2. *沉积构造*

碎屑岩中的沉积构造一直被视为分析和判断沉积相的重要标志，原因是物理成因的原生沉积构造最能反映沉积物形成过程中的水动力条件，并且这些沉积构造在成岩阶段受影响较小(图3－15)。

(a)定4509，长4+5，2180.7m，泥包卷层理

(b)定4151，长4+5，2036.5m，平行层理

(c)定4227，长4+5，2611.5m，脉状层理

(d)定4632，长4+5，2122m，包卷层理

(e)定4616，长8，2535.5m，平行层理

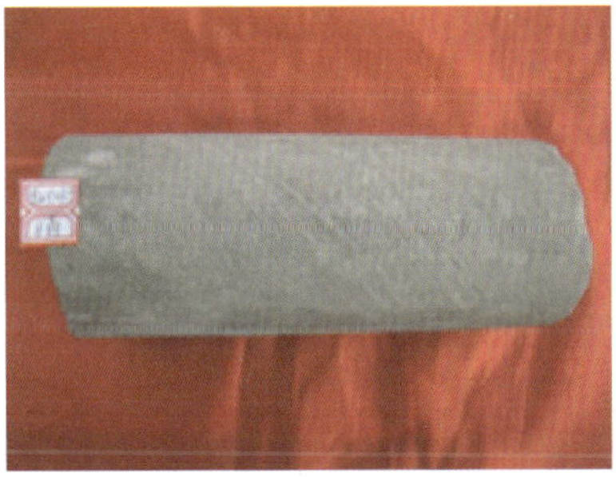

(f)定4545，长8，2208.2m，斜层理

图3－15　定边地区沉积构造图片

(1)块状层理：由单一成分的沉积物组成，在泥岩、粉砂岩及砂砾岩中比较常见，也发育于河道砂体的中下部或是在静水环境中。

(2)水平层理：在半深湖、前三角洲及河道间环境比较发育，常见于页岩、粉砂质泥岩当中，其纹理彼此平行且细薄清晰，是由低能环境中的低流态悬浮物质沉积而形成的。

(3)平行层理：主要发育于分流河道的细砂岩中，厚度一般>1mm，层面上常含有片状矿物。

(4)板状交错层理：主要为大中型交错层理，常见于曲流河道、分流河道等沉积环境中。层系上、下界面较平直，多呈板状，厚度相对稳定，界面常有冲刷面。

(5)槽状交错层理：在横剖面上呈凸凹弧形且具有槽状侵蚀底界，通常在曲流河边滩砂坝或三角洲水下分流河道砂体中比较发育。

(6)沙纹层理：主要出现在粉砂岩、粉细砂岩当中，形成条件为水动力条件较弱的环境(如河漫滩、滨浅湖、前三角洲及河道间等)。

(7)包卷层理：也是一个层内的层理揉皱现象，通常由连续的开阔“向斜”和紧密“背斜”所构成。包卷层理属一个层内的层理变形，与上、下层无关。包卷层理在三角洲前缘或盆地坡折带地区比较发育。

(8)冲刷面：它是在高流态下产生的一种层面构造，通常在河道砂岩底部比较发育。

(9)虫孔及生物遗迹化石：虫孔及生物遗迹化石常出现在漫滩沼泽、滨湖或三角洲平原环境中。研究区发育虫孔构造，虫孔多为垂直虫孔，属于浅水环境成因。

3. 电性特征

不同沉积环境具有不同的水动力特征，不同环境中形成的砂体在粒度、分选、泥质含量等方面各具特点。因此对响应这些特征的有关电测曲线进行研究和分析，可提供有关沉积方面的重要信息，进而分析沉积环境(图 3－16)。

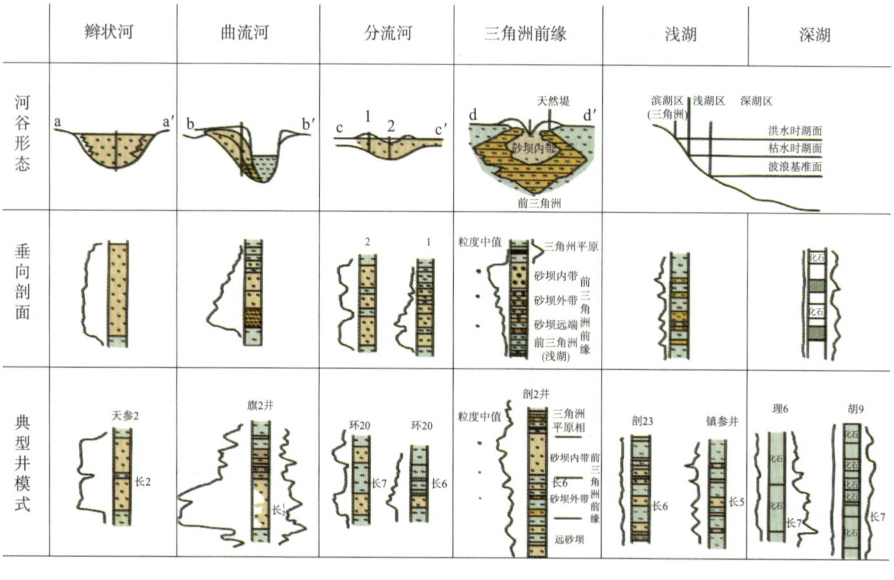

图 3－16　定边地区中生界地层不同沉积环境电性特征

3.2.2 沉积相类型

通过对研究区岩心观察以及对岩石类型、沉积结构和构造、沉积韵律、沉积旋回、岩电组合等资料的综合分析，认为研究区内发育有河流相、湖泊相、三角洲相，并可进一步细分为8个亚相、15个微相(表3-1)。

表3-1　定边油田沉积相分类表

相	亚　相	微　相
河流	辫状河	河道砂坝、泛滥平原
	曲流河	河道砂坝、河漫滩、漫滩沼泽
湖泊	滨湖	滨湖沼泽、滨岸沙坝
	浅湖	滩坝
	深湖	浊积砂
三角洲	三角洲平原	水上分流河道、河间洼地、漫滩沼泽
	三角洲前缘	水下分流河道、河道间
	前三角洲	前三角洲泥、远端砂坝

1. 河流相

河流沉积是陆相地层中最重要的沉积类型。研究区河流相主要发育在延安组(含富县组、下同)下部地层中，即延10+富县属河流相沉积。研究区前侏罗系古地貌图中的宁陕河道、蒙陕河道内的沉积物属河流相沉积。依据砂体形态、沉积结构、相序特征及构造特征将河流相分为辫状河、曲流河两类。

(1)辫状河：其岩性特征为沉积物粒级较粗，粗砂、砾岩含量高，垂向上以河道砂坝为主，泛滥平原不发育。砂地比>70%，呈正旋回。岩石类型主要为岩屑长石砂岩和长石砂岩，填隙物含量约为8%，成分成熟度中等-较低，结构成熟度中等，颗粒分选中等，磨圆度以次圆-次棱角状为主，胶结类型为孔隙式胶结。辫状河沉积构造与序列特征：辫状河是一种典型的富砂低弯度河流，常发育河道砂坝。以砂为沉积载荷，河道宽且浅，宽深比较大，河道平面形态几乎为直线形态。由于河水流量变化比较大，河道侧向迁移相对频繁，河道底部常伴有滞留沉积；下部为粗砂岩、含砾粗砂岩；上部通常发育大型板状交错层理的河道砂沉积，自下而上构成由粗变细的典型正旋回。砂体形态：横剖面多呈板状体特点，平面上多呈条带状分布。电性特征：自然电位通常呈箱状，顶、底界面一般为突变形。由于主河道砂体由多期河道砂坝叠置所致，其自然电位曲线常呈微齿状箱形(图3－17)。甘陕河道中堆积的延安组早期河道砂体(指延10＋富县下部)具有典有典型的辫状河沉积电性特征。

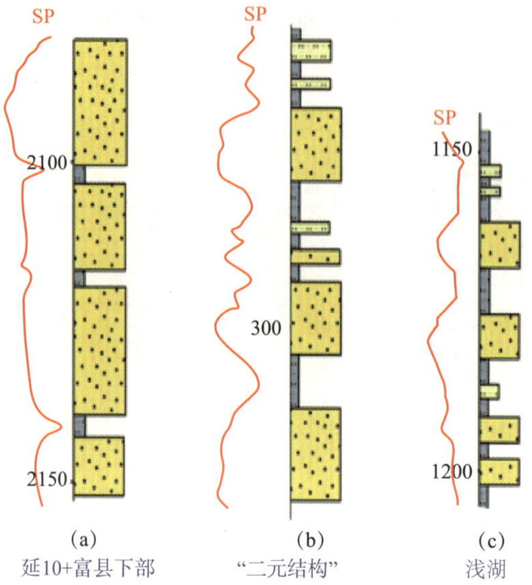

图3－17　不同沉积环境的电性特征

(2)曲流河：曲流河岩性较细(相对于辫状河)，主要为中细砂岩。河漫滩沉积相对发育，垂向表现为砂夹泥结构，具有正旋回特点。岩石类型主要为岩屑长石砂岩和长石砂岩，成分成熟度低，结构成熟度好。石英含量约为60%，长石含量约为30%、岩屑含量约为20%。分选好，磨圆度以次圆－次棱角状为主。孔隙类型以孔隙式胶结较为常见。沉积构造及序列特征：河道砂坝是其最重要的沉积微相，由于曲流河坡度小，弯曲度大(相对于辫状河)，河道宽深比小，推移质/悬移质比小，流量变化也相对较小，因此，在砂泥岩剖面上往往形成一系列完整旋回的重复叠置。自下而上形成一个由粗变细的正沉积旋回。由基底冲刷面向上表现依次为滞留沉积、大－中型槽状交错层理、板状交错层理、平行层理和小型交错层理，其坝顶通常被河漫滩沉积所覆盖。砂体形态：河道砂体在垂向上叠置，横向上连片。这是由河道不停地往返迁移所造成的。通常情况下河道砂体在平面上呈不规则或串珠状的条带，宽/厚比小。横剖面上为上平下凸的透镜体。电性特征：具典型的"二元结构"，在自然电位上清楚的显示。正对河道底砾岩，电阻曲线幅值最大，自然电位曲线底部突变接触十分明显。研究区延长组长10和延安组延9及延10河道砂体绝大多数均属曲流河沉积(图3－17)。

2. 湖相

研究区内湖相由滨湖、浅湖和(半)深湖亚相组成。

(1)滨湖：由滨湖沼泽组成。在盐池－定边延安组地层中广泛分布，研究区内长1地层沉积与湖盆萎缩发育滨湖沼泽有关。岩性特征为黑色－深灰色泥岩、碳质泥岩、煤层与灰白色、灰绿色细砂岩、粉细砂岩间成互层；砂岩以岩屑长石砂岩、长石砂岩为主；成分成熟度低，结构成熟度较高；颗粒分选中等、次棱－

次圆状；胶结类型以孔隙式胶结为主。沉积构造：水平层理较发育；粉细砂岩中有沙纹层理及小型交错层理；细砂岩中可见粒序层理。砂体形态：砂体多以条带状、席状或团块状产出，平面分布很不规则。电性特征：视电阻曲线呈齿状起伏特征，声波时差与自然伽马偏高。

(2)浅湖：研究区内发育的长4+5地层属浅湖相沉积。岩性特征为深灰色粉砂质泥岩、夹杂绿灰色薄-中层状粉细砂岩、细砂岩。砂岩以岩屑长石砂岩、长石砂岩为主；成分成熟度低，结构成熟度高；颗粒分选为中等-好，磨圆度为次棱-次圆状；以孔隙式和镶嵌式为主。沉积构造：水平层理发育，粉细砂岩中常见浪成波痕、沙纹层理及小型交错层理。砂体形态：呈席状或斑块状产出。电性特征：Ra呈微齿状，SP曲线偏负，起伏不明显，反映出砂泥间呈互层韵律沉积特征(图3-18)。

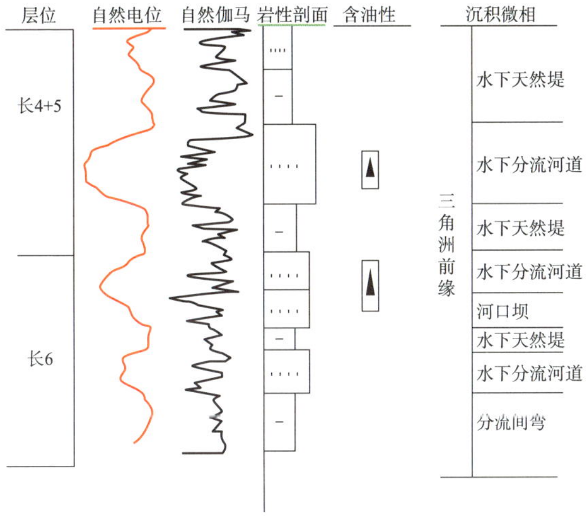

图3-18　定4110井长4+5、长6相剖面图

(3)(半)深湖：主要出现在长7地层中，分布于定边-吴起地区。岩性特征为黑色泥岩、粉砂质泥岩、油页岩夹粉砂岩、粉细砂岩、浊积岩。砂岩以岩屑长石砂岩、长石砂岩为主；成分成熟度低，结构成熟度高；分选中等-好，磨圆度以次棱-次圆状为主；以镶嵌式胶结最常见。沉积构造：见平行层理、粒序层理及各种底模构造。砂体形态：浊积岩呈带状、斑块状产出。电性特征：视电阻率、自然伽马曲线呈高值，自然电位曲线偏正呈平缓直线状(图3-19)。

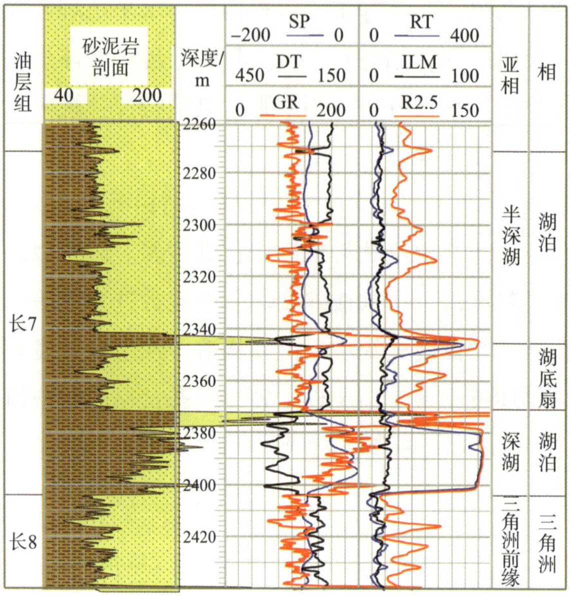

图3-19　定4129井长7湖底扇砂岩电性特征

3. 三角洲相

三角洲相包括三角洲平原、三角洲前缘和前三角洲亚相。研究区内长2、长4+5、长6及长8、长9地层主要属三角洲沉积。岩性特征为长8与长9地层以灰色岩屑长石砂岩为主，长4+5与长6以长石砂岩居多，夹粉细砂岩和粉砂岩，磨圆度以次棱-次圆，颗粒分选中等，填隙物以粉砂、绿泥石、方解石和浊沸石等较为常见，以孔隙式为主，颗粒接触方式呈线状。沉积构造及序列特征：沉积构造包括板状层理、交错层理、变形层理、水平层理和冲刷构造等。一个完整的三角洲包括前三角洲泥质沉积物，向上依次为三角洲前缘亚相(以席状细砂、水下分流河道细-中砂岩和分流河道间湾粉砂质泥岩沉积为特征)，再向上为三角洲平原亚相(以分流河道和河漫滩的砂、泥岩互层及泥炭沼泽相沉积为特点)。砂体形态：三角洲沉积中的分流河道因河道宽深比小，河道砂体常呈朵状、席状分布，横向连片性好。电性特征：三角洲平原主要由分流河道与河道间构成，粒度总体较细，分选性好，测井曲线幅值较低。三角洲前缘水下分流河道砂体在SP曲线多呈向上、向下渐变的钟形特点，前三角洲位于三角洲前缘之下，岩性细，因而测井曲线幅值低，呈小锯齿状(图3-20)。

(1)三角洲平原亚相。三角洲平原亚相位于河流下游第一个分流点至湖岸之间的三角洲岸上部分，多以水上分流河道和分流间湾、沼泽沉积；此外，因河流季节性暴涨形成的决口扇、天然堤或因河流改道形成的牛轭湖或废弃河道、小盐沼等微相，一般在古代沉积中当钻孔稀少，取心资料局限的情况下，仅靠测井资料是难以识别。识别钻孔中三角洲平原亚相主要依据大量的测井曲线以及有限的岩心资料提供的岩性特征(如煤、炭质泥岩等)、砂体形态(如箱形、钟形、三角形等)、单砂体厚度、砂地比等资料。地层见薄煤层、炭质泥岩、砂岩单层厚度偏大、砂地比高、砂岩自然电位曲线箱状特征明显等是三角洲平原亚相划分的主要依据。

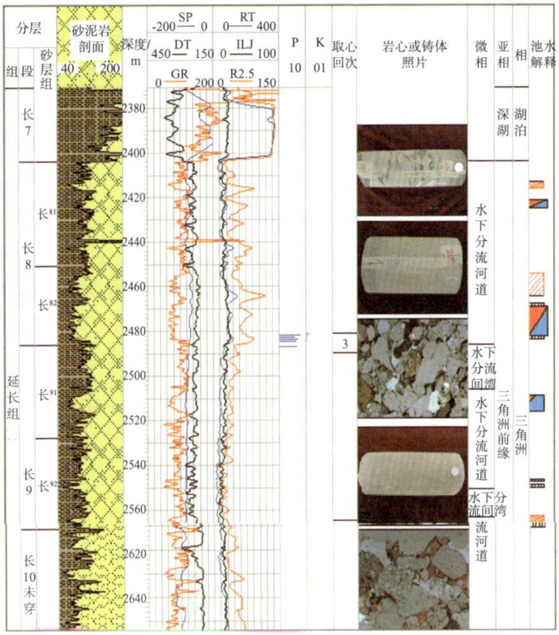

图 3-20　定 4129 井长 9 及长 8 油层组沉积相剖面图

(2)三角洲前缘亚相。三角洲前缘亚相位于河流入湖口至湖坡间的滨浅湖缓坡地带，其微相主要分布在水下分流河道、河口砂坝、河道间等。在取心较少的钻孔中，识别三角洲前缘亚相主要依据测井曲线提供的岩性特征(岩性偏细)，砂体形态(自然电位曲线多呈钟形或倒三角形)，单砂体厚度(单砂体厚度偏小)、砂地比小以及岩性纵向上共生组合特征等进行综合判识。地层中砂岩单层厚度偏小、砂地比小、砂体自然电位(或自然伽马)曲线以钟形、三角形为主、岩性偏细是三角洲前缘亚相基本的岩电特征。图 3-21 是定边地区定资 7000 井长 6、长 4+5 地层岩性岩相柱状图。统计结果表明，长 6 地层砂地比高达 0.52，单砂层厚度频率众数出现在砂厚 >4.0m，众数值为 38.5%；砂岩单层厚度 >3.0m 的频率为 61.6%(表 3-2)。相反，对长 4+5 地层的统计结果是砂地比仅为 0.32，明显低于长6；单砂层厚度频率众数=1.0～2.0m，众数值为62.5%；砂岩单层厚度>3.0m出现的频率仅为12.5%（表3－2）。上述统计结果表明：长6岩性偏粗而长4+5岩性偏细，结合定资7000井长7高阻泥岩欠发育和横向岩性追踪的综合判定，研究区长6地层组为三角洲平原亚相，长4+5地层为三角洲前缘亚相。

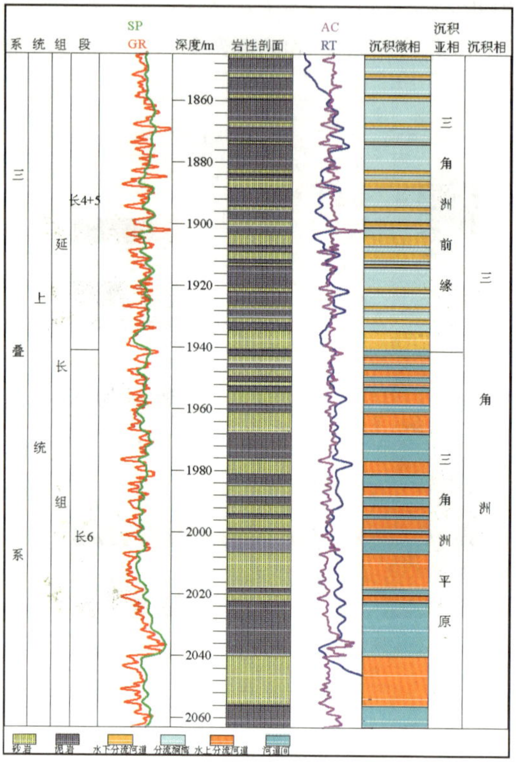

图3－21　定资7000井长4+5、长6岩性岩相柱状图

表3－2　定资7000井延长组长6、长4+5岩性统计表

层位	砂地	单砂层厚度频率/%					沉积亚相
		<1.0m	1.0～2.0m	2.0～3.0m	3.0～4.0m	>4.0m	
长4+5	0.32	12.5	62.5	12.5	6.25	6.25	三角洲前缘
长6	0.52	0	7.7	30.7	23.1	38.5	三角洲平原

3.3　主要油层组沉积相展布

纵观全区，三叠纪晚期湖盆经历了发育－发展－萎缩－消亡一个完整过程，盆地沉积环境演化、沉积物源、碎屑成分和沉积方式等特征较为复杂。

定边地区延长组沉积时，沉积特征以及演化规律总体和盆内其他地区较为相似，沉积了一套灰绿－灰色中厚层粉细砂岩夹深灰－灰黑色泥岩地层，延长组上部长3－长1地层多为三角洲平原分流河道相砂泥岩沉积。中部长7－长4+5地层多为湖泊－三角洲的砂泥互层沉积，下部长10－长8地层以河流相河道砂和三角洲分流河道中－粗砂岩沉积为主。总体上沉积物具有北粗南细，地层北薄南厚的特点，岩性呈韵律变化(图3－22)。

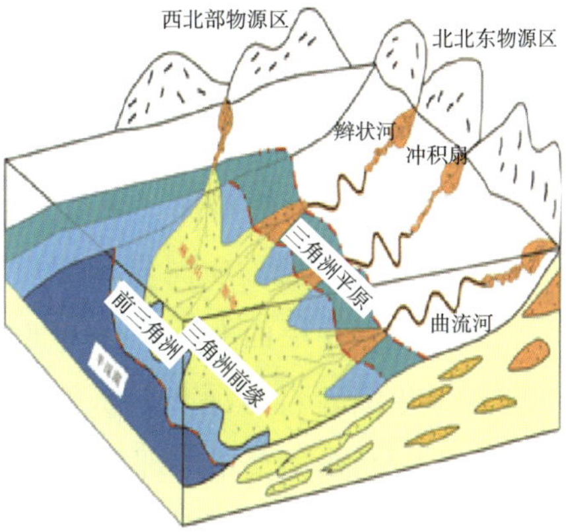

图3－22　定边地区沉积模式示意图

3.3.1　延长组主要油层组沉积相展布

对于延长组主要有油层组沉积微相的展布特征，通过研究区内单井沉积剖面和沉积相剖面(图3－25～图3－28)，再结合沉积相平面图(图3－29～图3－38)，分析本区沉积微相的平面展布特征。

1. 长10沉积相展布

通过对研究区15余口井的长10油层组岩相特征、测曲线特征以及沉积相标志的研究，认为本区长10段主要为河流相沉积。其岩性由一套褐红色麻斑状中粗砂岩夹灰绿色、紫红色泥岩、泥质粉砂岩组成。砂岩分选较差，呈块状结构。其电性特征：电阻呈现高值，自然电位呈箱状或呈钟形。由于研究区内几乎没有钻穿长10油层组的石油探井，仅能依据地震资料编制研究区沉积相图。研究区河道呈南北向展布，自西向东由波罗池－堡子湾、白泥井镇－陈仓、安边－玻璃庙、郝滩－胡尖山四条河道砂(坝)组成，其间被三个河泛平原分隔。河道砂物性普遍较好(图3－29)。

2. 长9沉积相展布

本区长9段为浅湖亚相和三角洲前缘亚相沉积，岩性主要为厚层中－细砂岩夹中－厚层泥质粉砂岩和粉砂质泥岩，三角洲前缘亚相包括水下分流河道及河道间两个微相。分流河道沉积以灰白色砂岩为主，顶部为沙纹交错层理的粉－细砂岩与泥岩互层，SP与GR曲线为齿化钟状。底部为砾粗砂岩及细砾岩，向上粒度逐渐变细。横剖面多为上平下凸的透镜体，砂体底部发育冲刷面(含有泥粒)发育槽状交错层理、平行层理和板状交错层理等构造。泥岩中常见植物茎干和根系化石。作为骨架相的水下分流河道在研究区十分发育，在横剖面多呈上平下凸的透镜体状，底部具有冲刷面，表现为向上变细的正韵律特征。河道间沉积其实质为一套由低流态的粉砂质泥岩和泥质粉砂岩呈互层状沉积，常发育较多生物潜穴和扰动构造，在层面上分布有较细的植物碎屑和炭屑。在研究区主要发育一套灰－深灰绿色细砂岩与深灰－灰黑色泥岩不等厚浅湖亚相沉积，发育有水平层理、沙纹层理与小型交错层理等沉积构造。砂体形态多为席状。电性特征表现为Ra 曲线呈微齿状、SP 曲线略偏负，起伏不明显(图 3－20)。

1)长 9^2沉积相展布

研究区长 9^2期沉积相由浅湖亚相与三角洲前缘亚相组成。浅湖亚相分布在胡尖山南至铁边城一线东南地区，定边地区内分布极少。三角洲前缘亚相分布在胡尖山南至铁边城一线的西北地区，定边地区长 9^2 地层均属三角洲前缘亚相沉积。三角洲前缘亚相内主要由 4 条分流河道组成。其中两条自西向东展布，即庙岔－白马崾岘和姬塬－樊学分流河道，河道宽约 3～4km，区内长度约 40～50km；另外两条呈西北至东南方向展布，即波罗池至油房庄和白泥井镇至武峁子分流河道，前者河道宽约 20～30km，其中河道出现分岔现象，区内长度约 60km；后者河道宽 6～10km，区内长约 60km，该河道在安边以北和学庄地区由来自东北方向的分流河道与其交汇。上述分流河道之间有河道间微相与之分隔(图 3－30)。

2)长 9^1沉积相展布

本区延长组长 9^1期沉积相为由浅湖亚相与三角洲前缘亚相组成，与长 9^2所不同的是浅湖亚相沉积范围向西北有所扩展，水下分流河道呈侧向迁移之势。浅湖亚相分布在胡尖山北至铁边城西一线东南地区，定边地区内分布极少。三角洲前缘亚相分布在胡尖山北至铁边城西一线西北地区。三角洲前缘亚相内主要由 4 条西北－东南向水下分流河道组成，即自西向东分布有高天池－白马崾岘、乱井子林场－刘团庄、周台子－黄湾、黑梁湾东－安边东水下分流河道，其河道宽度 4～10km，区内长度约 40～60km。分流河道间互有“粘连”，安边地区附近有北东向分流河道与北西向分流河道汇合。各分流河道间有河道间微相与之分隔(图 3－31)。

3. 长 8 沉积相展布

通过对大量岩心观察的基础上，并对岩石相、测井相分析，以及对定边地区长 8 油层组的沉积相类型及其特征进行了详细的分析，识别出三角洲前缘亚相和浅湖亚相；三角洲前缘亚相分布在研究区中部和西北部的广大地区，而浅湖亚相仅出现在定边地区东南部。其三角洲前缘亚相又可分为水下分流河道、水下分流间湾等微相。浅湖亚相中主要发育滩坝砂体。水下分流河道微相的岩性主要为灰色厚层状细－中砂岩，此外夹少量粉砂岩、泥质粉砂岩和粉砂质泥岩。发育板状交错层理、槽状交错层理、块状层理、平行层理等沉积构造。底部具有冲刷面(常含大量泥砾)。其 SP 曲线呈近似钟形，高幅，曲线不平直；GR 曲线呈幅值低，齿化较少。砂泥岩剖面上具有下粗上细的正旋回特点。水下分流间湾微相的岩性为泥岩、粉砂质泥岩及泥质粉砂岩，发育小型沙纹层理与水平层理，颜色以灰色、深灰色为主，多形成于水下还原环境。SP 和 GR 曲线较平缓。

1)长 8^2沉积相带展布

研究区长 8^2期沉积相由浅湖亚相和三角洲前缘亚相组成。浅湖亚相分布在黄伙场－大河畔农场－张崾岘一线东南方向，该线西北为三角洲前缘亚相分布区。三角洲前缘亚相主要由自西向东的高天池－樊学分流河道、西北向的波罗池－纪畔分流河道以及西北向白泥井镇－安边分流河道组成。另外，东北部也有两条分流河道在安边－郝滩地区汇合。分流河道一般宽 4～10km，分岔与汇合频繁，具有网状特征；分流河道在研究区内延伸约 40～60km。分流河道之间为河道间微相所分隔(图 3－32)。

2)长 8^1沉积相展布

研究区长 8^1期沉积相展布是长 8^2期的继承与发展。其沉积相为浅湖亚相和三角洲前缘亚相所构成，其中浅湖亚相的分布范围向西北方向有所增大，而水下分流河道则表现为侧向迁移之势。浅湖亚相分布在学庄－杨井南－堡子湾一线东南方向，该线西北为三角洲前缘亚相分布区。研究区内主要发育 4 条北西向分流河道，即公布井－长茂滩分流河道、草滩东－砖井镇分流河道、红柳沟镇－堡子湾分流河道、沙崾岘－高台分流河道。另外，研究区东北部有北东向分流河道汇入武峁子和胡尖山地区。分流河道一般宽 4～10km，平面展布具网状特征，研究区内延伸长度约 30～50km。分流河道之间为河道间微相所分隔(图 3－33)。

4. 长 6 沉积相展布

研究区延长组长 6 期，湖盆中心位于盆地西南，在环县东、华池、庆阳等地为半深湖－深湖相沉积，而姬塬以北至定边主要为浅湖－三角洲相沉积。湖盆底形为东北平缓，西南较陡。陕北长 6 沉积时由于地形平缓，长期充足的物源供给，形成了远距离搬运的大型河控三角洲。由于三角洲分流河道侧向摆动加积，在三角洲入湖后受湖浪改造，前缘砂体叠复加宽，横向连片形成大型的三角洲前缘砂体。从以地层厚度恢复分析的湖盆底形来看，长6期沉积前，姬塬、堡子湾、铁边城北、吴起、吴仓堡是宽缓斜坡上发育的滨浅湖，湖水较浅，物源供给充分，发育大型的定边三角洲沉积。到堡子湾、铁边城、吴起以南地区，湖底地形坡度变大，为浅湖陡斜坡区。再往西南湖水进一步加深，耿湾-长官庙一带湖水较深，为半深湖。长6在盆地演化中是沉积物充填高峰期之一，定边三角洲是强进积建设期，自下而上可以分为长6^4、长6^3、长6^2、长6^1四个沉积旋回序列，每个旋回由砂岩、粉砂岩以及泥岩组成，其中以长6^1三角洲前缘厚层砂体最为发育(图3-23)。

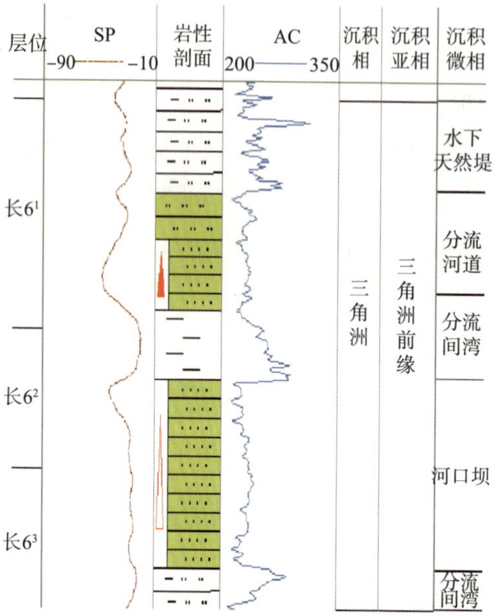

图3-23　定5131-2井长6沉积相剖面图

1)长6^2沉积相展布

长6^2油层组沉积时，区内主要发育三角洲前缘亚相，湖岸线大致分布在长茂滩-郝滩一线。长6^2期沉积作用较强，水下分流河道主体部位砂岩厚度>20m，平面上中西部沉积作用较强，河道发育区域面积约占研究区60%(图3-34)。

2)长6^1沉积相展布

延长组长6^1期是河流三角洲最主要的建设时期。研究区内长6^1期以三角洲前缘亚相沉积为主，三角洲平原发育在彭滩和营庄以北地区。长6^1期沉积时，湖岸线在彭滩南和营庄北一线呈西北-东南向弧形分布，至耿湾-康岔-长官庙进入半深湖区。确定湖岸线的主要依据是安51井、新30井长6地层中发育大量垂直虫孔、植物炭化根、煤线等水上沉积标志，自然电位曲线呈大型箱状。在研究区面积内三角洲前缘沉积占到了50%以上。长6^1期沉积作用较强，水下分流河道主体部位砂岩厚度>20m，平面上中西部沉积作用较强，特别是三角洲前缘河口坝部位，砂岩厚度平均>25m(图3-35)。

5. 长4+5沉积相展布

长4+5期出现了一次一次较大的湖侵期，沉积了大面积薄层状泥质粉砂岩和粉砂质泥岩，构成了鄂尔多斯盆地长6油层的区域性盖层。本期浅湖分布范围较长6期有所扩大，定边三角洲仍继承长6期的特征，为北东－西南走向。

1）长4＋5^2沉积相展布

长4＋5^2期沉积继承了长6^1期的沉积格局，湖岸线向西南推进到小涧子北池205井－胡尖山一线附近；三角洲前缘仍是主要的沉积亚相，主要的沉积微相是水下分流河道和分流间湾或湖湾微相，不同的是三角洲平原沉积的区域有所缩小。长4＋5^2与长6^1相比三角洲的规模略有变小的趋势，以水下分流河道砂体为主，砂体平均厚度一般＜20m。长4＋5^2期沉积规模较大的分流河道砂体主要分布在铁边城及其以北地区，堡子湾、马家山沉积规模也较大（图3－36）。

2）长4＋5^1沉积相展布

长4＋5^1期沉积继承了长4＋5^2期的沉积格局，三角洲前缘仍是主要的沉积亚相，主要的沉积微相是水下分流河道和分流间湾或湖湾微相。长4＋5^1期沉积规模较大的分流河道砂体主要分布在沙崾岘、罗庞塬及堡子湾区域，樊学东沉积规模也较大（图3－37）。

6. 长2沉积相展布

定边地区长2油层组具有较为典型的河流相特征（在单井相分析中已作了简单说明）主要依据如下：剖面下部主要为砂质沉积，其上部为粉砂、泥质沉积，具有明显的旋回性；单个砂体的SP曲线及GR曲线的形态常表现为钟形、箱形等河流相中常见形态；剖面上具有河流相中较为典型的沉积构造特征（图3－24）。

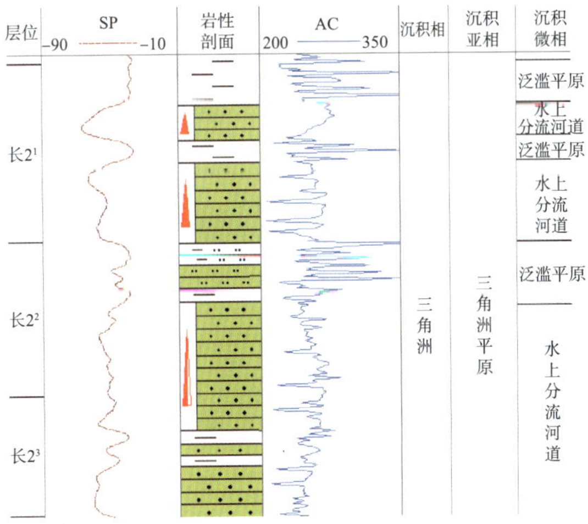

图3－24　定5127－1井长2沉积相剖面图

长2^1时期，研究区有来自北东方向五条河流发育，沉积相为曲流河三角洲平原沉积。总体说来，这时期河流作用相对减弱，河道规模较小，河漫滩沉积范围反而有所增加；砂岩的百分含量有所降低，多为60%～80%，砂体呈近北东向展布；砂岩沉积厚度以10～15m较多（图3－38）。

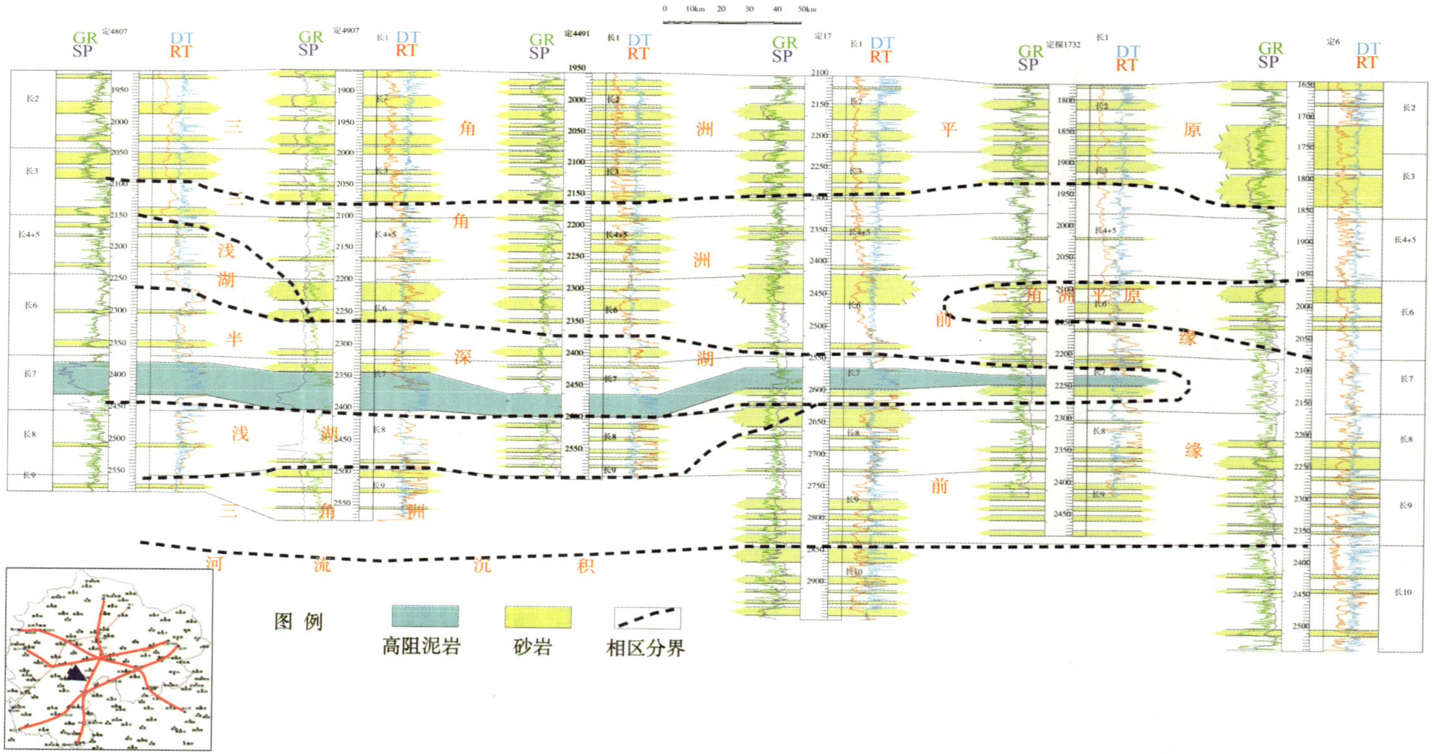

图3－25　定4907—定6井延长组沉积相剖面图

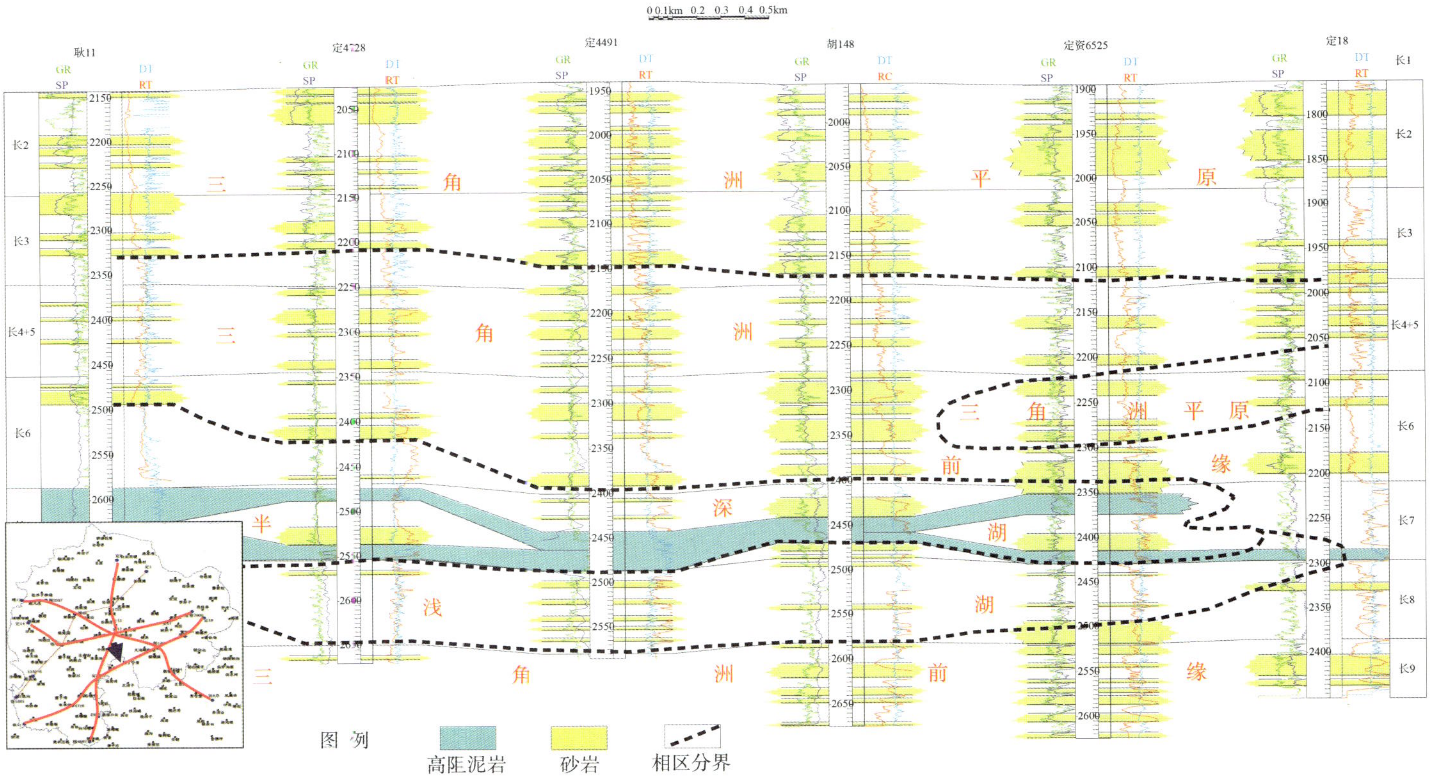

图 3－26　耿 11—定 18 井延长组沉积相剖面图

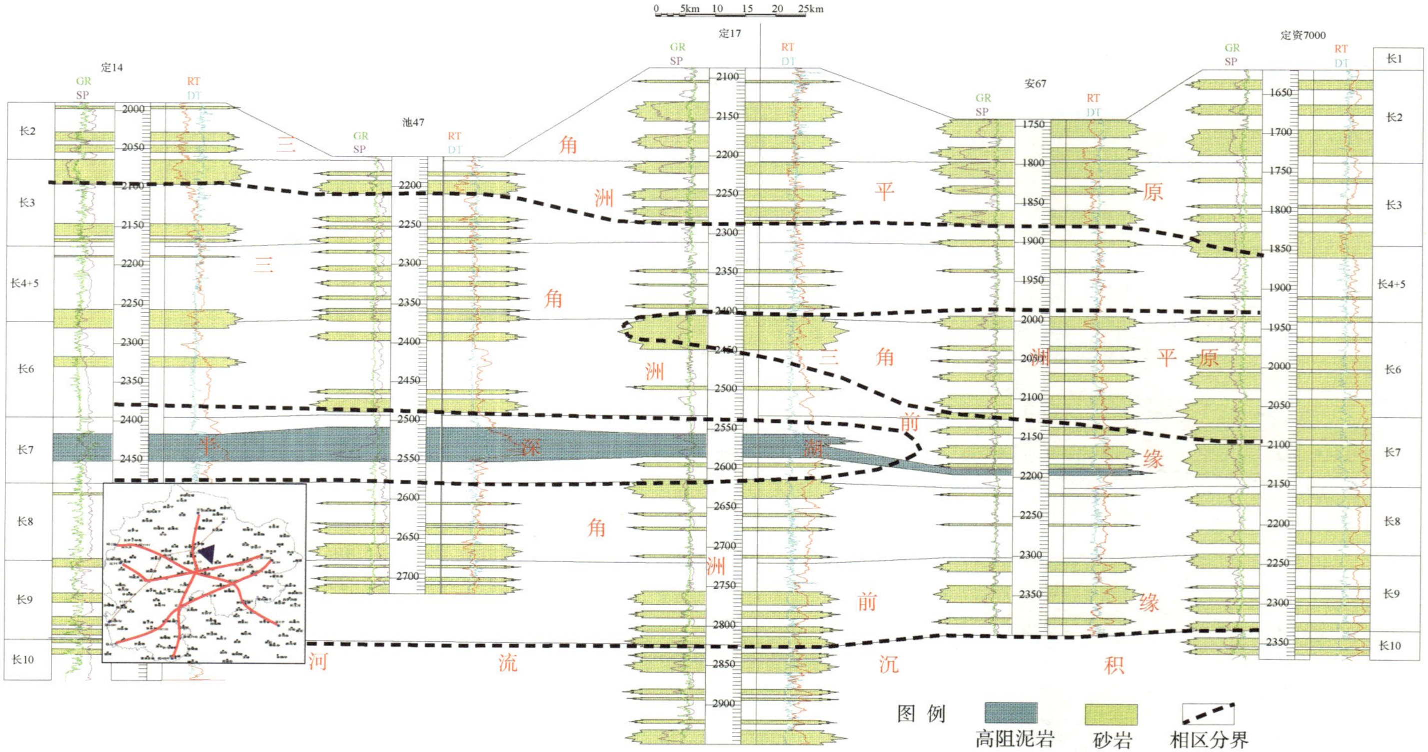

图3－27　定14—定资7000井延长组沉积相剖面图

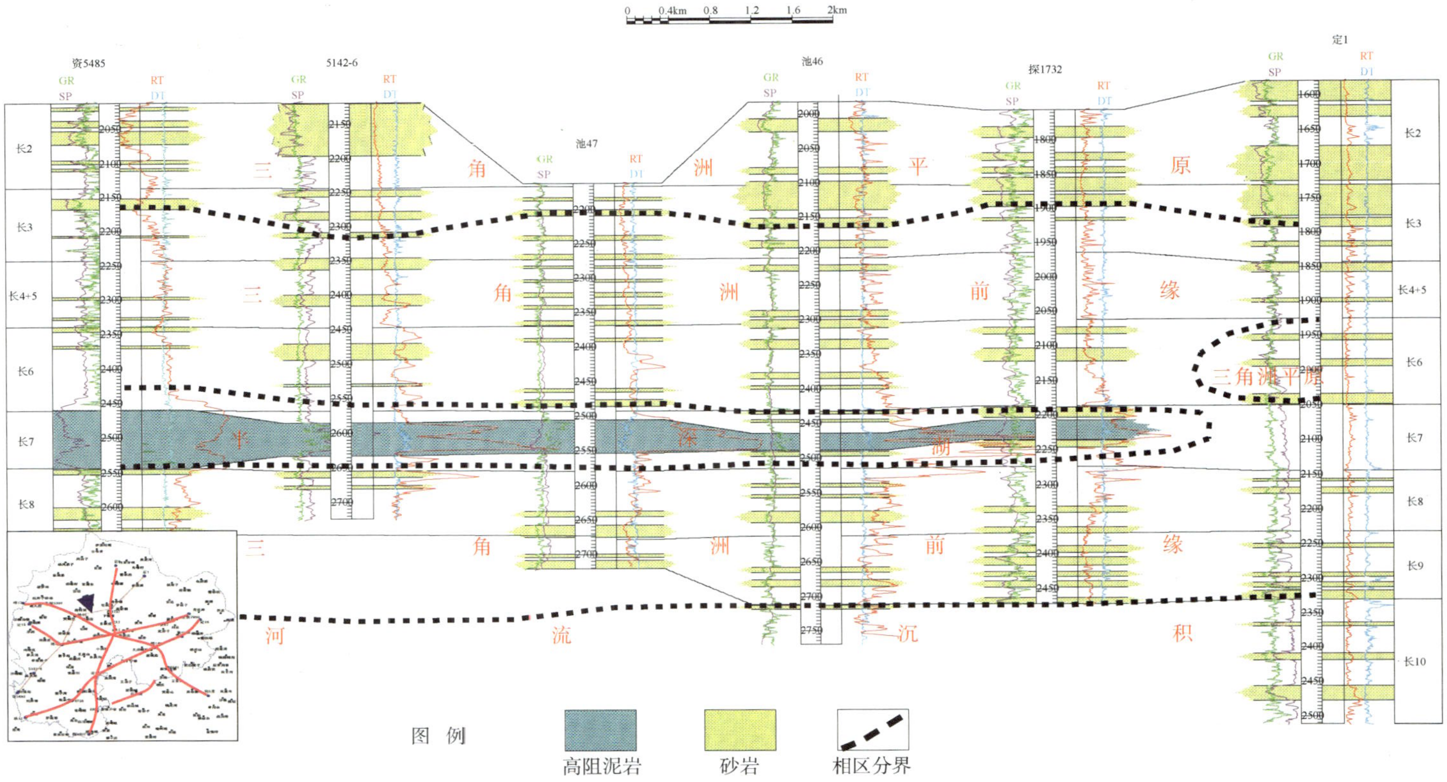

图 3-28 资 5485—定 1 井延长组沉积相剖面图

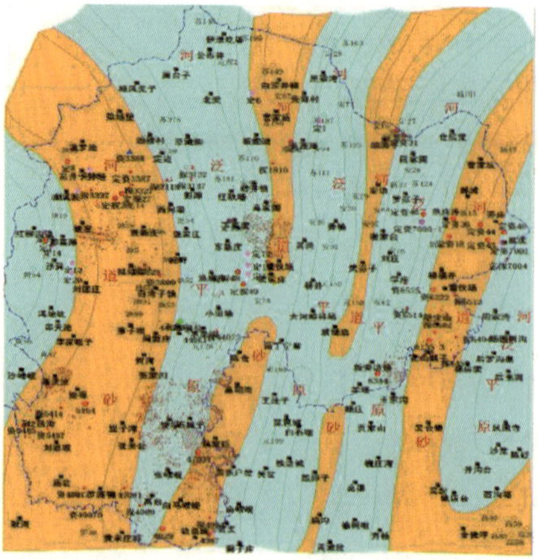

图 3－29　长 10 沉积相平面分布图

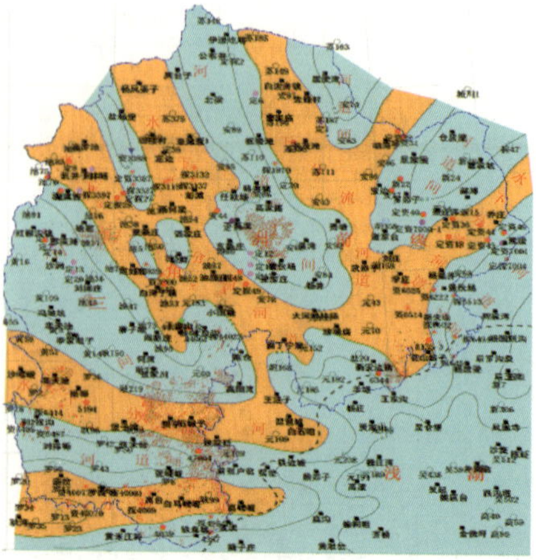

图 3－30　长 9^2 沉积相平面分布图

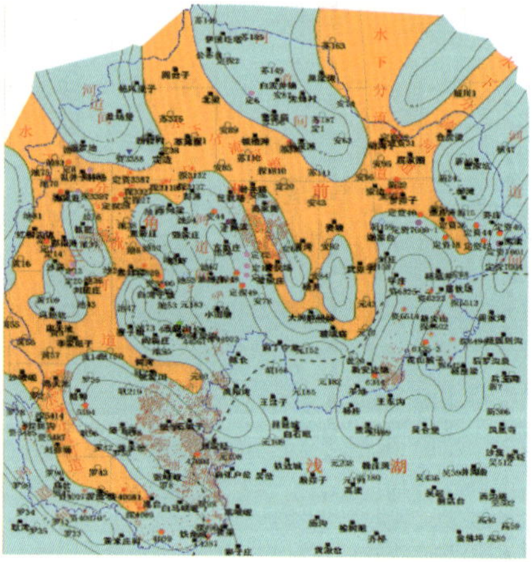

图 3－31　长 9^1 沉积相平面分布图

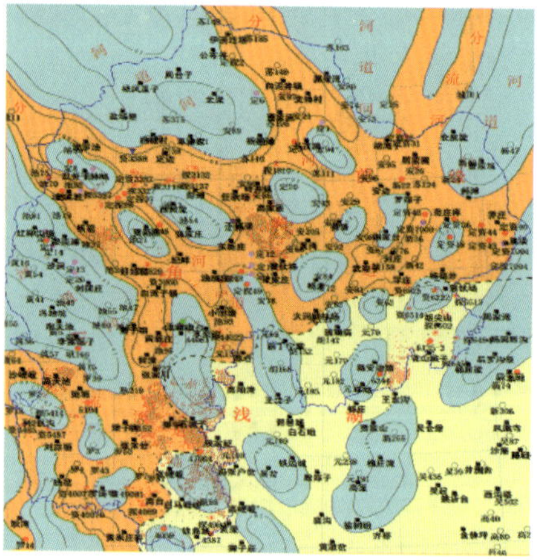

图 3－32　长 8^2 沉积相平面图

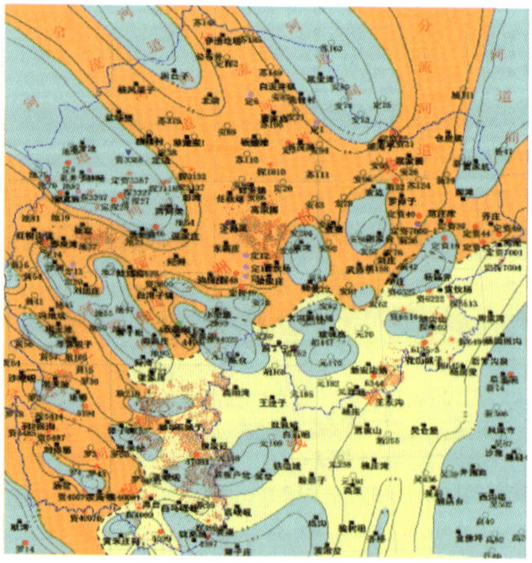

图 3－33　长 8^1 沉积相平面分布图

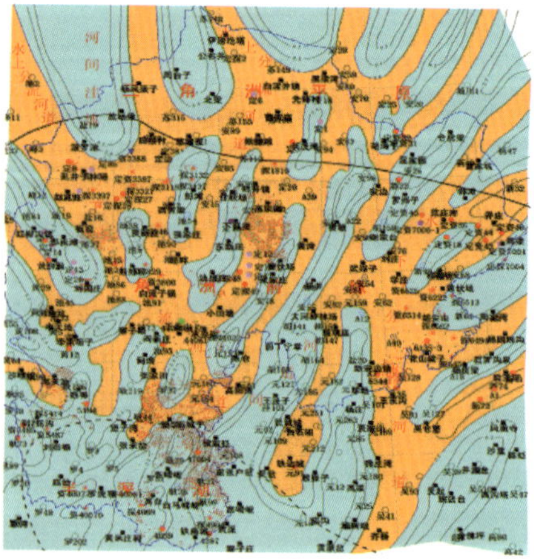

图 3－34　长 6^2 沉积相平面分布图

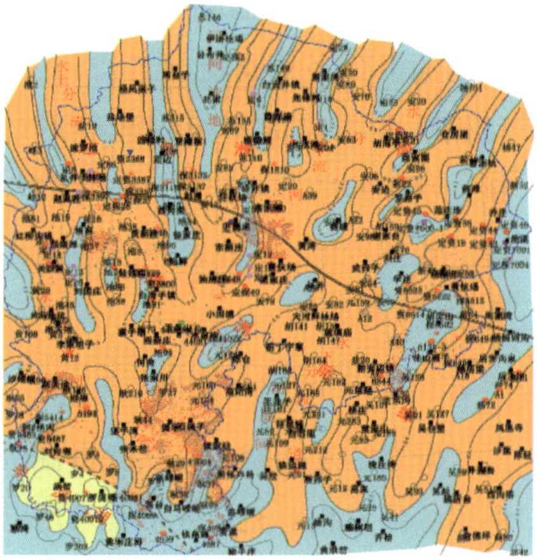

图 3－35　长 6^1 沉积相平面分布图

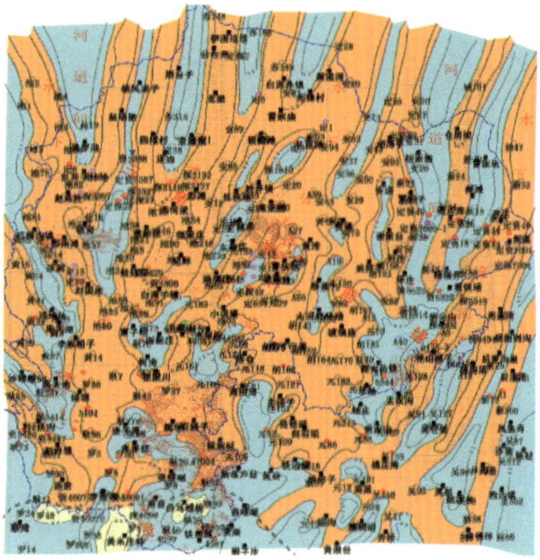

图 3－36　长 4＋5^2 沉积相平面分布图

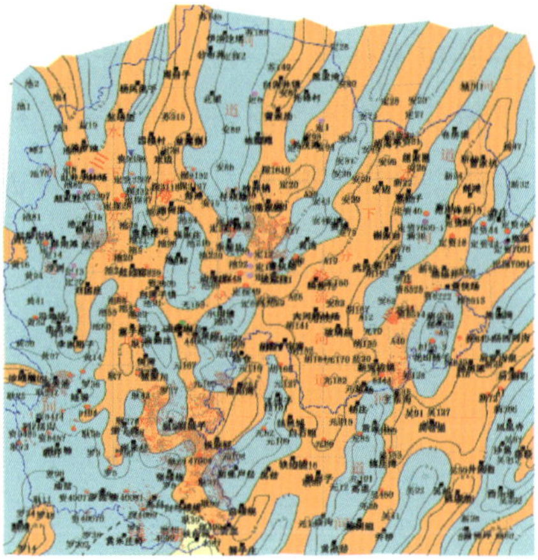

图 3－37　长 4＋5^1 沉积相平面图

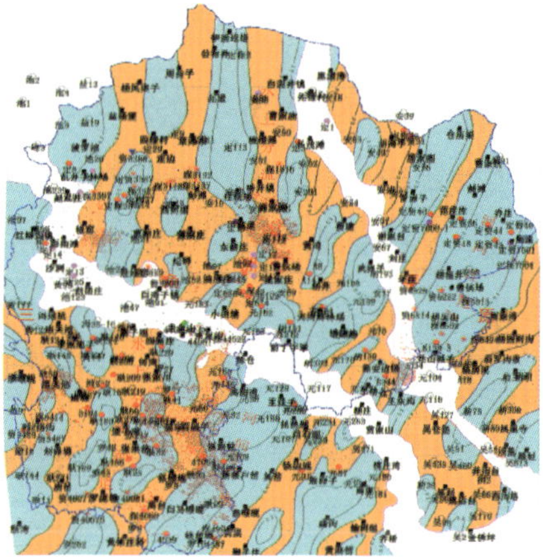

图 3－38　长 2^1 沉积相平面分布图

3.3.2　延安组主要油层组沉积相展布

通过研究区内沉积相平面图（图 3－41～图 3－43）和沉积相剖面（图 3－44～图 3－47），再结合单井沉积剖面，分析本区延安组主要油层组沉积微相的平面展布特征。

1. 延 10 沉积相展布

延 10 段沉积时，沉积了一套充填型砂、泥岩互层，岩石类型为厚块状浅灰色、灰白色、黄白色中－粗粒、细－中粒长石石英砂岩、含砾砂岩，其间夹薄层状砂质泥岩和泥岩，砂岩具大型槽状层理、板状斜层理。研究区发育的宁陕古河

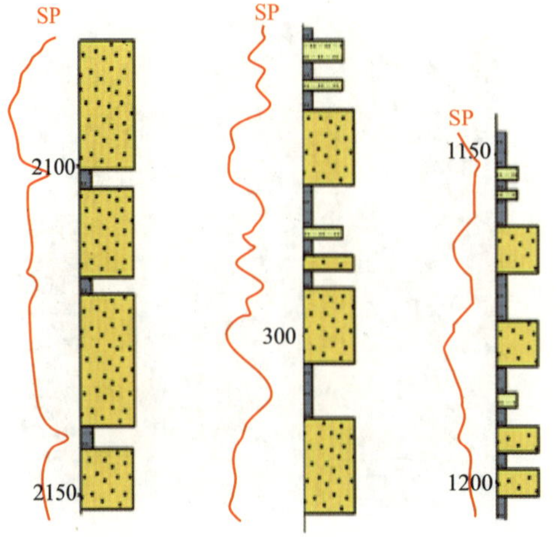

(a)延10+富县下部　(b)“二元结构”　(c)浅湖

图 3 –39　不同沉积环境的电性特征

和蒙陕古河属河流沉积环境，发育的沉积微相有多条支流河道。延 10 段沉积明显受前侏罗纪古地貌形态控制，发育的二条主河道展布方向与河谷一致，砂地比(砂岩厚度占剖面厚度比值)一般都 >0.80(图 3 –39)。

2. 延 9 沉积相展布

研究区延 9 期，气候变得温暖而潮湿，雨量相对充沛，沉积环境已由延 10 段河流相演变成湖泊相，主要是由滨湖沼泽和滨湖相所组成，其分界线位于郝滩 – 学庄 – 贺渠一线。河道沉积最大规模为定边 – 王洼子主河道和波罗池 – 王洼子主河道，其次规模较小的河道为定边、长茂滩、刘峁塬主河道。砂岩类型为中细粒长石砂岩，发育板状斜层理、平行层理等沉积构造(图 3 –40)。

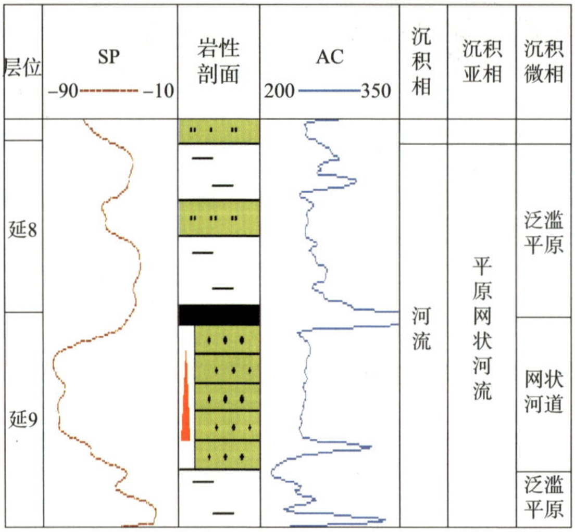

图 3 –40　定 5136 –1 井延 9、延 8 沉积相剖面图

3. 延 8 沉积相展布

延 8 段的沉积期是延安组具有重大意义的时期，本区自延 8 期始进入湖泊 –三角洲平原建设期，由于延 9 段末期的区域性准平原化，地貌相对平坦。所以最大湖侵时其范围较大，北到定边，西北方向接近马坊。湖侵方向自东南向西北和北侵入。在樊学及油房庄地区以水下分流河道和河口坝沉积为主，大致上可分为二个沉积旋回，下部为水下分流河道，上部为河口坝沉积，晚期为湖湾充填沉积。有西北、北东、西南三个方向河流流向本区，充分显示了坳陷型湖泊多源充填的特点。从沉积物的颜色来看，特别是泥岩的颜色来看，由灰、少量蓝灰色变为深灰、灰褐色，表明有机质含量增多，古气候由半潮湿变为潮湿(图 3 -40)。

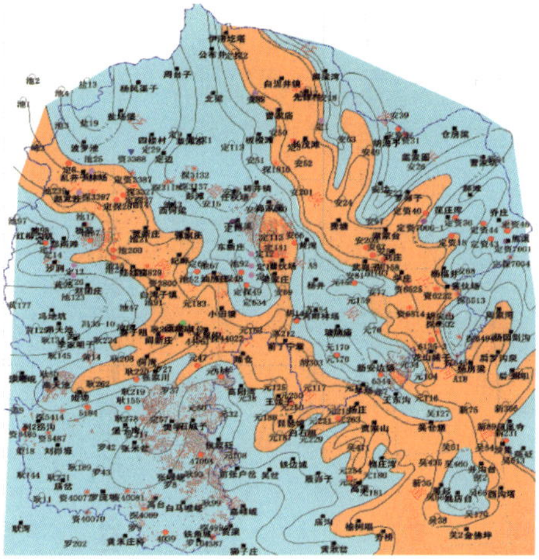

图 3 -41　延 10 沉积相平面分布图

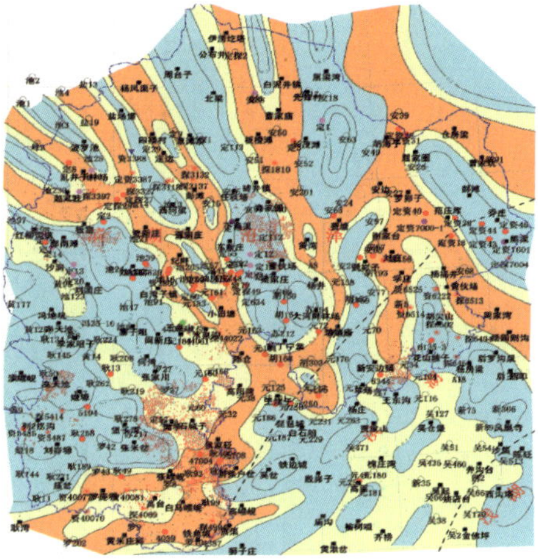

图 3 -42　延 9 沉积相平面分布图

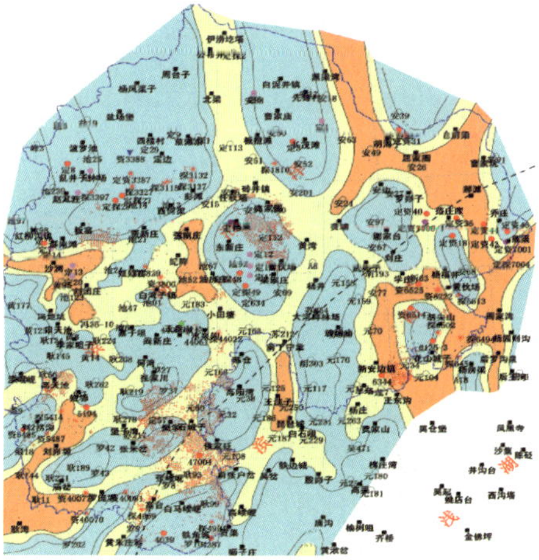

图 3 -43　延 8 沉积相平面分布图

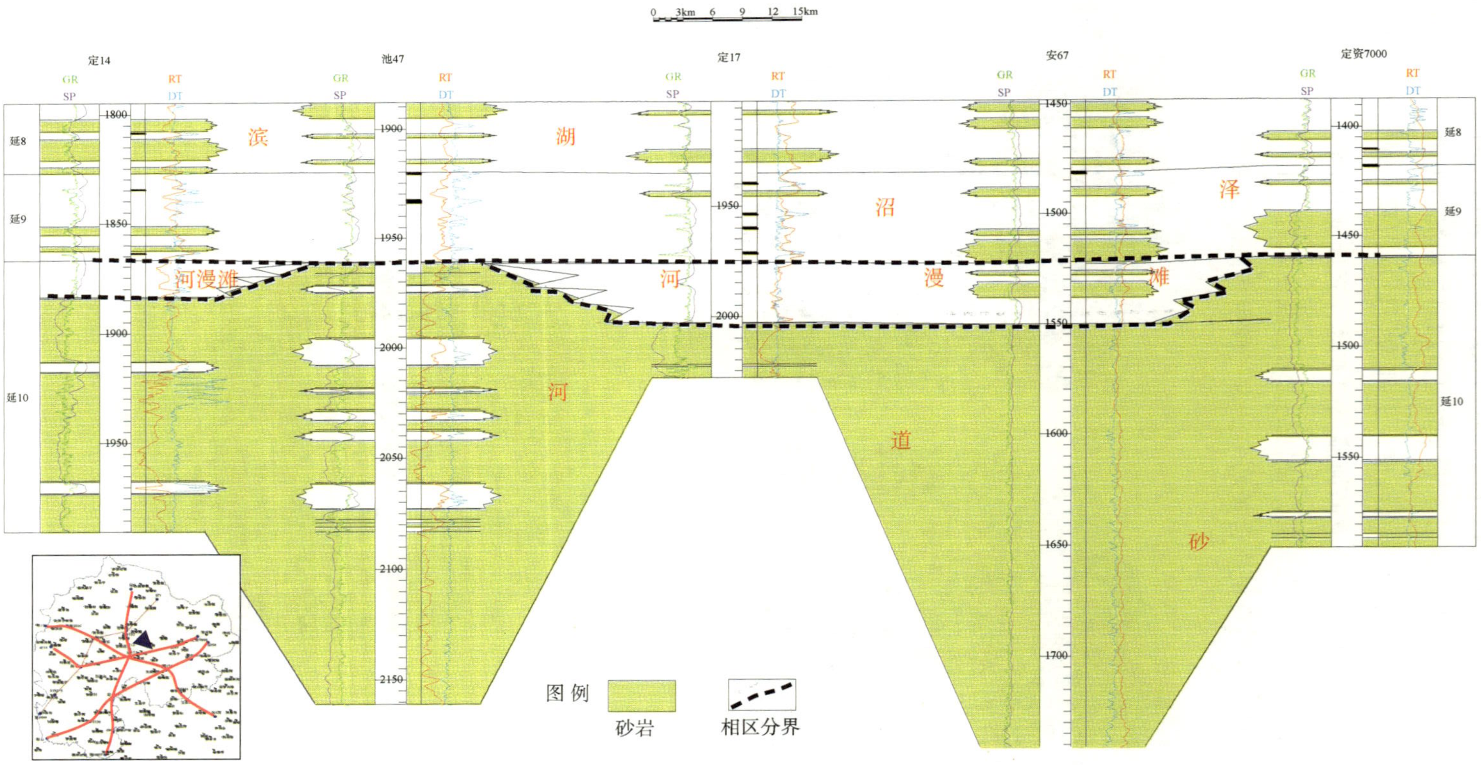

图3－44　定14—定资7000井延安组沉积相剖面图

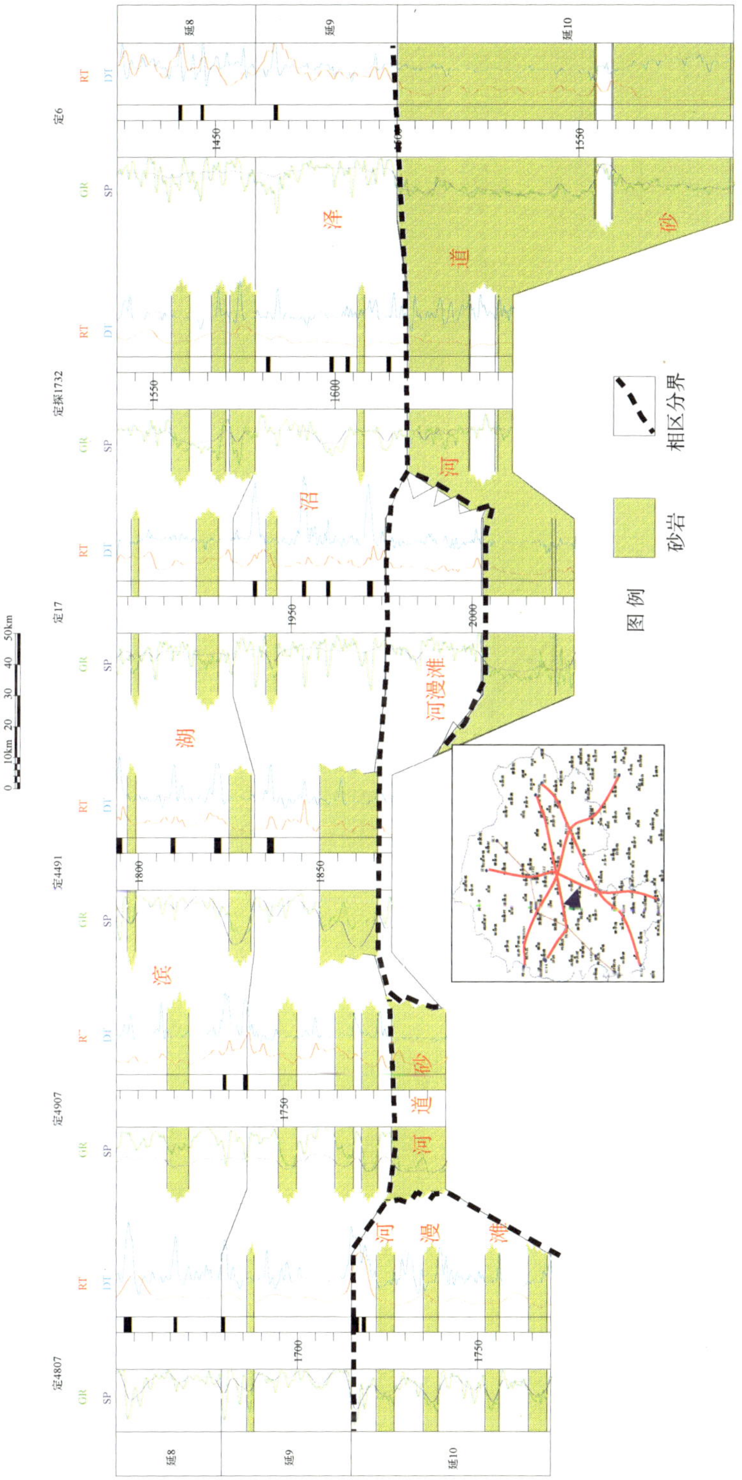

图3-45 4807—定6井延安组沉积相剖面图

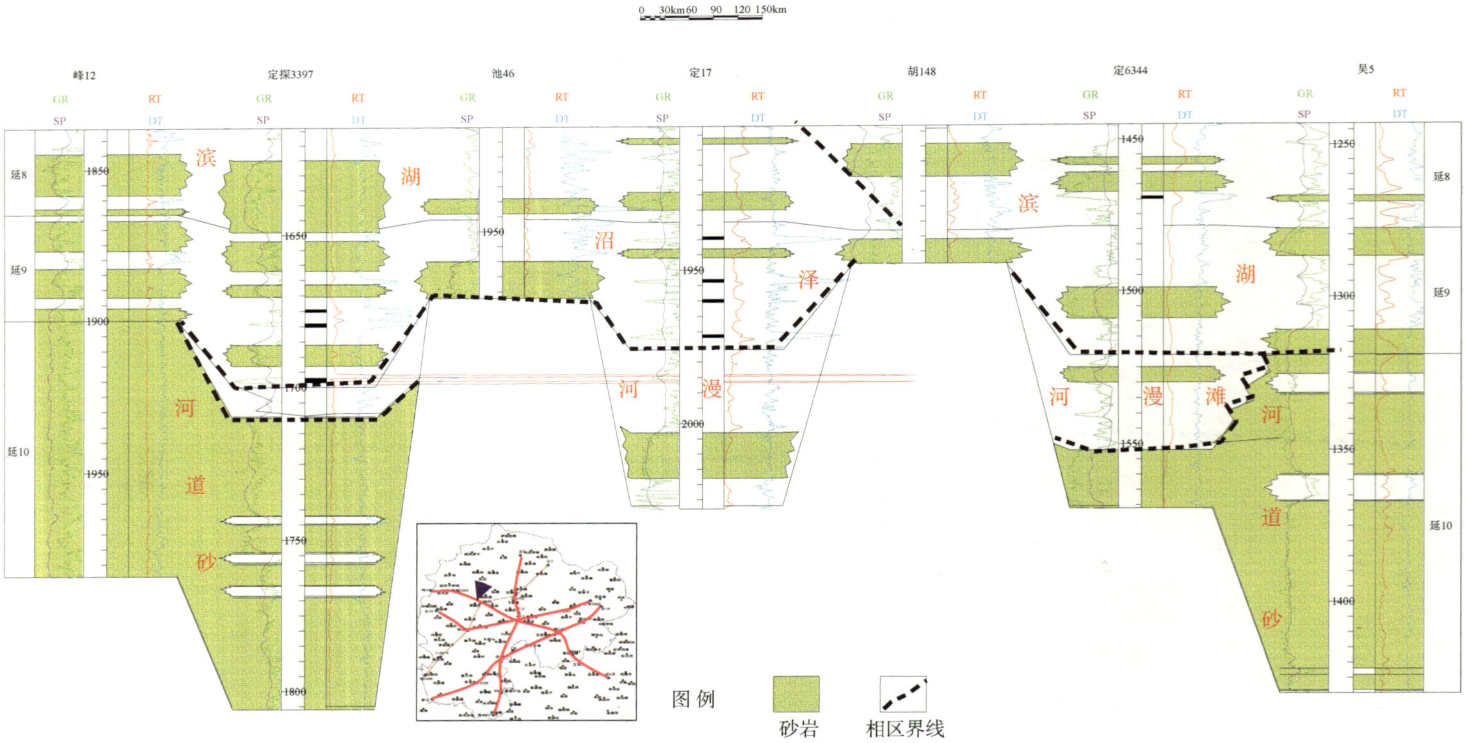

图3－46 峰12—吴5井延安组沉积相剖面图

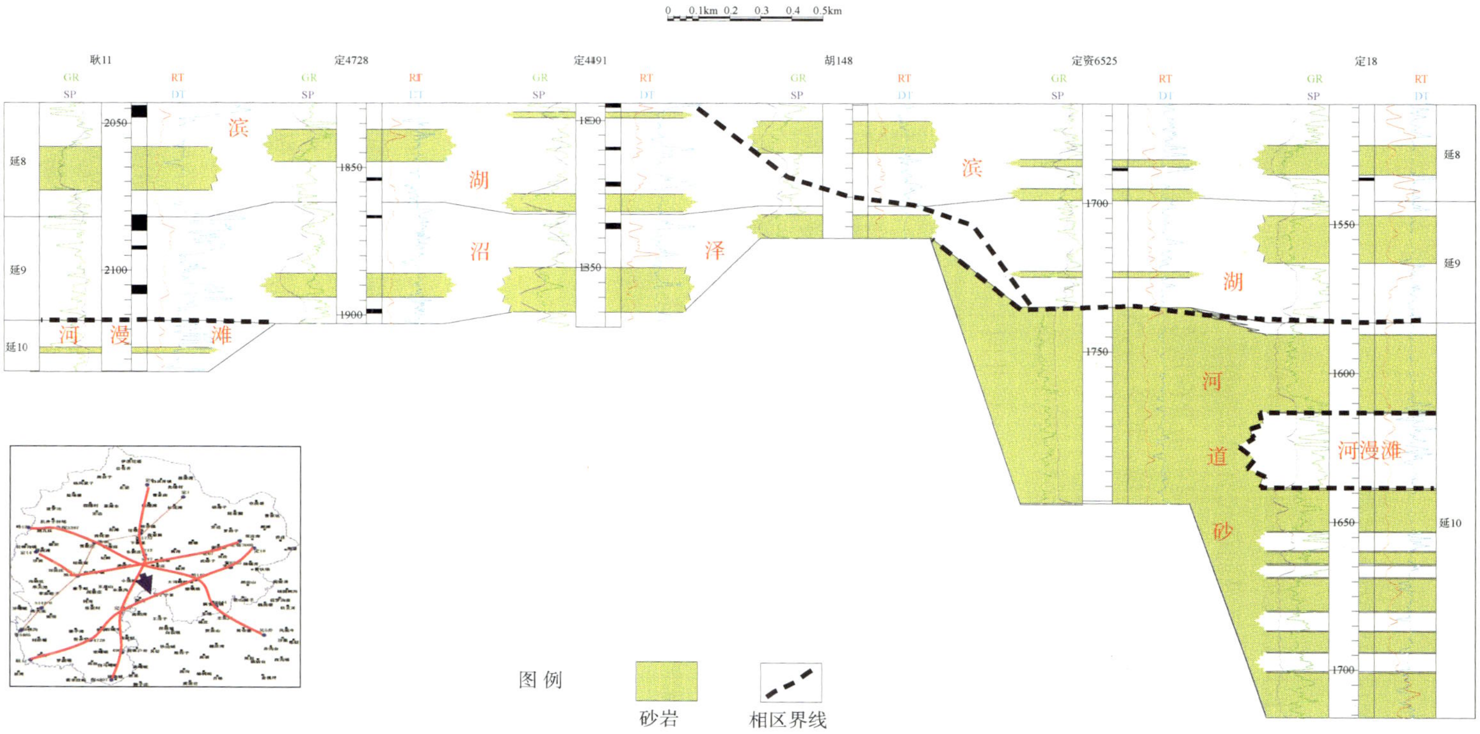

图 3-47 耿 11—定 18 井延安组沉积相剖面图

3.4 沉积体系纵向演化

3.4.1 延长世沉积体系纵向演化

依据前述延长组及延安组各油层组沉积相带平面展布以及条沉积相剖面，对定边地区延长世沉积体系纵向演化有如下特征：

长10期为河流相沉积，河道呈近南北向展布，区内西侧河道较发育。从长9期开始研究区已演变为湖相沉积环境。长9、长8期，定边地区由浅湖亚相和三角洲前缘亚相组成。浅湖亚相仅发育于研究区东南部，其余地区均属三角洲前缘沉积环境，长9^2期浅湖与三角洲前缘分界线在胡尖山－铁边城一线，至长8^1期，该相区分界线已向西北方向挺进到学庄－杨井南－堡子湾一线，展示了研究区湖盆水体向西北方向呈扩大、加深之趋势。长7期是鄂尔多斯盆地湖盆发育的鼎盛时期，定边地区长7高阻泥岩的分布范围十分广泛，约占该地区面积的三分之二，主要分布在该地区西南部，呈西南厚、东北薄的变化趋势。沿资6525井、安67井、探1732井一线的东北地区，长7高阻泥岩厚度呈变薄趋势，长7生烃坳陷呈西北－东南向展布，定边地区东北部属坳陷斜坡区。长6－长2期，定边地区的沉积格局总体表现为(西)南低、(东)北高，(西)南部局部地区有半深湖沉积，东北沉积体系是定边地区主要发育的沉积体。在湖盆总体萎缩的背景下，于长4+5期曾发生一次短暂时期的湖进，但湖盆水体深度明显较长7期浅。

3.4.2 延安世早期沉积体系纵向演化

延10期定边地区主要为河流相沉积。西北向宁陕古河与北北西向蒙陕古河流经定边地区，于吴起县附近交汇并汇入盆地东西向甘陕古河。河道区为厚层－块状中粗砂岩、含砾粗砂岩沉积，河道间为泛滥平原沉积，为泥质粉砂岩、粉砂质泥岩、炭质泥岩沉积建造。

延9期，延安世湖盆形成，定边地区位于湖盆的西北边缘，煤系地层发育，属典型的滨湖沼泽沉积环境，研究区东南部属滨湖沉积环境，煤系地层明显减少。

延8期，定边地区沉积环境基本上继承了延9期的沉积格局，由滨湖沼泽与滨湖亚相组成，滨湖亚相位于研究区东南部，滨湖沼泽亚相仍是研究区主要沉积相带，所不同的是，滨湖与滨湖沼泽的相区分界延8期较延9期呈向西北方向推进的趋势，显示延安世湖盆呈向西扩大之势。因此，定边地区延安世早期(延10～延8)经历了由河流至湖盆的沉积演变。

第4章 长7、长9烃源岩特征评价

依据烃源岩地球化学特征（有机质丰度、有机质类型及成熟度）对定边－樊学罗卯地区长7和长9烃源岩进行了深入的分析与研究；并通过油源对比的方法对研究区长8主力油层的油源问题进行了分析，在此基础了，对全区可识别的长7、长9烃源岩的厚度进行了统计，并编制了定边－樊学罗卯地区长7、长9烃源岩平面等值线图。

4.1 长7烃源岩地球化学特征

烃源岩地球化学特征包括烃源岩有机质丰度、有机质类型及成熟度特征。

4.1.1 烃源岩有机质丰度

总有机碳（TOC）、氯仿沥青“A”、热解产油潜量（S_1+S_2）是三种常用的有机质丰度指标，我国学者普遍用其衡量烃源岩生烃潜力的物质基础。烃源岩判别采用普适于鄂尔多斯盆地烃源岩特征的陆相成熟烃源岩有机质丰度评价标准见表4－1，（黄第藩，1981，1990）。以下将分别用三种常用判别指标（TOC、“A”、“S_1+S_2”）对定边地区长7烃源岩从不同角度进行详细的定量评价。

表4－1 中国湖相生油岩有机质丰度评价标准

烃源岩级别	好烃源岩	较好烃源岩	较差烃源岩	非烃源岩
沉积相	深湖－半深湖	半深湖－浅湖	浅湖－滨湖	河流
岩性	灰黑－深灰泥岩	灰色泥岩为主	灰绿色泥岩	红色泥岩为主
总有机碳（TOC）/%	>1.0	1.0～0.6	0.6～0.4	<0.4
氯仿沥青“A”/%	>0.1	0.1～0.05	0.05～0.01	<0.01
总烃（HC）/ppm＊	>500	500～200	200～100	<100
产油潜量（S_1+S_2）/（mg/g）	>6	6～2	2～0.5	<0.5
HC/TOC/%	>8	8～3	3～1	<1

注：＊1ppm＝10^{-6}。

研究区烃源岩主力层为长7段，结合周边地区样品数据，本次研究均采集黑色泥岩样品。为了全面了解区内生油条件，将采用以下12项测试指标对烃源岩进行定量刻画，包括：TOC、氯仿沥青“A”、岩石热解参数、干酪根碳氢氧元素、氯仿沥青抽提、族组分分析、族组分分离、$\delta^{12}C$、GC、GC—MS等12项分析，结合周边地区研究数据对其进行研究。

1. 总有机碳(TOC)

研究区延长组潜在烃源岩的有机碳分布特征如图4－1、图4－2所示。从图中可以看出，长7段泥岩属于深湖相，有机碳含量高，且分布较为集中。长7段泥－页岩有机碳分布2.15～7.25，平均值为5.76，多数样品>5%；属于好烃源岩。

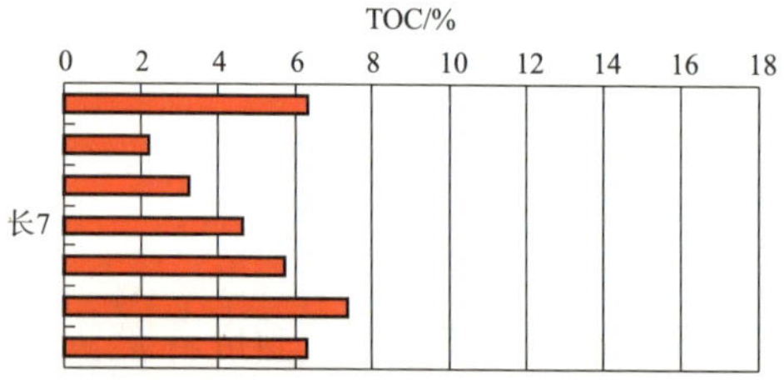

图4－1　长7烃源岩有机碳分布图

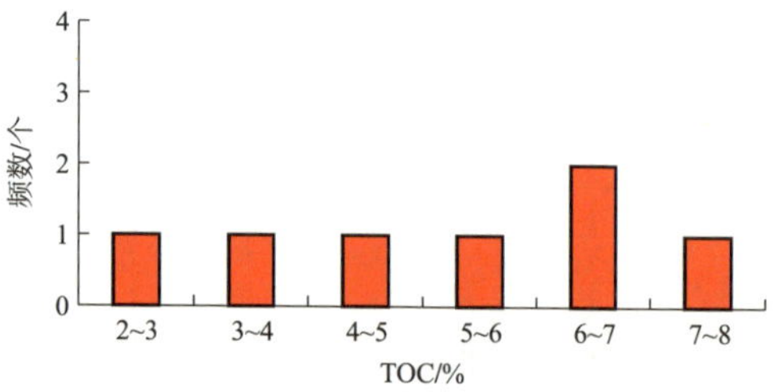

图4－2　长7烃源岩有机碳分布直方图

2. 氯仿沥青“A”

烃源岩可溶有机质含量是衡量分散有机质丰度的重要指标，一般把氯仿沥青“A”作为表征岩石中的可溶有机质含量的标准，其数值大小不但与有机碳含量相关，也与有机质的成熟、热演化程度密切相关。长7黑色泥岩段中氯仿沥青“A”变化范围在0.359－0.761%之间，均值为0.485%（图4－3）；据表3－1研究区长7样品数据落入好烃源岩范围。

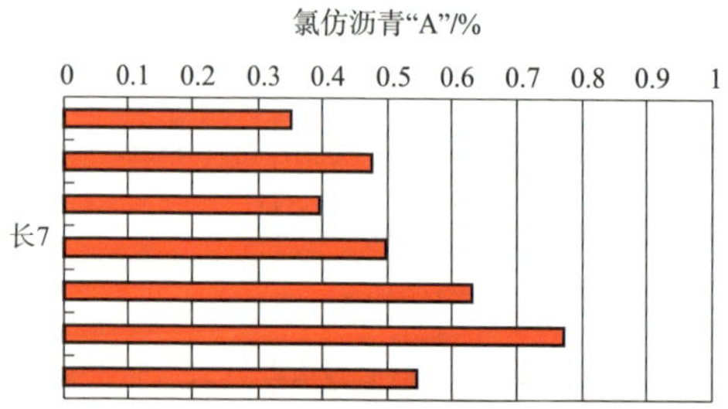

图4－3　长7烃源岩氯仿沥青“A”含量分布图

3. 岩石热解参数

生烃潜量(S_1+S_2)系岩石热解分析得到的溶解烃含量S_1与裂解烃含量S_2之和，是一项快速评价烃源岩有机质丰度的指标。长7段暗色泥岩产油潜量大，

14.04～21.3mg/g，均值17.56mg/g，长7段黑色泥－页岩都属好烃源岩(图4－4)。

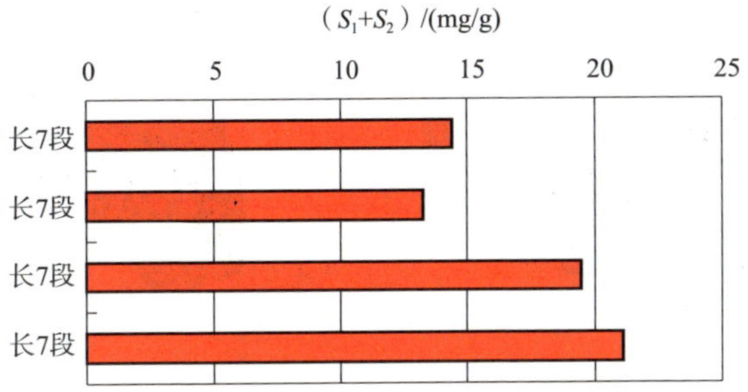

图4－4　长7黑色泥岩岩石产油潜量(S_1 + S_2)频率分布图

4.1.2　烃源岩有机质类型

有机质类型直接决定烃源岩的生烃潜力和属性，广泛用于判别烃源岩质量。不溶有机质(干酪根)是烃源岩分散有机质两种主要赋存形式之一，约占80%～90%(Tissot和Welte，1984)，是烃源岩有机质类型的确定性因素。依据干酪根显微组分、岩石热解参数和可溶有机质组成特征三个方面的地球化学指标，按照干酪根三类四型的分类方案，对研究区各个潜在烃源层分散有机质的类型，作剖析研究。

1. 显微组分

无定形、壳质组、镜质组和惰质组的相对含量常用来划分干酪根类型，一般分为以下四种类型：腐泥型、腐殖腐泥型、腐泥腐殖型、腐殖型(表4－2)，腐泥组、壳质组相对含量较高是优质烃源岩的特征。

表4－2　烃源岩有机质类型的干酪根元素和镜检划分标准

类　型	Ⅰ型（腐泥组）	Ⅱ型		Ⅲ型（腐殖型）
		$Ⅱ_1$（腐殖－腐泥型）	$Ⅱ_2$（腐泥－腐殖型）	
腐泥组/%	＞70～90	70～50	＜50～10	＜10
镜质组/%	＜10	10～20	＞20～70	＞70～90
类型指数，TI	＞80～100	80～40	＜40～0	

从图4－5可以看出，长7段黑色泥岩有机质显微组分主要以腐泥组为主，其含量为86%～93%，惰质组含量较低，镜质组含量甚微，基本未检测出，表明长7段黑色泥岩为优质烃源岩，干酪根属于腐泥型。

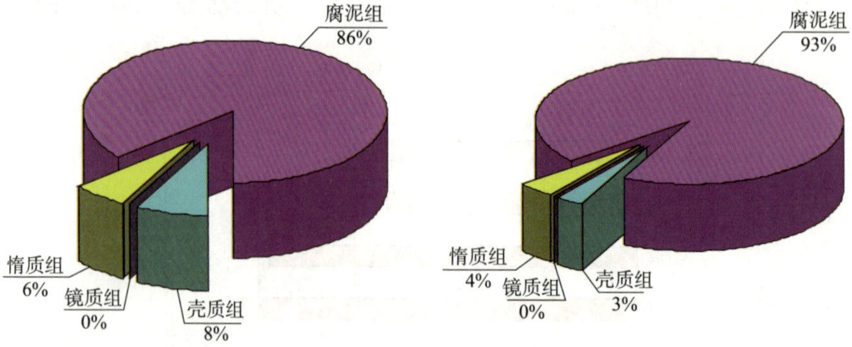

图 4－5　长 7 黑色泥岩有机质显微组分组成图

2. 岩石热解氢指数和降解潜率确定烃源岩有机质类型

采用 Rock－Eval 岩石热解方法，基于Ⅰ型有机质富含 S_2（热解烃）、贫 S_3（CO_2），氢指数 I_H 值偏高、氧指数 I_O 值偏低，而Ⅲ型有机质则与之相反的原理，可以依据 I_H 与 I_O 图版，确定其有机质类型。此外 TYC、D、（S_1+S_2）等参数也是划分有机质类型的重要依据（表 4－3）。

表 4－3　陆相烃源岩有机质类型的热解参数划分标准（据 SY/T　5735—1995）

项　目		Ⅰ型（腐泥型）	Ⅱ型		Ⅲ型（腐殖型）
			Ⅱ$_1$型（腐殖－腐泥型）	Ⅱ$_2$型（腐泥－腐殖型）	
热解参数	I_H	>700	700～350	<350～150	<150
	TYC	>20.0	20.0～10.0	<10.0～5.0	<5.0
	D	>70	70～30	<30～10	<10
	S_1+S_2	>20	20～6	<6～2	<2

本区烃源岩样品热解参数划分方案见表 4－3，从长 7 烃源岩测试数据（表 4－4）中可以看出有机质类型为Ⅱ$_1$型—Ⅱ$_2$型。

表 4－4　定边地区长 7 烃源层有机质热解参数与类型划分

样品编号	氢指数 I_H/（mg/g TOC）	降解率 PC/TOC/%	S_1+S_2/（mg/g）	烃指数 S1/TOC/（mg/g TOC）
1	185.86	19.42	15.01	47.28
2	196.34	19.98	13.12	44.89
3	210.82	21.74	14.01	50.99
4	205.75	21.41	20.4	52.19

3. 可溶有机质组成特征确定烃源岩有机质类型

可溶有机质组成也可用于烃源岩有机质类型的确定。陆相烃源岩有机质类型判别标准(表4－5)，根据表4－5，长7烃源岩有机质类型主要为Ⅰ型(腐泥型)—$Ⅱ_1$(腐殖－腐泥型)，尤以$Ⅱ_1$型干酪根为主。

表4－5　定边烃源岩有机质类型的热解参数划分标准(据SY/T　5735—1995)

项目		Ⅰ型(腐泥型)	Ⅱ型		Ⅲ型(腐殖型)
			$Ⅱ_1$型(腐殖－腐泥型)	$Ⅱ_2$型(腐泥－腐殖型)	
"A"族组成	饱和烃/%	60～40	＜40～30	＜30～20	＜20
	饱/芳	＞3.0	3.0～1.6	＜1.6～1.0	＜1.0
	(非烃＋沥青质)%	20～40	＞40～60	＞60～70	＞70～80
	(非烃＋沥青质)/总烃	0.3～1.0	＞1.0～2.0	＞2.0～3.0	＞3.0～4.5

表4－6为定边地区长7烃源岩的可溶有机质组成情况，长7烃源岩C_nH_{2n}含量分布在42.99%～68.98%之间，非烃＋沥青质为15.54～29.38mg/g，饱和烃/芳烃比介于1.53～4.38之间。

表4－6　定边地区长7烃源层有机质热解参数与类型划分

样品编号	饱和烃/%	饱和烃/芳烃	非烃＋沥青质/%	(非烃＋沥青质)/总烃
1	42.99	1.53	28.06	0.39
2	46.55	1.61	25.03	0.34
3	48.48	2.01	26.95	0.37
4	68.98	4.38	15.54	0.18
5	45.73	1.81	29.38	0.41

4.1.3　烃源岩成熟度特征

热解参数表明，长6泥岩至长8泥岩热解最高温度T_{max}分布于461～497℃，从上至下逐渐增大及成熟度逐渐增大的特征。根据其划分标准T_{max}分布448～470℃，对应烃源岩成熟度为0.89%～1.33%。从镜质体反射率资料表明，长7泥岩R_o多数分布在0.88～1.01，为成熟烃源岩。

从上述分析表明，研究区长7富含有机质的泥岩为优质烃源岩。

4.2 长 9 烃源岩地球化学特征

4.2.1 烃源岩有机质丰度

对胡 148 井、池 46、峰 2、定探 3155、定探 4129、定探 4814 等 20 余口井长 9^1段的黑色泥、页岩进行了系统采样并进行了有机地球化学分析测试。分析测试结果为：

长 9^1段总有机碳(TOC)介于 1.19% ~8.65%之间，平均 TOC 为 5.02%(43 个样品)；氯仿沥青"A"含量介于 0.4723% ~1.2996%，平均氯仿沥青"A"含量为 0.8604%(19 个样品)；S_1介于 1.4 ~8.54 为 4.16mg/g(41 个样品)；生烃潜量(S_1+S_2)介于 4.12 ~27.03mg/g，平均值为 15.94mg/g。

依据我国湖相生油岩有机质丰度评价标准，并结合上述各项地球化学参数对长 9^1烃源岩进行评价：长 9^1黑色泥、页岩的有机质具有丰度高，生烃潜量较高的特点，是优质烃源岩。

4.2.2 烃源岩有机质类型

通过镜下观察与鉴定，长 9^1干酪根中的藻类无定型含量 >92%，说明长 9^1优质烃源岩具有优势生物来源，干酪根中富含^{12}C($\delta^{13}C_{PDB}$值分布于 29.16‰ ~29.59‰)较多，表明生物来源相对单一，并以湖生藻类为主的特点；此外，族组成的高烃类组分含量介于 65.82% ~86.33%，高饱和烃/芳烃比值为 3.37 ~6.32；正构烷烃分子系列贫^{13}C，呈平稳型分布；萜烷类化合物具有三环萜类化合物含量较高、$^{18}\alpha$(H) –三降藿烷(Ts)和$^{17}\alpha$(H) –C_{30}重排霍烷相对含量高的特征，这些特征均表明 9^1优质烃源岩具有腐泥型的特性。甾烷总体呈"V"字形分布，具较高的重排甾烷及较为丰富的孕甾烷特征，反映出湖生低等生物为其主的力生源。

4.2.3 烃源岩成熟度特征

反映有机质成熟度最直观、最可靠的指标是镜质体反射率(R_o)值。黄第藩(1984)对我国陆相烃源岩成熟度做了如下的划分标准：机质成熟度 R_o <0.5%，为未成熟阶段；机质成熟度 R_o 为 0.5% ~0.7%，为低成熟阶段；机质成熟度 R_o

为0.7%～1.3%，为成熟阶段；R_o 值在1.3%～2.0%范围内，则为高成熟阶段；机质成熟度 R_o >2.0%则为过成熟阶段。

根据上述 R_o 的评价指标和已有的分析测试资料对长9烃源岩成熟度进行评价，定边地区长9^1的 R_o 值在0.85%～1.08%之间，达到了成熟生油高峰阶段，具备很好的生烃潜质。

4.3 油源对比

对池46井、峰2井、定探3155井、定探4129、定探4814井等20余口井的长7、长8、长9油源进行了分析与测试，结果表明：

(1)定边地区长7烃源岩具有如下特征：①C_{30}重排霍烷< C_{30}霍烷；②Tm < Ts；③具有规则甾烷 C_{27}含量相对较高，与 C_{28}和 C_{29}规则甾烷呈不对称V字形分布特征(图4－6、图4－7)；

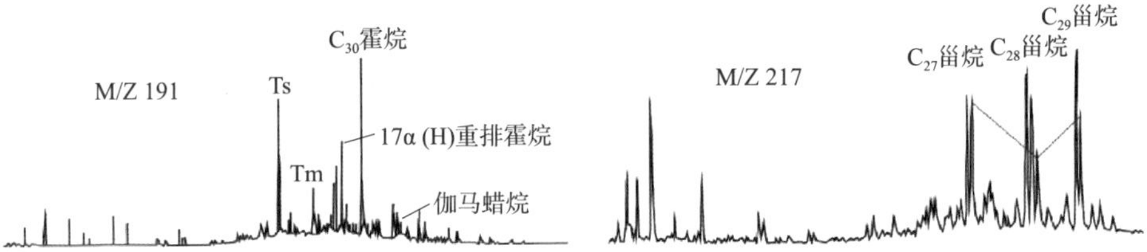

图4－6　定边地区定探3155井长7烃源岩萜、甾烷分布特征

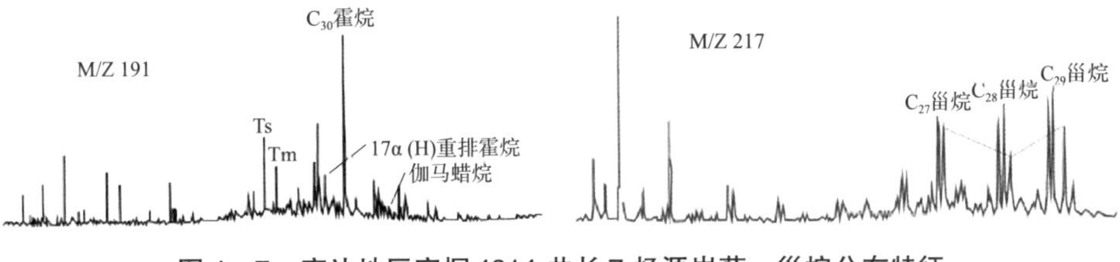

图4－7　定边地区定探4814井长7烃源岩萜、甾烷分布特征

(2)定边地区长9^1烃源岩具有如下特征：①C_{30}霍烷< C_{30}重排霍烷；②Ts > Tm；③具有规则甾烷 C_{27}含量相对较高，与 C_{28}、C_{29}规则甾烷呈不对称V字形分布特征(图4－8)。

从甾、萜类生标物对比图可以看出，长8原油中 C_{30}霍烷占优势，Ts含量较高，而伽马蜡烷含量较低；规则甾烷 C_{27}含量相对较高，与 C_{28}、C_{29}呈不对称V字形分布。池46井的长8原油和定探4814井的长7烃源岩对比良好，都是 C_{30}

霍烷含量较高，Ts > Tm，甾烷分布也十分相似，其中以规则甾烷 C_{27} 含量相对较高，与 C_{28}、C_{29} 规则甾烷呈不对称 V 字形分布特征(图 4 －9)。而与定探 4129 井的长 9 烃源岩的甾、萜类生标物分布特征差异明显，特别是长 9 烃源岩五环三萜的重排霍烷的含量明显高于 C_{30} 霍烷，即长 9 烃源岩以重排霍烷和重排甾烷含量较高、正常甾烷含量较低为特征(图 4 －8)，与长 8 原油明显不同，说明定边地区长 8、长 9、长 10 的原油来自长 7 烃源岩。来自姬塬地区峰 2 井不同产层的测试资料表明，原油之间的甾、萜类生物标志化合物分布特征与长 7 烃源岩分相似，充分表明它们来源的一致性。因此综合有机地球化学参数，表明定边地区长 7 和长 9 烃源岩有机质丰度高，有机质类型好，有机质成熟度高，是优质的烃源岩；过油源对比结果表明长 7 烃源岩与长 8 储集层原油有密切相关，与长 9 烃源岩相关性差；因此，定边地区长 8 的原油来源于长 7 烃源岩。

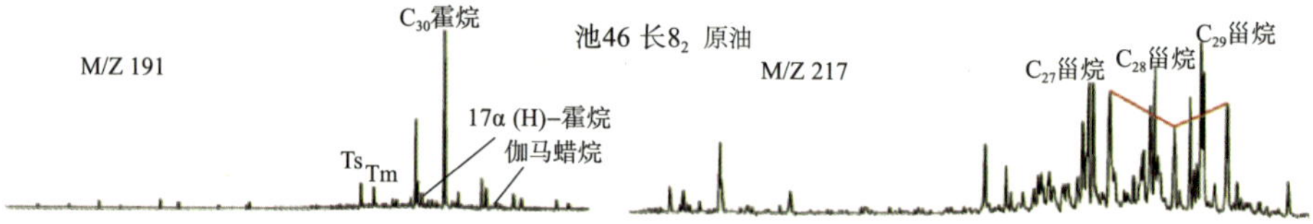

图 4 －8　定边地区长 8 原油生物标志化合物 – 萜萜类对比图

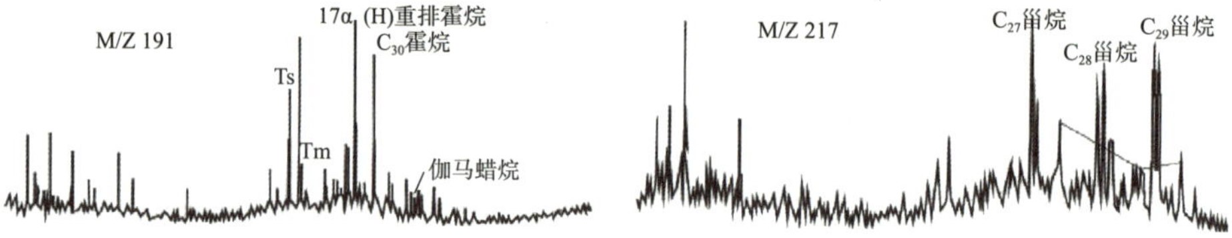

图 4 －9　定边地区定探 4129 井长 9 烃源岩萜、甾烷分布特征

4.4　长 7、长 9 烃源岩平面分布

定边地区是鄂尔多斯盆地延长组烃源岩最发育的地区之一，其长 7 烃源岩十分发育。该地区中生界石油勘探所取得的重大成果与其烃源岩发育关系非常密切。

定边地区长 7 烃源岩厚度 > 30m(图中深蓝色)区域约占研究区面积约 80%，其中最大厚度可达 120m 以上(图 4 －10)。烃源岩呈北西向带状分布明显。厚度 30m 区域位于波罗池 – 贾新庄 – 油房庄 – 大河畔林场 – 新安边 – 铁边城一带。厚度 40m 区域在红柳沟针 – 樊学 – 白马崾岘 – 高崾岘一带。再往西南越靠近长 7 时期湖盆中心，其沉积长 7 烃源岩厚度的厚度越大。

在研究区内，胡148井长9顶部(井深2587.0～2603.5m)出现的“李家畔”页岩证实该地区发育是长9烃源岩的典型井之一。“李家畔”页岩为一套黑色泥岩夹薄层泥质粉砂岩、凝灰岩及少量油页岩地层(图4－12)，电性特征上具有高自然伽马(通常＞120API)、高声波时差(通常＞240μS/m)、较高电阻率(通常＞30Ω·m)(图4－13)。

定边地区长9优质烃源岩主要发育于定边地区定边－武峁子－新安边镇一带，分布范围较为局限(图4－11)，稳定厚度5～18m，烃源岩呈北西向带状分布明显。长9与长7烃源岩范围相比明显缩小，这主要是长7时期是湖盆发育的鼎盛时期，湖盆范围较大，沉积的暗色泥岩范围也就相对较大的原因。

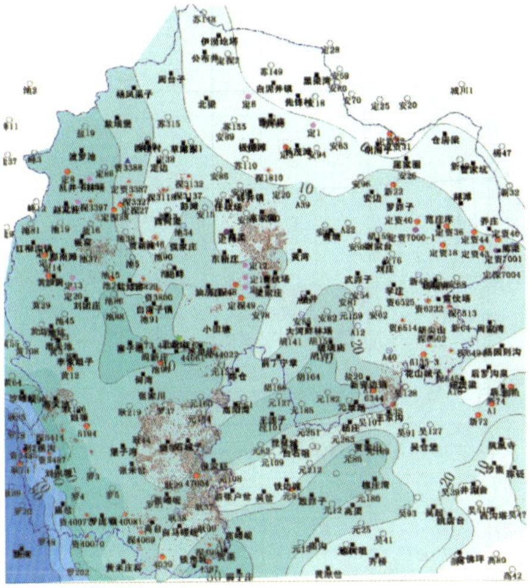

图4－10　定边地区长7烃源岩平面分布图

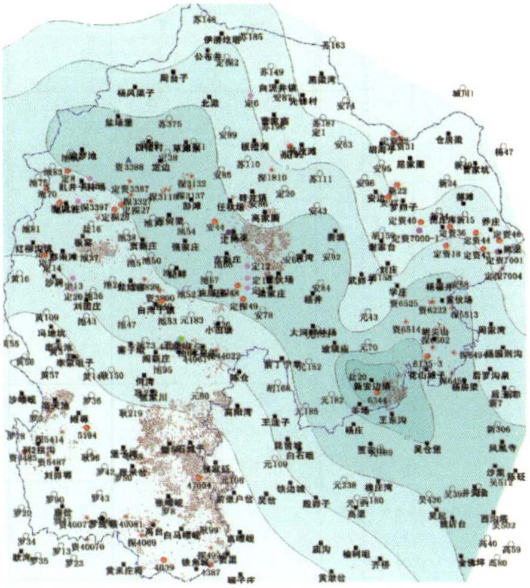

图4－11　定边地区长9烃源岩平面分布图

图4－12　胡148井长9，2587.0～2603.5m

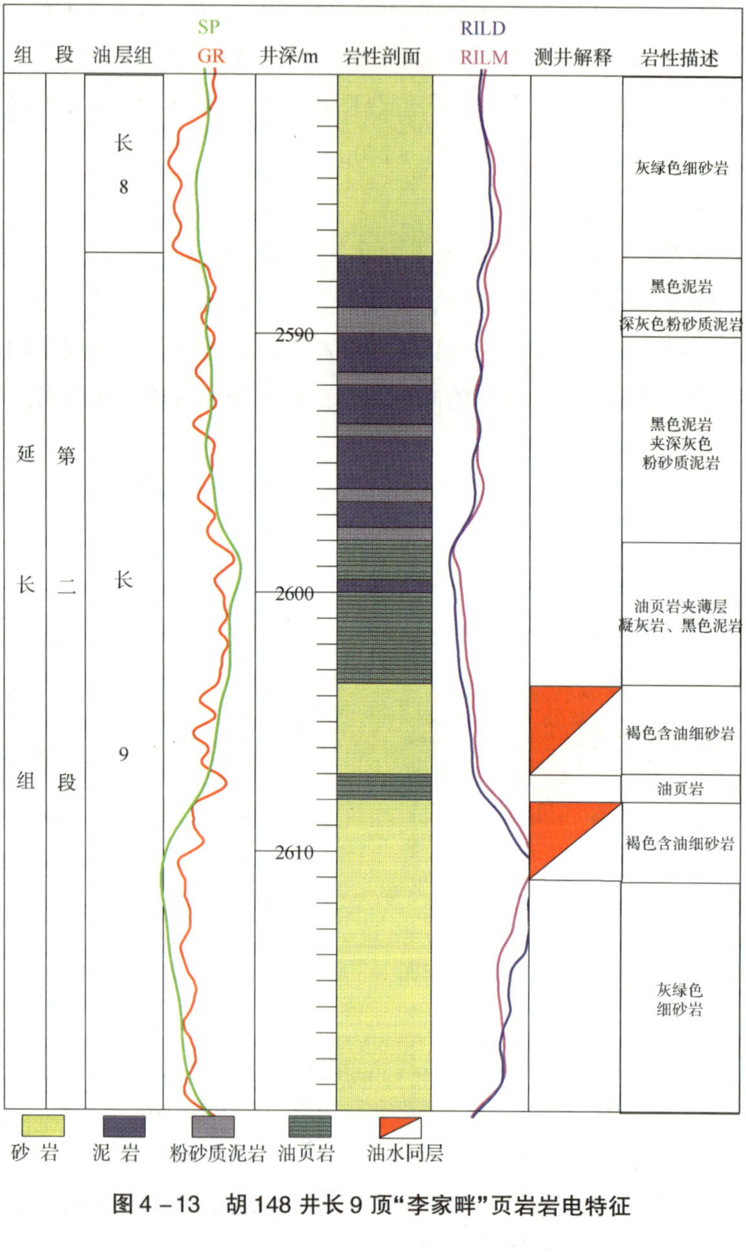

图4－13　胡148井长9顶“李家畔”页岩岩电特征

第5章　主力油层组储层评价与砂体展布

对定边－樊学罗卯地区延安组及延长组主要目的层段的岩石学特征、孔隙类型、孔吼结构、成岩作用及储层非均质性等储层特征进行了详细的研究，并根据储层评价标准对储层进行了储层评价；在此基础上，对延安组及延长组主要油层组砂体及其展布特征进行了详细的描述与刻画，以及对各主要含油层段的物性与含油性特征进行了描述。

5.1　延安组、延长组砂体储层特征

储层的矿物组成、颗粒的胶结方式和排列方式常常决定储层物性的好坏。因此储层的特征是决定储层成岩作用、孔隙、喉道类型、孔隙结构和储层物性的基础。

5.1.1　岩石学特征

1. 延安组早期砂岩储层特征

延安组早期储层岩性主要为中粒次圆－次棱状的灰白色长石石英砂岩、岩屑长石砂岩(图5－1)，岩屑以变质岩岩屑为主，分选好，主要粒径0.25～0.65mm，胶结类型为次生－孔隙式硅质胶结，次为方解石胶结等。延安组延8、延9、延10石英、长石、岩屑的平均含量分别是74.3%、18.2%、7.4%，填隙物总平均值为9.2%。(表5－1)。

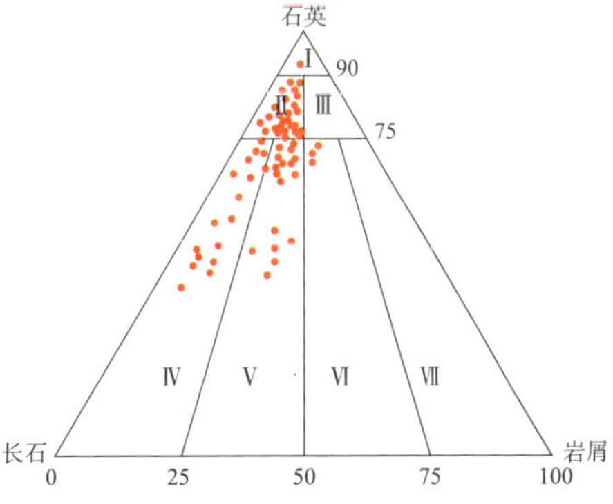

图5－1　定边地区侏罗系延安组延8、延9、延10砂岩分类三角图

Ⅰ—石英砂岩；Ⅱ—长石石英砂岩；Ⅲ—岩屑石英砂岩；Ⅳ—长石砂岩；Ⅴ—岩屑长石砂岩；Ⅵ—长石岩屑砂岩；Ⅶ—岩屑砂岩

表5－1　定边地区储层矿物成分及填隙物含量统计表

层位	岩矿成分/%										
	石英	长石	岩屑	填隙物							
				绿泥石	水云母	硅质	高岭石	方解石	铁方解石	其他	总量
延8、延9、延10	74.3	18.2	7.4		1.6	4.3	1.4		0.2	1.7	9.2
长2	33.7	53.9	12.4	1.8	1.8	1	3	4.9	2.6	0.8	14.1
长4+5	41.73	41.57	16.7	2.5	0.4	2.3	2.6	4.7	3.7	0.3	14
长6	42.5	45.1	12.4	0.9		2	3.1	2.1	5.7	1.2	14.1
长8	28.2	48.2	14.1	4.8	0.6	1.8	1.5	1.6	3.6	0.4	9.5

2. 延长组砂岩储层特征

长2以灰绿色细粒长石砂岩、岩屑长石砂岩为主，成分成熟度较低，$Q=33.7\%$，$F=53.9\%$，$S=12.4\%$，填隙物总量平均值为14.1%。变质岩岩屑占总岩屑绝大部分，次为火成岩岩屑，反映出本区母岩的变质岩性质。填隙物成分有高岭石、绿泥石、铁方解石、方解石、水云母。其中，高岭石、绿泥石含量相对较高。长2岩石结构成熟度较高，粒度较细，分选及磨圆度较好。平均粒径为0.20mm，绝大多数储层岩石样品都在细砂岩(0.13～0.25mm)的粒级范围内；分选中－好，样品多具次棱－次圆状，以孔隙胶结为主要胶结方式(表5－1，图5－2)。

长4+5砂岩岩石类型为灰色、灰绿色、褐灰色及灰白色细、细－中粒灰绿色长石砂岩、岩屑长石砂岩，粒径范围集中在0.1～0.25mm之间，φ_{max}0.25～0.45mm。薄层状、中层状、中厚层状至块状均可见。砂岩中的石英碎屑含量平均为41.73%；长石含量平均41.57%；岩屑含量平均16.70%。其中石英部分具波状消光，偶见次生加大边。岩屑包括黑云母、白云母、板岩等(表5－1，图5－3)。

长6砂岩岩石类型为含泥细粒灰绿色主要为岩屑长石砂岩与长石岩屑砂岩(图5－3)，粒径一般0.08～0.20mm，最大粒径0.20～0.45mm。石英、长石、岩屑平均含量分别为42.5%、45.1%、12.4%。颗粒分选中－好、次棱角状。碎屑颗粒大都呈次棱角状，分选中等－好，胶结类型以孔隙－薄膜型为主。主要填隙物为高岭石、绿泥石、铁方解石、硅质等，含量为14.0%。

长8油层组砂岩岩石类型主要为岩屑长石砂岩、长石岩屑砂岩，其碎屑颗粒含量高，粒度介于0.1～0.3mm，集中在0.15～0.25mm之间，多具细粒结构，粉砂质结构次之，中－粗粒结构和细粉砂结构则很少，砂岩总体粒度较细。砂岩分选性总体中等－较好，以细粒结构为主，含一定量中粒结构，夹少量粗粒碎屑和粉砂级碎屑；碎屑颗粒磨圆度差，次棱角状；结构成熟度中等－较差。石英质碎屑占碎屑总量的41.2%，个别可>45.0%；长石质碎屑约占31.0%，斜长石较多，其次有微斜长石、条纹长石和正长石；云母碎屑较多，可占碎屑总体的2%～5%，偶尔可见花岗岩岩屑、粉砂岩岩屑、云英岩岩屑、千枚岩岩屑及流纹岩岩屑等(图5－4)。

长9、长10油层组主要岩性为岩屑长石砂岩，次为长石岩屑砂岩，矿物成分中碎屑颗粒含量达到87.77%；石英较低，约为29.2%～32.9%，平值为31.05%；长石含量为33%～36.2%，均值34.18%；变质岩、火成岩、少量沉积岩及云母构成岩屑组成结构，前三者的平均含量分别为12.54%、5.33%和0.21%，云母含量约为4.1%(图5－5)。

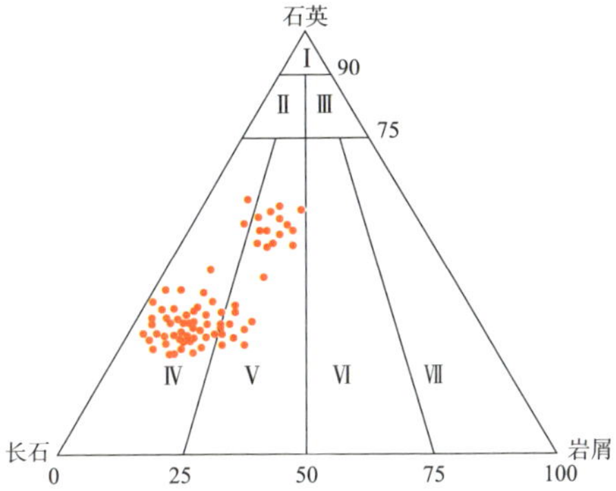

图5－2　定边地区三叠系延长组长2砂岩分类三角图

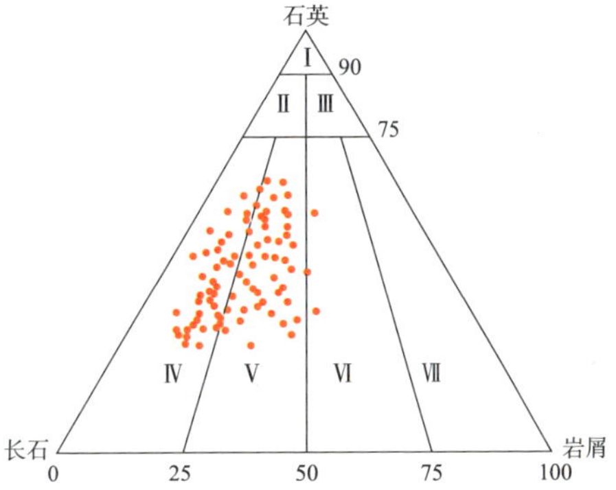

图5－3　定边地区三叠系延长组4+5、长6砂岩分类三角图

Ⅰ—石英砂岩；Ⅱ—长石石英砂岩；Ⅲ—岩屑石英砂岩；Ⅳ—长石砂岩；Ⅴ—岩屑长石砂岩；Ⅵ—长石岩屑砂岩；Ⅶ—岩屑砂岩

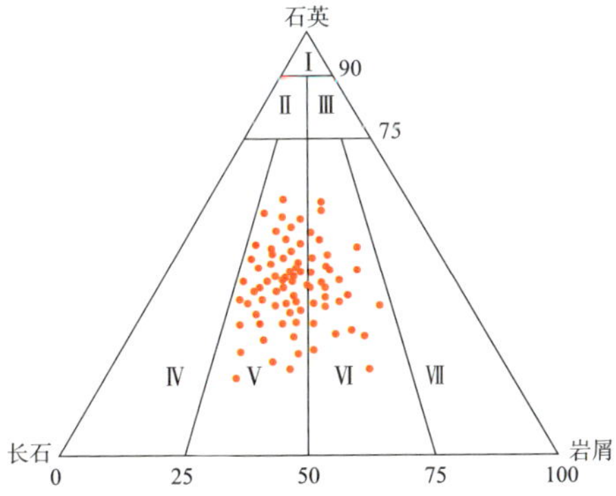

图5－4　定边地区三叠系延长组长8砂岩分类三角图

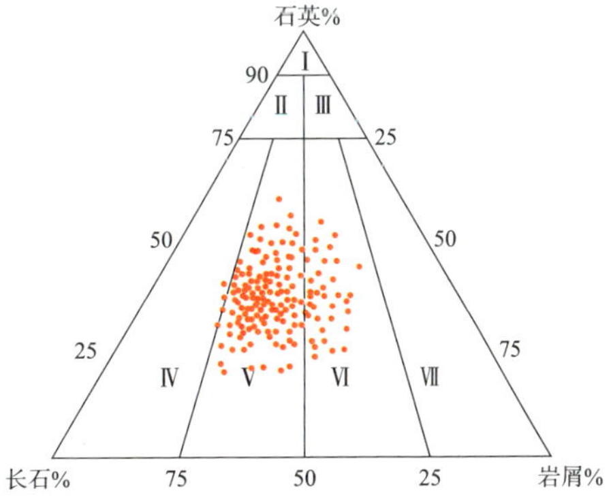

图5－5　定边地区延长组长9、长10岩石类型三角图

Ⅰ—石英砂岩；Ⅱ—长石石英砂岩；Ⅲ—岩屑石英砂岩；Ⅳ—长石砂岩；Ⅴ—岩屑长石砂岩；Ⅵ—长石岩屑砂岩；Ⅶ—岩屑砂岩

5.1.2 孔隙类型

根据孔隙成因可将定边地区延安组早期砂岩、延长组砂岩孔隙分为两大类：即原生孔隙、次生孔隙。铸体薄片和扫描电镜观察结果可见，研究区内剩余粒间孔隙、溶蚀粒间孔隙、溶蚀粒内孔隙、自生矿物晶间孔隙和微裂缝孔隙构成了主力储层的孔隙类型，可划分为原生孔隙和次生孔隙两大类。

1. 原生孔隙

原生孔隙包括剩余粒间孔隙和杂基内微孔隙：

(1)剩余粒间孔隙：指砂质沉积物在埋藏成岩过程由于正常压实缩小而发生胶结作用(主要是增生)，并且未完全堵塞的粒间孔隙，此类孔隙是研究区内主力储集层的主要孔隙类型。φ 值介于 0.03 ~ 0.15mm。SEM 照片显示此类孔隙的分布具有强烈的非均质性。充填孔隙的多为薄膜式胶结的绿泥石和方解石、白云石等胶结物。长石砂岩中广泛存在此类孔隙，分布均匀且连通性较好。

(2)杂基内微孔隙：指砂岩中与砂质碎屑同时沉积的泥质杂基内的微孔隙。此类孔隙经过压实作用改造后大部分消失，仅有一部分分布于泥质杂基含量较高的粉细砂岩中，孔隙个体小，分布不均匀且连通性差。

2. 次生孔隙

区内主力储层以溶蚀型次生孔隙为主，兼有自生矿物晶间微孔隙、裂隙。

(1)溶蚀粒间孔隙：指砂岩中的剩余粒间孔隙在成岩过程中因部分碎屑和填隙物发生溶解而被改造扩大形成的溶蚀型次生孔隙，构成区内储集层主要孔隙类型，φ 值为 0.08 ~ 2.00mm，多为长石与方解石溶解所致，部分为云母、岩屑和绿泥石化碎屑溶蚀。SEM 分析中可见此类孔隙的非均质性分布和较好的联通性。

(2)铸模孔隙：指砂岩中的部分易溶碎屑发生全部溶解而保留其矿物晶体假象所产生的一类次生孔隙。研究区内常见长石铸模孔，φ 值一般为 0.02 ~ 0.30mm。SEM 常见扫砂岩中长石碎屑溶解而外围绿泥石膜保留完好的现象；但该类型孔隙由于方解石半充填或完全充填造成储集空间无效。

(3)溶蚀粒内孔隙：指砂岩中部分碎屑内部在埋藏成岩中发生部分溶解而产生的一类次生孔隙。铸体薄片和 SEM 分析表明长石、云母和部分岩屑内易产生溶蚀粒内孔，且多与溶蚀粒间孔伴生分布并连通。溶蚀粒内孔隙是本区砂岩的，φ 值 0.02 ~ 0.10mm，非均质性强，为区内储集层的主要孔隙类型之一。

(4)自生矿物晶间微孔隙：指砂岩在成岩过程中在碎屑颗粒间自生矿物晶体间形成的微孔隙。主要有自生绿泥石晶间微孔隙和自生高岭石晶间微孔隙，孔隙直径一般为1~5μm，并且具有一定连通性，此类孔隙是该类砂岩储层的主要孔隙类型之一。此外粉细砂岩和部分中粒砂岩中分布有一定量的自生伊/蒙混层、伊利石晶间微孔隙。

据铸体薄片分析，研究区延安组、延长组储层孔隙类型以粒间孔最为发育，粒间孔隙占到面孔率的60.0%~73.0%，粒间孔是本区延安组、长2、长4+5、长6、长8油气最主要的储集空间类型。次为各类溶孔，占面孔率的21.7%~37.4%，溶孔以长石溶孔为主，少量晶间孔、微裂隙等。从各油层组储层孔隙组合类型看，主要孔隙类型相同，但各类孔隙在总孔隙中所占比例不同。延安组面孔率一般为8.0%~16.0%，均值12.5%；长2面孔率一般为2.6%~16.5%，均值7.4%；长4+5面孔率一般为0.9%~6.6%，均值3.8%；长6面孔率一般为0.4%~7.3%，均值3.5%，长8面孔率一般为0.8%~8.1%，均值3.11%(表5-2)。

表5-2 定边地区延安组、延长组孔隙组合类型表

层位	项目	粒间孔	粒间溶孔	长石溶孔	岩屑溶孔	杂基溶孔	晶间孔	微裂隙	面孔率
延安组	范围/%	3~11		2.5~3	0-1	0~1.7	0.4~1	0	8~16
	平均/%	7.5		2.9	0.5	0.8	0.8	0	12.5
	占面孔率/%	60	33.6						
长2	范围/%	0.7~14.4	0.0	0.2~4.2	0.1~1.4	0.0	0.1~0.4	0.0	2.6~16.5
	平均/%	5.40	0.0	1.60	0.12	0.0	0.25	0.0	7.4
	占面孔率/%	73.0	23.2						
长4+5	范围/%	0.2~4.5	0.1~0.5	0.2~2.3	0.1~0.5	0.2~0.6		0.1~0.4	0.9~6.6
	平均/%	2.15	0.25	0.95	0.22			0.15	3.8
	占面孔率/%	56.6	37.4						
长6	范围/%	0.8~5.5	0.1~0.2	0.1~0.8	0.1~0.2		0.1~1.2	0.1~0.4	0.4~7.3
	平均/%	2.34	0.17	0.44	0.15		0.2	0.20	3.5
	占面孔率/%	66.9	21.7						
长8	范围/%	0.6~5.1	0.1~0.2	0.2~0.7	0.1~0.2		0.1~0.2	0.1~0.5	0.3~8.1
	平均/%	2.22	0.15	0.51	0.13		0.2	0.2	3.11
	占面孔率/%	65.41	19.87						

通过对薄片和SEM等观察与分析可得出研究区孔隙发育具以下规律性。研究区孔隙类型以剩余粒间孔和溶蚀孔为主，溶蚀孔以长石溶蚀孔为主，不过这些溶蚀孔受后期的成岩作用影响较大，尤其是后期的碳酸盐胶结作用较强，破坏了

前期形成的孔隙；剩余粒间孔多数被绿泥石膜环包着，所以在绿泥石膜发育的地方，剩余粒间孔也比较发育，成岩作用相对较弱。而溶蚀粒间孔则受较强的成岩作用，主要是比较容易溶蚀的长石溶蚀形成的，也有一些岩屑和黏土填隙物经后期改造溶蚀形成。研究区经常出现的一种孔隙类型是由剩余粒间孔和溶蚀孔组成的混合类孔隙，该孔隙类型储集空间大，喉道连通性强；胶结物晶间孔也比较发育，但该类孔隙孔喉半径极小，所以它们面孔率很小，所提供的储集空间甚微，主要储集不能流动的残余油。

5.1.3 储层孔喉结构特征

定边地区延安组早期、延长组各油层组砂岩储层孔喉结构特征参数如表5－3和图5－6，典型的毛管压力曲线(图5－7)：延9砂岩储层孔喉结构特征与延6基本相似，$\bar{r}=87\mu m$、$P_d=0.035MPa$、$r_{50}=3.55\mu m$、$S_p=3.6$、$W_e=45.45\%$、S_{max}高，平均在90%以上，孔喉分选较差。孔隙结构以大孔中喉与中孔、中小喉为主；延长组长2油层$P_d=0.22MPa$、$P_c=1.06MPa$、$r_{50}=0.01\mu m$属细、微细喉道，$S_{max}=89.2\%$、$W_e=42.1\%$、$S_p=0.7$、$\bar{r}=68.0\mu m$，孔隙结构属中孔、小孔细喉型；长4+5油层$P_d=1.26MPa$、$P_c=8.53MPa$、$r_{50}=0.31\mu m$属细、微细喉道，$S_{max}=70.93\%$、$W_e=36.53\%$、$S_p=0.13$、$\bar{r}=38.33\mu m$，孔隙结构属小孔微细喉型；长6油层$P_d=0.82MPa$、$P_c=5.375MPa$、$r_{50}=0.33\mu m$属细、微细喉道，$S_{max}=78.7\%$、$W_e=38.3\%$、$S_p=0.2$、$\bar{r}=21.0\mu m$，孔隙结构属小孔微细喉型；长8油层$P_d=1.87MPa$、$P_c=9.24MPa$、$r_{50}=0.37\mu m$属细、微细喉道，$S_{max}=71.43\%$、$W_e=36.00\%$、$S_p=0.13$、$\bar{r}=21.0\mu m$，孔隙结构属小孔微细喉型。

表5－3　定边油田延安组、延长组孔隙结构特征参数表

层位	物性参数		压汞参数								图像分析
	孔隙度/%	渗透率/($10^{-3}\mu m^2$)	排驱压力/MPa	中值压力/MPa	中值半径/μm	Hg_{Max}饱和度/%	退汞效率(100%)	分选系数GF	最大孔吼半径/μm	变异系数	平均孔隙半径/μm
延8	16.7	37.15	0.01	0.106	6.3	93.5	43.15	7.1	75.5	0.1	83
延9	19	40.8	0.035	0.175	3.55	92.2	45.45	3.6	21.2	0.15	87
长2	17.8	63.9	0.22	1.06	0.01	89.2	42.1	0.7	3.4	0.2	68
长4+5	8.67	0.27	1.26	8.53	0.31	70.93	36.53	0.13	0.67	0.2	38.33
长6	12.4	0.265	0.82	5.375	0.33	78.7	38.3	0.2	0.9	0.2	21
长8	11.1	1.08	1.87	9.24	0.37	71.43	36	0.13	0.57	0.2	21

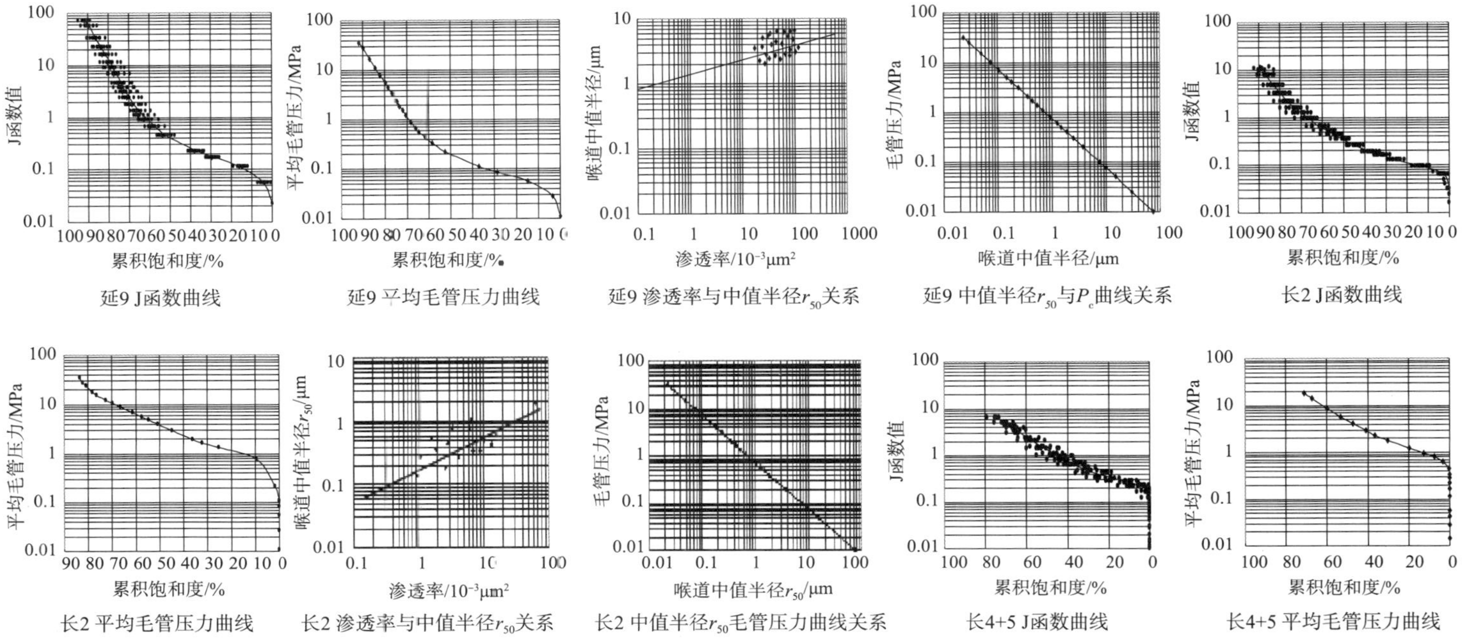

图5-6　延安组、延长组孔隙结构特征参数

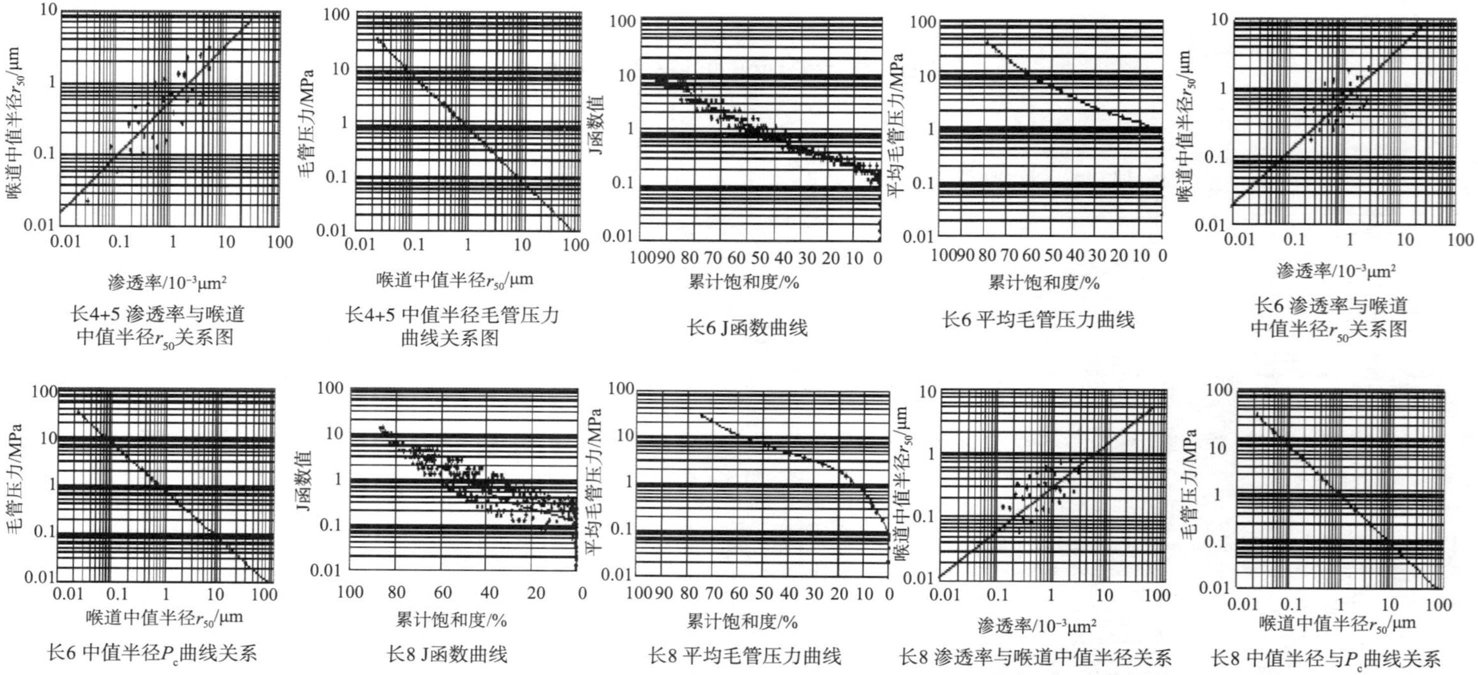

图5－7　延安组、延长组典型的毛管压力曲线

5.1.4 成岩作用

研究区主要成岩有以下几类型：

1. 压实作用类型

岩石薄片和 SEM 观察表明定边地区成岩作用强烈、类型复杂，压实、压溶、胶结、溶解等是主要的成岩作用(图 5－8)。

4316 井，长8（2490~2492.48m），压实作用

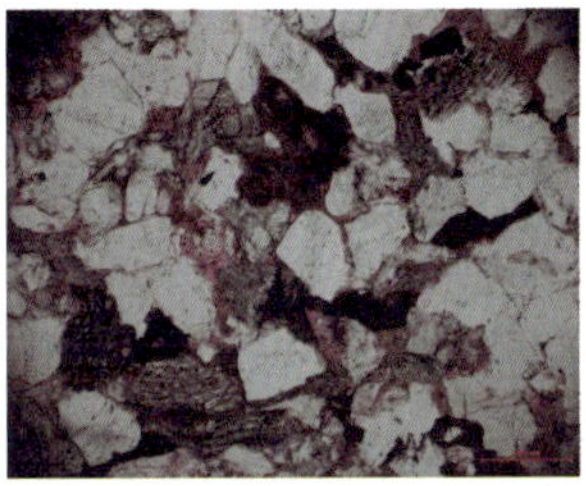

4509井，长4+5（2173.74~2175.80m），压实作用

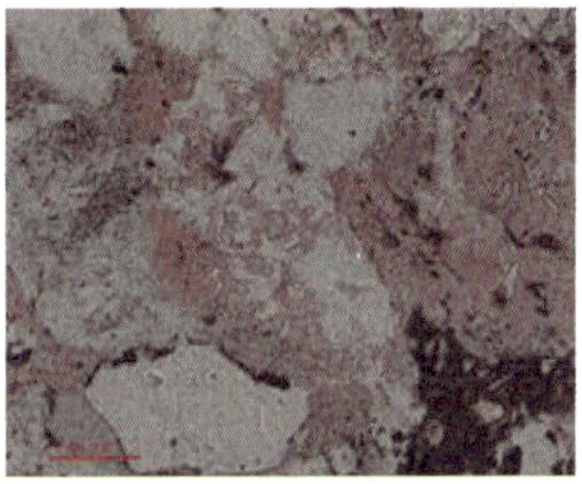

4267井，长8(2497.05~2498.07m)，石英次生加大

4315井，长4+5（2257~2258m），石英次生加大

4129井，长8（2480.82~2482.75m），溶解与交代

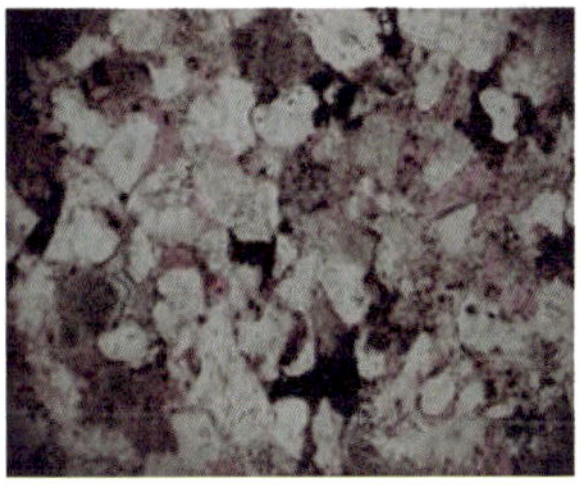

4308井，延9（1590.44~1592.41m），溶解与交代

图 5－8　研究区延安组延长组主要成岩作用

1)压实作用

压实作用又称压固作用、压缩作用，其造成原生孔隙的破坏。主要发生于成岩作用早期，对埋深较浅的地层作用较明显，是原生孔隙减少的主导因素，于本区内主要表现为：①刚性颗粒发生破裂；②塑性颗粒发生变形、调整；③碎屑颗粒接触紧密；随埋深增加，颗粒接触关系由点接触→线接触→凹凸接触变化。研究区的机械压实作用使砂体原生孔隙大为减少。

2)压溶作用

压溶作用又称化学压实作用，与机械压实作用同属破坏性成岩作用。本区内压溶作用在显微镜下偶尔可见，表现不明显。随压溶作用增强，逐渐造成颗粒紧密接触→凹凸接触→缝合线接触的转变。

3）胶结作用

胶结作用起主要破坏性成岩作用，可使得原生孔隙大量消失。本区十分发育该作用致使最大胶结物含量为35%～40%。本区的胶结作用的类型主要有硅质胶结、碳酸盐胶结和黏土胶结。

（1）硅质胶结：硅质胶结在研究区砂岩中较为常见，有以下几种类型：①石英次生加大：成岩作用的早期阶段，石英次生加大形成于压实之前或伴随出现，加大边可包裹碎屑石英，也可发生于颗粒局部，生长空间是其主要限制因素，镜下常见绿泥石环边。②孔隙充填式：形成于压实期后，由于绿泥石薄膜占据颗粒边缘的空间，次生边无法形成，只能以孔隙充填式呈现。充填剩余孔的石英自形程度高，晶形为低温的三方双锥状，颗粒一般较小，发育好时可达0.05mm。

（2）碳酸盐胶结：区内储层中存在铁方解石、铁白云石、方解石和白云石四种碳酸盐胶结，以铁方解石为主。一般占胶结物总量的10%～50%，最大含量为75%。

（3）黏土矿物胶结：区内黏土矿物胶结主要有绿泥石、高岭石、伊利石、埃洛石、I/S混层等，类型多样，广泛发育绿泥石薄膜。它的生成可以充填并降低原生孔隙，同时薄膜状形态可以阻碍孔隙水与颗粒的进一步反应，限制石英次生加大的发育，从而保护原生孔。粗结晶高岭石是砂岩中常见的自生黏土矿物，多充填于粒间，电镜下观察呈蠕虫状或书页状集合体。砂岩碎屑颗粒间的溶蚀孔内常见到自生高岭石充填，高岭石书页状晶形保留了良好的晶间孔，是重要的储集空间组成部分。

4）溶解作用与交代作用

溶解作用是改善储层物性的重要因素。区内表现为碎屑颗粒、杂基、胶结物的溶解等，是建设性成岩作用。交代作用主要表现在碳酸盐对长石、石英的交代和对胶结物的交代作用。

（1）长石的溶解：长石是本研究区主要的溶解矿物，可形成一定数量的粒内溶孔。长石的溶解常常是从解理面或双晶结合面或边缘等薄弱环节开始的，长石的溶蚀在研究区广泛发育，很多样品中的长石几乎被溶解殆尽。

（2）石英的溶解：可见石英被溶解形成晶内微溶孔，石英颗粒边缘被溶解成港湾状。

（3）碳酸盐的溶解：研究区碳酸盐胶结物以铁方解石为主，到成岩作用晚期阶段，由于有机质成熟过程中释放出有机酸，以及有机质脱羧基作用放出的 CO_2 水溶液均可溶解方解石。区内方解石溶解不甚发育。

由此可见，本区内成岩作用分为建设性成岩作用和破坏性成岩作用两种。前者为溶解作用，可使储层孔隙增大。后者包括压实作用、压溶作用、胶结作用，使得储层孔隙遭受破坏。但压实作用在一定情况下可使刚性颗粒破裂，从而产生微裂缝。对于鄂尔多斯盆地低孔低渗储层来说，压实作用兼具建设性和破坏性。

2. 成岩阶段及成岩序列

本次研究中通过镜下鉴定对延长组、延安组储层的成岩序列进行了详细分析，并在前人有关镜质体反射率、成岩矿物组合、包裹体均一温度等方向的研究基础上(白清华 2009；党犇，2005；柳益群，1996，2006；黄思静 2009)，得出研究区内延长组、延安二组储层成岩序列，具体如下：

研究区内延长组、延安组储层经历了完整的成岩序列，主要经历了从早成岩阶段 A 期到晚成岩阶段 B 期这一成岩作用过程。早成岩阶段 A 期时，机械压实作用微弱，二氧化硅以硅质胶结或者石英次生加大边形式少量沉淀，也是最早出现的胶结物；薄片鉴定中可见绿泥石薄膜以等厚边形式包围碎屑颗粒，表明绿泥石的形成晚育石英次生加大；随着埋深加大，沉积物逐渐进入早成岩阶段 B 期。机械压实逐渐增强，塑性颗粒发生变形、刚性颗粒发生碎裂，颗粒间接触关系发生调整；至晚成岩 A 期，有机质逐渐进入成熟期并大量排出有机酸，致使长石发生溶蚀，形成次生溶蚀孔，改善储层孔隙条件。镜下常见自形程度好的高岭石矿物和自生石英颗粒出现在粒间或颗粒表面，表明其形成时间相仿，来源可能一致为长石溶解物质。进入晚成岩 B 期，储层上覆载荷进一步加大，沉积物被进一步压实，颗粒间多线接触 - 凹凸接触，偶见缝合接触；自生绿泥石、伊利石、I/S 及埃洛石等开始充填孔隙；铁离子逐渐以铁白云石、铁方解石等碳酸盐矿物形式沉淀下来；待及晚成岩 C 期，由于铁方解石的溶解形成少许溶蚀孔。鄂尔多斯盆地沉降至此为止，埋深不再加大，成岩作用终止，导致次生溶蚀孔的发育受到限制，特别是碳酸盐胶结发育地区和层段物性差，主力储层物性均没能得到改善。本区储层样品也表现出固结程度高、岩石致密坚硬的特征，显示其成岩作用强，尤其是破坏性成岩作用强的特点(图 5 - 9、图 5 - 10)。

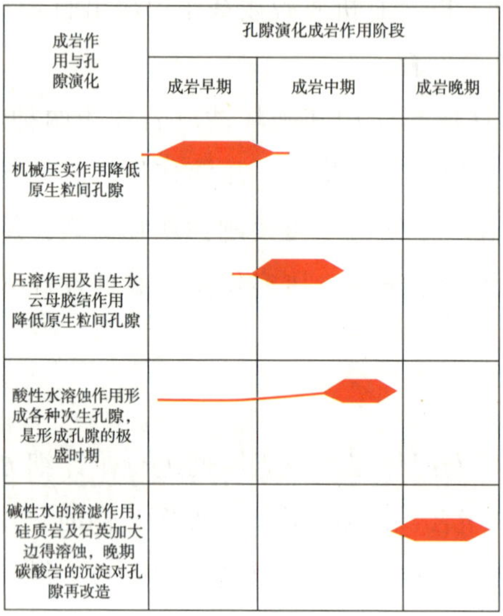

图 5－9　延安组底部砂岩孔隙演化成岩作用阶段划分

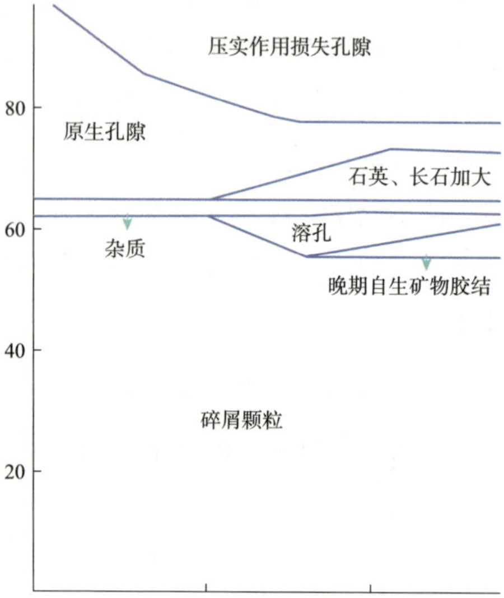

图 5－10　延长组成岩模式示意图

3. 成岩作用对储层的影响

1) 成岩作用对孔隙度的影响

沉积物在成岩作用阶段的孔隙发育情况主要受各种成岩作用共同控制(于兴河 2002；赵澄林，2001)。建设性成岩作用可以改善本区砂岩储层的物性条件，主要是溶解作用形成各种类型的次生孔隙。而压溶、胶结作用则是典型的破坏性成岩作用，它们的存在甚至可以使原生孔隙消失殆尽。压实作用则存在两面性，一方面使得颗粒间排列紧密，原生孔大量消失，储层物性明显变差；另一方面，在一定条件下，又可使刚性颗粒破裂产生微裂缝，对低孔低渗储层物性条件的改善起到积极作用，本书以研究区长 8 为例。

研究区延长组主力层长 8 砂岩分选中等，大多属于水下分流河道、河口坝等沉积微相，水动力条件一般相对较弱，砂岩粒度较细，分选中等，含较多的云母、黏土等细粒物质，其原始孔隙度一般平均在 26% 左右。由于砂岩成分成熟度低，较多的云母、塑性岩屑在压实过程中变形挤入原始孔隙中，使砂岩原生孔隙大幅降低。压实、胶结作用可导致原生孔隙损失约 70%，致使压实后的原生粒间孔仅占 8%。晚期铁方解石等胶结物的形成又使砂岩损失了原生孔隙的 20% 左右，碳酸盐胶结发育区域，这一数据将更高。于是，在一系列破坏性成岩作用主导下剩余原生粒间孔的孔隙度为 3% 左右；尤其是碳酸盐含量较高的地区，原生孔隙损失更为严重。在以黏土胶结为主的砂岩中，早期绿泥石薄膜胶结的砂岩中，由于绿泥石薄膜的形成限制了石英次生加大的发育，使得原生孔隙的保存略好于其他类型的砂岩。

溶解作用对本区砂岩储集性能的改善起着重要的作用，本区长石的溶解非常发育，长石经常被溶解成丝缕状，有的被溶解殆尽。此外，对黏土胶结物的溶解也较为常见，碳酸盐的溶解较少。溶解作用对砂岩孔隙度的改善作用显著，使得砂岩的孔隙度一般可以达到8%，局部甚至更高达10%以上。

2)碳酸盐胶结物对储层物性的影响

碳酸盐胶结严重堵塞储层孔隙，特别是后期铁方解石的胶结对储层孔隙的影响更大，导致储层孔隙减少。在长6储层中，碳酸盐胶结物在砂体的边部和分流间湾含量高。结合砂岩厚度可以发现，碳酸盐含量与砂体厚度和砂地比呈负相关系，即：一般砂体累计厚度小的地方，砂岩中碳酸盐含量高。水下分流河道、河口砂坝向水下分流间湾沉积微相过渡部位、水下天然堤沉积微相中常分布有碳酸盐胶结物。另外，在砂岩分布区域的边部，碳酸岩胶结物含量也比较高。由于在泥岩厚度比较大、发育比较集中的地方，在成岩过程中，泥岩中有机质成熟前的强烈脱羧基作用，产生了大量的CO_2水溶液，进入到渗透性相对较好的邻近砂岩中，导致碳酸盐胶结物含量高。

5.1.5 储层非均质性

储层非均质性可分为平面非均质性和垂向(层内、层间)非均质性。其有利性是可以造成垂直方向上的遮挡，易于形成盖层或者岩性边界，阻碍流体运移形成油气藏；其不利的一面是渗透性的变化和消失，给勘探和开发带来困难。鄂尔多斯盆地储层非均质性均较强，这与盆地尺度的沉积相变及成岩作用有直接关系，地质构造因素比较小。沉积相变则是延长组储层最主要的、普遍存在的因素。

1. 层内非均质性

1)砂层的韵律特征

研究区延安组(延10、延9、延8)是网状河流、沼泽相沉积，而延长组(长2、长4+5、长6、长8)为三角洲平原亚相和三角洲前缘亚相沉积，各种微相众多，这些沉积环境形成的沉积物在垂向上有序分布，势必形成多韵律的三角洲复合体。通过对本砂层韵律特征的分析，发现各油层组主要砂体的韵律特征与沉积微相分布规律具有一定的相关性。延安组与延长组长$4+5^1$、长$4+5^2$、长6^1、

长 8^1 和长 8^2 储层单砂体内部渗透率的变化比较复杂，有正韵律型、反韵律型以及复合韵律 3 种类型，其中复合韵律型为主要类型。

(1)正韵律型表现为高孔、高渗段分布于砂体底部，向上渗透率逐渐减小，小层内部往往由几个正韵律段叠加，中间为泥质或物性夹层分隔。

(2)反韵律型表现为渗透率向上逐渐增大，高孔、高渗段分布于砂体顶部，一般多为河口砂坝沉积成因。本区单砂层完全为反韵律型的情况在延长组长 6 储集层出现。

(3)复合韵律型这种韵律表现为单砂体在垂向上高、低渗透率段或正韵律与反韵律层交替分布，表现为砂体中部渗透率向两侧逐渐减小。

2)夹层的频率、厚度、产状

泥质夹层在本区延 9^1、延 9^2、长 2、长 $4+5^1$、长 $4+5^2$、长 6^1、长 8^1 和长 8^2 油层组内普遍出现(表 5-4)。泥质夹层在电测曲线上反映为高时差、高自然伽马、低电阻，一般出现在正韵律层的顶部或反韵律层的底部。分析研究区内 225 口井夹层分布情况可见，非均值性强是 $4+5^1$、长 $4+5^2$、长 6^1 三个油层亚组的特征，具体表现在单夹层厚度、夹层频率、夹层密度均较大。而延安组及延长组长 2 段非均性相对较弱，符合本区沉积规律。

表 5-4 油层组夹层统计表

层位	单井平均砂岩厚度/m	单井平均夹层层数/层	单井平均夹层厚度/m	单夹层厚度/m	夹层频率/(层/m)	夹层密度/m
延 9^1	6.46	1.34	2.77	2.52	0.13	0.17
延 9^2	6.91	1.43	1.27	1.82	0.11	0.15
长 2	10.07	2.47	5.07	2.08	0.17	0.24
长 $4+5^1$	9.55	2.47	7.71	3.85	0.26	0.51
长 $4+5^2$	9.2	2.42	7.27	3.81	0.26	0.52
长 6^1	8.49	1.96	6.03	4.34	0.23	0.45
长 8^1	9.98	2.11	7.9	4.73	0.21	0.43
长 8^2	11.14	1.76	7.42	6.33	0.16	0.33

2. 层间非均质性

1)砂地比

砂层厚度与地层厚度比值是用来描述不同沉积类型砂岩的层间非均质性的参数，简称为砂地比，它能反映储层分布的差异和沉积微相的演变(表 5-5)。

表5-5　油层组砂地比统计表

层位	地层平均厚度/m	单井平均砂岩层厚度/m	单井平均砂岩厚度/m	单砂层平均厚度/m	砂地比
延9^1	21.91	1.34	6.44	4.80	0.32
延9^2	24.35	1.43	8.91	4.82	0.36
长2	49.94	2.47	10.08	4.07	0.21
长$4+5^1$	50.06	2.48	9.55	3.85	0.19
长$4+5^2$	49.77	2.42	9.2	3.81	0.18
长6^1	40.57	1.96	8.49	4.34	0.37
长8^1	45.57	2.11	9.98	4.73	0.22
长8^2	45.31	1.76	11.14	6.33	0.25

统计结果表明(表5-5)：本区延9^1、延9^2、长2、长$4+5^1$、长$4+5^2$、长6^1、长8^1和长8^2油层组中，延9^2砂地比最大，为0.36，延9^1砂地比略小于延9^2，为0.32，长$4+5^2$砂地比最小，为0.18。单砂层平均厚度仍以延9^2最大，平均厚度为4.82m，延9^1平均厚度为4.80m，长$4+5^2$平均厚度为3.81m。单井平均砂岩厚度从厚到薄的次序是长8^2、长2、长8^1、长$4+5^1$、长$4+5^2$、长6^1、延9^2、延9^1，分别为11.14m、10.08m、9.98m、9.55m、9.2m、8.49m、6.91m、6.44m。单井平均砂岩层数自上而下依次为2.48、2.47、2.42、2.11、1.96、1.76、1.43、1.34。这些特征说明，鄂尔多斯盆地延安组与延长组地层整体非均质性特征明显，其中长4+5非均性较强，延安组地层非均质性相对较弱。

2)各油层组渗透率的非均质性

渗透率的非均质性常用渗透率突进系数(K_{max}/K_a)、级差(K_{amax}/K_{amin})、变异系数[$(K_a-K_6)/K_a$]等来表示。突进系数与级差正相关，非均质越强，变异系数越趋于1，反之亦然。根据40口井225个样品的渗透率统计分析结果，本区延长组长4+5为强非均质型，长8各油层亚组次之，延安组非均质性相对较弱(表5-6，表5-7)。

表5-6　储层非均质性评价标准

评价参数		变异系数(V_k)	突进系数(T_k)	级差(J_k)	均质系数
计算公式		$V_k=\frac{\sqrt{\sum_{i=1}^{n}(k_i-\bar{k})^2/n}}{\bar{k}}$	$T_k=\frac{K_{max}}{\bar{k}}$	$J_k=\frac{K_{max}}{K_{min}}$	$T_p=\frac{\bar{K}}{K_{max}}$
非均质程度	弱非均质性	<0.5	<2.0	低值~高值	越接近1均质性越好
	中等非均质性	0.5~0.7	2.0~3.0		
	强非均质性	>0.7	>3.0		

表 5-7 储层渗透率特征值计算表

层 位	变异系数(V_k)	突进系数(T_k)	级差(J_k)	均质系数
延 9^1	0.49	1.9	596.00	0.82
延 9^2	0.33	1.5	645.40	0.92
长 2	0.54	1.84	23.50	0.54
长 $4+5^1$	1.17	8.75	330.50	0.11
长 $4+5^2$	1.45	13.48	241.30	0.07
长 6^1	0.65	2.73	88.94	0.37
长 8^1	0.78	5.11	87.50	0.20
长 8^2	0.88	5.54	164.64	0.18

3)隔层厚度及分布特征

隔层岩性主要为泥岩、粉砂质泥岩、泥质粉砂岩和砂泥岩薄互层，主要是河间洼地及分流间湾沉积。本次研究中隔层定义为厚度≥2m 的泥质岩层作为隔层。

根据 22 口井的统计样本表明，单井平均隔层厚度最大依次为长 $4+5^1$、长 $4+5^2$，单隔层平均厚度最大的依次为长 $4+5^1$、长 8 和长 $4+5^2$，但总体相差不大(表 5-8)。隔层平面分布及厚度随砂岩厚度和发育部位变化。一般而言，长 $4+5^1$、长 $4+5^2$单砂层横向变化较大，隔层的厚度在横向上变化较大，连续性较差；延 9^1、延 9^2、长 2 内部隔层横向连续性较好。从全区来看，各油层组内部的主要隔层可以追踪。8 个油层亚组之间有 2~6m 厚的泥岩相隔，全区连贯。延安组一般为 1~2 个隔层，多隔层井和隔层总厚度大的井分布在砂地比较小的河道间地区，单隔层平均厚度为 2~3m，隔层厚度小，层数较少。延长组长 2 一般为 2~3 个隔层，单隔层平均厚度为 3.14m，隔层厚度大，层数多。长 $4+5^1$、长 $4+5^2$：一般为 1~3 个隔层，单隔层平均厚度为 4.12m，隔层厚度大，层数多。长 6^1河道砂体较发育，主河道上砂厚度在 10~20m 之间，单井平均 1.63 个隔层，地层非均质性较长 4+5 变弱。长 8 储层一般为 1~3 个隔层，单井平均隔层厚度较大，达到 12m，单隔层平均厚度约在 3m，非均质性较强。

表 5-8 油层组隔层统计表

层 位	地层平均厚度/m	单井平均隔层层数/层	单井平均隔层厚度/m	单隔层平均厚度/m
延 9^1	21.91	1.06	9.88	2.48
延 9^2	24.35	1.21	10.08	2.68
长 2	49.94	2.28	10.48	3.14
长 $4+5^1$	50.06	2.34	12.51	4.23
长 $4+5^2$	49.77	2.25	12.46	4.11
长 6^1	40.57	1.63	10.37	3.87
长 8^1	45.57	2.16	12.33	3.02
长 8^2	45.31	2.07	12.16	3.97

3. 平面非均质性

平面非均质性是指由储集层砂体的几何形态、规模、孔隙度、渗透率等空间变化引起的非均质性。其中孔隙度、渗透率的大小和分布又受砂体分布控制，而砂体的几何形态、规模等直接受控于沉积相，因此沉积相是平面非均质性的主控因素。研究区内长8、长4+5、长6层位于三角洲前缘亚相，砂体主要发育在分流河道微相和河口坝微相。

5.2 延安组、延长组砂体储层评价

5.2.1 延安组砂体储层评价

储层分类评价是储层研究工作中一项极为重要的综合性工作。在研究大量物性、孔隙类型、压汞参数等资料的基础上，前人编制出符合鄂尔多斯盆地延安组的储层评价标准(表5-9)，以此对其进行分类评价。

表5-9 延安组砂岩储层评价标准(据赵靖舟等改，2004)

参数		Ⅰ类	Ⅱ类	Ⅲ类
		大孔大喉型	中孔中喉型	小孔小喉型
砂岩厚度/m		>15.0	15.0~10.0	<10
物性	ϕ /%	>16.0	16.0~14.0	<14
	$K/10^{-3}m^2$	>100.0	100.0~10.0	<10
铸体薄片	面孔率/%	>10.0	10.0~6.0	<6
	平均孔径/μm	>100.0	1000.0~10.0	<40
	孔隙组合	原生、次生孔隙极发育	原生、次生孔隙发育	原生、次生孔隙常见
压汞参数	P_d/MPa	<0.1	0.1~0.5	>0.5
	中值半径/μm	>1.5	1.5~0.5	<0.5
	P_{50}/MPa	<1.0	1.0~2.5	>2.5
填隙物含量/%		<12.0	12.0~15.0	>15.0
岩性		中-粗粒长石石英砂岩、细粒长石砂岩	细-中粒长石石英砂岩、长石岩屑砂岩	中-细粒、粉-细粒长石砂岩、岩屑砂岩
评价		最好	好	一般或差

据储层分类标准及相关资料分析，延9、延10层在本区主要为Ⅱ类储层，具有分布广、厚度较大特征。分布于河流的边滩、心滩相和河道砂体中。岩石类型为长石砂岩，岩屑长石砂岩，一般为有效储层。局部发育的Ⅰ类储层并非本区主要储层。Ⅲ类储层主要分布位置是河道砂体边部或河漫滩。

5.2.2 延长组砂体储层评价

前人曾根据延长组储层物性、孔隙类型、压汞参数等大量资料建立了鄂尔多斯盆地延长组储层评价标准表5－10。

表5－10 延长组砂岩储层评价标准(据赵靖舟等改，2004)

参数		Ⅱ类	Ⅲ类		Ⅳ类
			Ⅲa类	Ⅲb类	
		大孔大喉型	中孔中喉型		小孔小喉型
砂岩厚度/m		>15.0	15.0～10.0		<10
物性	φ/%	>15.0	15.0～12.0	12.0～8.0	<8
	$K/10^{-3}m^2$	>10.0	10.0～5.0	5.0～0.5	<0.5
铸体薄片	面孔率/%	>10.0	10.0～8.0	8.0～4.5	<4.5
	平均孔径/μm	>35.0	35.0.0～20.0		<20
	分选系数	>1.0	1.0～0.5		<0.5
	孔隙组合	原生、次生孔隙发育	原生、次生孔隙较发育		原生、次生孔隙不发育
压汞参数	P_d/MPa	<0.3	0.3～1.5		>1.5
	中值半径/μm	>0.5	0.5～0.1		<0.1
	P_{50}/MPa	<1.5	1.5～5.0		>5.0
填隙物含量/%		<10	10.0～15.0		>15.0
岩性		中－粗粒长石石英砂岩、细粒长石砂岩	细－中粒长石石英砂岩、长石岩屑砂岩		中－细粒、粉细粒长石砂岩、岩屑砂岩
评价		好	较好		一般或差

依据的分类标准及研究区储层物性特征直方图(图5－11)，研究区延长组主要勘探目的层储层主要为Ⅲ类、Ⅳ类。Ⅲb类储层在本区表现为三角洲分流河道砂体，产于长$4+5^2$、长8、长9。长4+5、长6、长8层中的非浊沸石溶蚀区一半对应于Ⅳ类储层。Ⅱ类、Ⅲ类储层一般为有效储层；Ⅳ类储层大部分为非有效储层，若有裂缝带发育，也可形成有效储层。

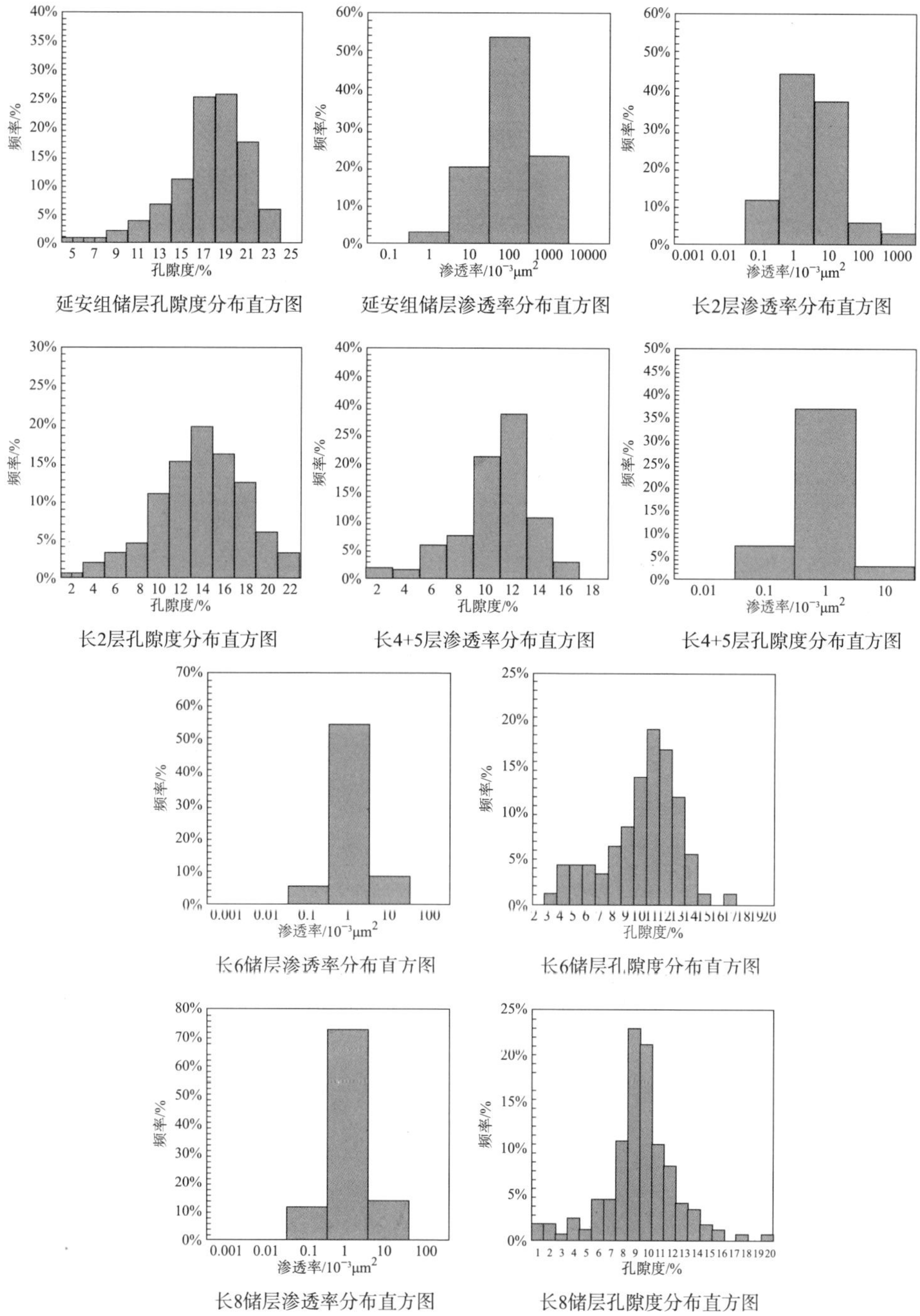

图5－11　研究区延安组、延长组储层物性分布直方图

上述储层分类纵向上既有明显的层位性，即长 6 储层性能好于长 4＋5^2、长 8、长 9 属Ⅲa 类储层。

5.3 延安组、延长组主要油层组砂体展布

5.3.1 延安组主力油层组砂体展布

侏罗纪延安组主要油层组砂体展布特征如图 5－12 所示：

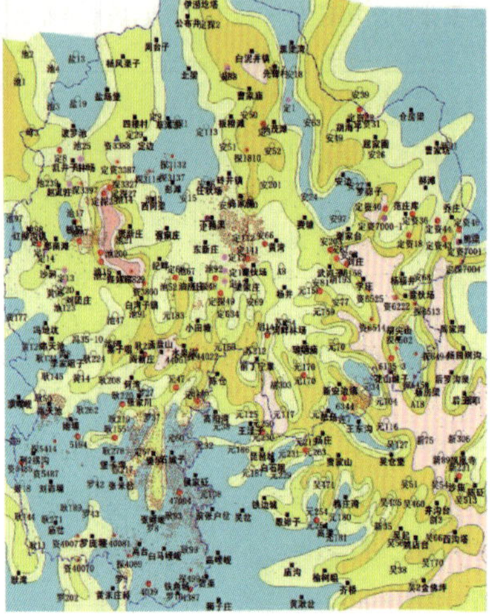

延安组延10砂岩厚度图

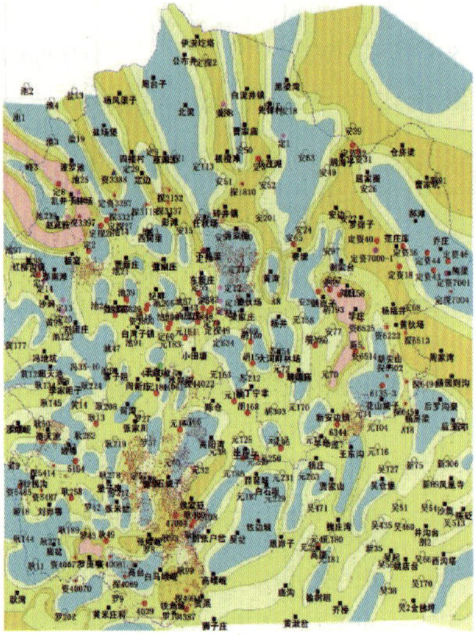

延安组延9砂岩厚度图

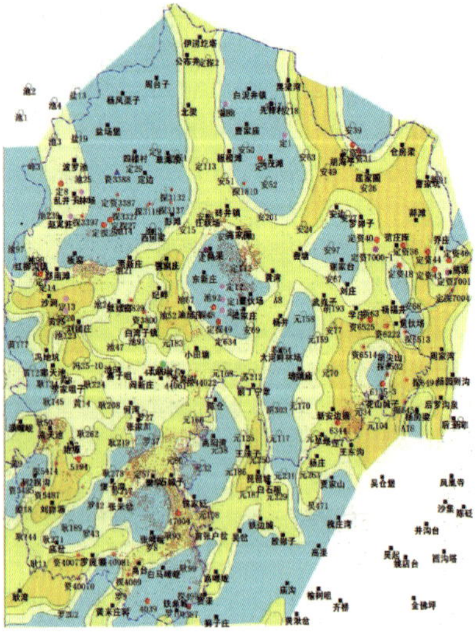

延安组延8砂岩厚度图

图 5－12　延安组砂体厚度分布图(1)

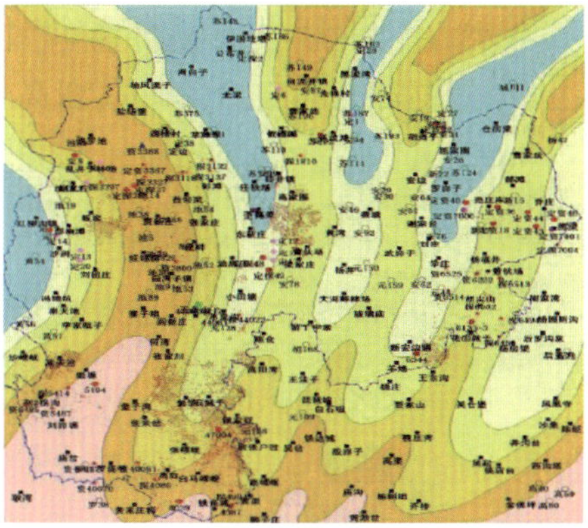

延长组长10砂岩厚度图

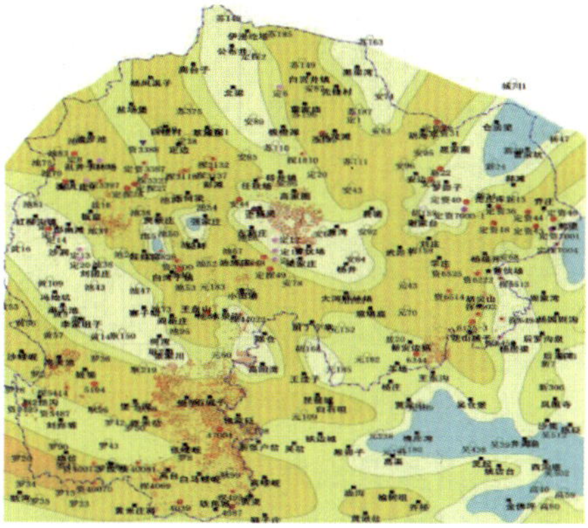

延长组长9^2砂岩厚度图

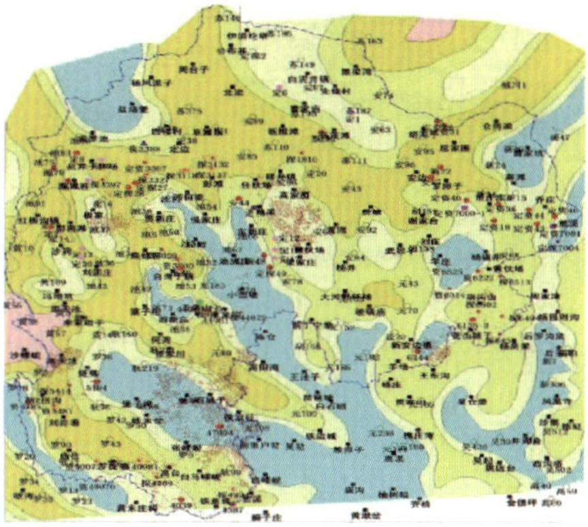

延长组长9^1砂岩厚度图

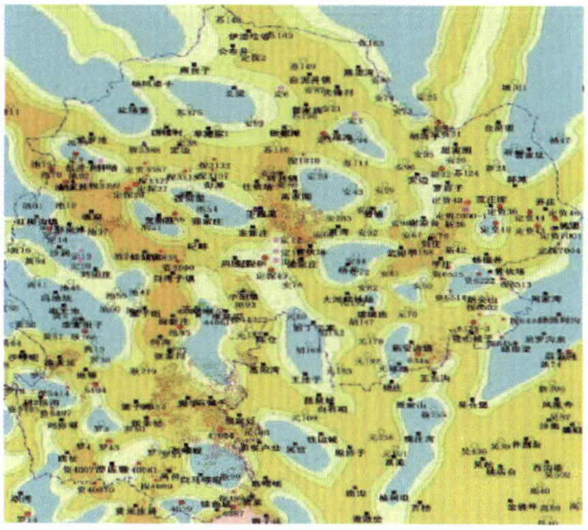

延长组长8^2砂岩厚度图

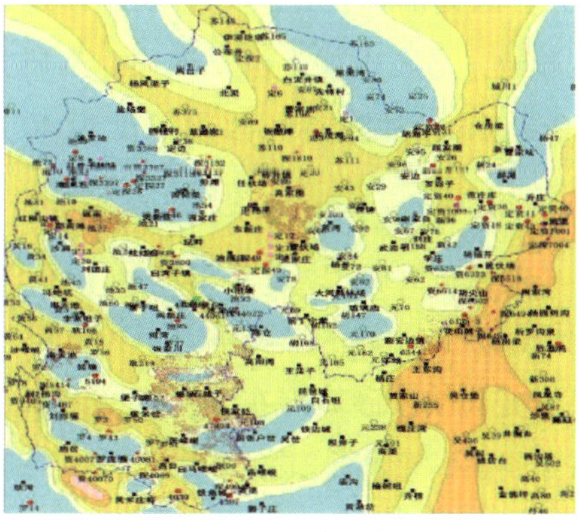

延长组长8^1砂岩厚度图

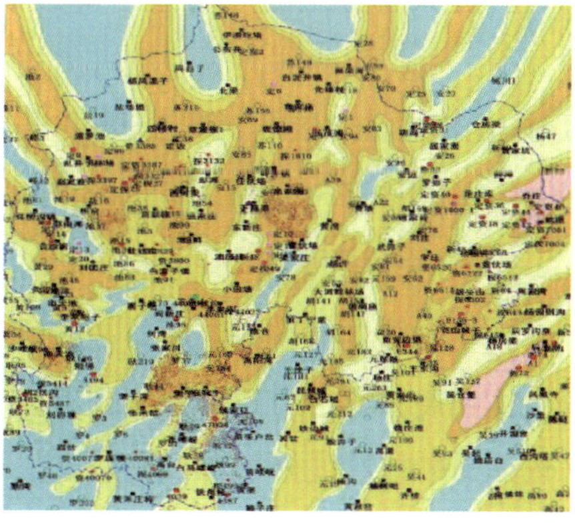

延长组长6^2砂岩厚度图

图5－12　延长组砂体厚度分布图(2)

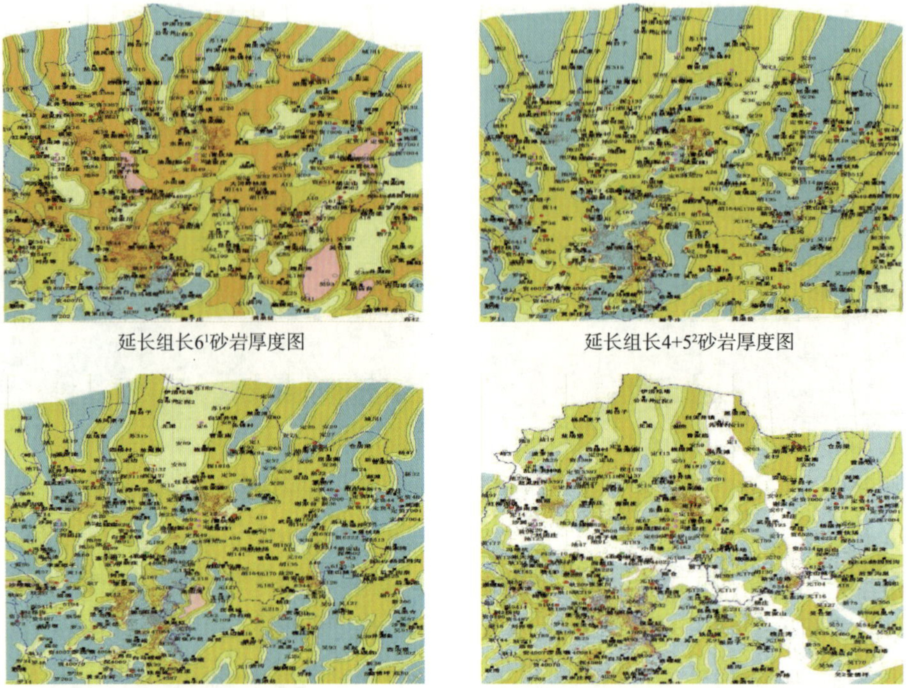

延长组长6^1砂岩厚度图　　延长组长$4+5^2$砂岩厚度图

延长组长$4+5^1$砂岩厚度图　　延长组长2^1砂岩厚度图

图5－12　延长组砂体厚度分布图(3)

1. 延10砂体展布

前侏罗纪古地貌直接影响着侏罗纪延安世延10期的沉积面貌，继富县期沉积后，延10期沉积仍对古地貌继续填平补齐，因此前侏罗纪古地貌控制该期砂体沉积，由古河谷向河谷两侧古斜坡上沉积减薄，至古山梁上沉积缺失。本研究区延10砂体在宁陕古河与蒙陕古河中厚20～80m，甘陕古河西段厚度为40～100m，古河谷之间存在大片的延10缺失带。

2. 延9砂体展布

延9期属一种介于曲流河及网状河之间的沉积，总体为曲流河。其网状河沉积砂体的展布特点为砂体面积较小，砂体厚度变化快，砂体展布方向多变。研究区内延9砂体厚度介于0～25m，H_{max}≥40m，北西、正西是其物源方向。

3. 延8砂体展布

延8期属滨浅湖沉积，砂岩粒度较细，泥岩夹层多。研究区内延8砂体厚度介于0～20m，H_{max}≥25m，物源方向仍以北西向为主，局部有正西、北北西方向的物源汇入。

5.3.2 延长组主力油层组砂体展布

三叠系延长组主要油层组砂体展布特征如图 5－12 所示：

1. 三叠系延长组长 10 砂体展布

长 10 期，鄂尔多斯盆地继承了前期较为平坦的地貌特征。在工区范围内发育河流相沉积环境，其间沉积微相如决口扇、洪泛平原和分流间湾也较为发育，主砂带中单砂体沉积厚度一般在 20m 以上，局部形成＞30m 的砂岩发育带，宽度 10km 左右，砂体带呈近南北向展布，砂体厚值带主要分布在定边北、姬塬－樊学南区、工区范围内延伸距离长。叠合主砂带大部分为平直状，部分河道末端成指状分布。

2. 三叠系延长组长 9^2 砂体展布

长 9^2 期湖盆加速沉降，物源来自西北、北西两个方向，工区内该期共有 3 条三角洲分流河道砂体分别从北西、正西两个方向汇聚定边－黄湾、安边－刘庄、姬塬－樊学一带。河道砂体呈朵状，砂体厚度 15～20m，宽度 10～20km，延伸距离 35～50km。

3. 三叠系延长组长 9^1 砂体展布

长 9^1 期继承了长 9^2 期的物源方向，工区内该期共有 3 条三角洲分流河道砂体分别从正西、北西两个方向汇聚于定边－彭滩、安边－刘庄、王屋山－杨井一线，砂体厚度 20m，宽度 10～15km，一般呈条带状，局部呈朵状。北西向砂体延伸距离较大，有 60km，砂体厚度 20m，宽度 10～20km，大部呈朵状。北东向砂体区内延伸距离小，只有 20km，砂体厚度 20m，宽度 10～15km，呈朵状。

4. 三叠系延长组长 8^2 砂体展布

长 8^2 期，湖盆继续沉降，工区内该期共有 4 条三角洲分流河道砂体分别从北东、北西两个方向汇聚于安边－玻璃庙、定边－侯家砭、姬塬－堡子湾、康岔一带，以北西方向为主，北东方向为辅。主河道砂体厚度＞15m，宽度 10～20km，大部呈朵状、指状。

5. 三叠系延长组长 8^1 砂体展布

长 8^1 期，湖盆中心沉降速度加剧，物源主要来自正西、北西两个方向，工区内该期共有 5 条三角洲分流河道砂体分别从正西、北西两个方向汇聚于安边－武卵子、定探 2 井－定边、孟沙窝－纪畔、姬塬－樊学、康岔一带。另外工业北东方向有1条分流河道，砂体数量少、分布范围小、规模小、延伸距离短，砂体主体厚度20m，宽度10～15km，延伸距离30km。北西方向砂体规模相对较大，砂体厚度10～15m，区边宽度5～10km，延伸了距离>40km。

6. 三叠系延长组长6^2砂体展布

长7湖盆处于最大湖泛面期，到长6^3期，湖盆开始逐步萎缩，三角洲前缘的水下分流河道沉积微相特征明显。中心沉积区开始出现湖盆抬升，致使河道末端砂岩沉积开始分异，局部河道间湾沉积微相出现。长6^2沉积期物源来自北北东、北西方向，研究区内发育辫状河三角洲平原相和三角洲前缘相两个沉积单元。砂体厚值带主要分布在郝滩－胡尖山、曹家坑－学庄、石洞沟－杨井、定1－定17井、定6井－王盘山、孟沙窝－刘团庄、姬塬－堡子湾一带。砂体厚度一般在15～20m，河流交汇处厚度较大，可达25m，主河道宽度多<10km。

7. 三叠系延长组长6^1砂体展布

长6^1沉积期，来自北北东方向的物源继续强势向南南西方向推进，研究区内依然发育辫状河三角洲平原相和三角洲前缘相两个沉积相带。湖盆中心较长6^2期向北迁移，研究区内以北部物源沉积为主。砂体厚值带主要分布在安边－杨井、曹家坑－新安边镇、胡海子－王盘山、先锋村－堡子湾、波罗池－刘峁塬、冯地坑一带。砂体厚度一般在15～25m，河流交汇处厚度较大，可达30m以上，主河道宽度多<10km。

8. 三叠系延长组长4＋5^2砂体展布

长4＋5^2沉积期继承了长6^1沉积相态，研究区内以北部物源沉积为主，砂体厚度一般在15～20m，局部砂体厚度可达20m以上，主河道宽度多<10km，延伸距离25～100km。

9. 三叠系延长组长4＋5^1 砂体展布

长4＋5^1沉积期，研究区内以北部物源沉积为主，多条河道相互叠加、延伸至樊学－姬塬一线，砂体厚度一般在15～20m，局部砂体厚度可达20m以上，主河道宽度多<10km，延伸距离25～100km。

10. 三叠系延长组长2^1砂体展布

长2^1期，本区主要为三角洲沉积体系。主要发育三角洲分流河道及分流间湾洼地沼泽沉积，河道以曲流河为主。长2^1期因受后期河道的侵蚀切割，使长2^1地层在甘陕、宁陕古河主河床部位区域侵蚀。长2^1砂体的走向形态基本是北东－西南向，呈条带状或不规则块状沿主河道展布，主河道不甚明朗，具似串珠状分布特征。工区内发育多条砂体厚值带，主河道砂体厚度 >20m。

从砂体展布图 5 -12 可见，尽管长 8、长 6、长 4 +5 砂岩覆盖率 75% 以上，平均砂岩厚度达到 20m，砂岩覆盖广，但其砂岩的变化明显，平面非均质性较低。而延安组及延长组在砂体展部图上，尽管其砂岩覆盖面较小，但表现出沿河道展布，砂岩较延长组其他地层较为均一，因此河流相的延安组及延长组长 2 地层非均质性相对延长组其他地层要弱。

5.4 储层物性与含油性

5.4.1 延长组储层物性与含油性

1. 长 10 和长 9 油层组

由于钻入长 10 油层组的探井很少，仅就有限资料作以简单分析。长 10 期的沉积有西部强于东部，南部强于北部的特点。这时河道砂体十分发育。如西北缘的马家滩地区等地，均可见到厚达几十米到数百米的巨厚块状砂体，岩性以中粗粒长石砂岩为主，物性较好，平均孔隙度 11.9% ~12.8%，平均渗透率(8.75 ~88.16) $\times 10^{-3}\mu m^2$。由此可见，盆地长 10 油层组不缺乏良好的储层砂体，欠缺的是充足的油源与之匹配。已开发的马家滩油田，由于后期断裂作用，一方面发育的构造裂缝使储层物性变好，更主要是由于逆冲推覆作用，形成一系列断块圈闭，与此同时，断裂系统又为长 7 烃源岩与该良好储层之间的油气运移提供了通道，因而，易形成构造油藏。长 9 期湖盆快速下沉，湖岸线迅速向外推移，长 10 期河道全部被水淹没，沉积普遍较细，在定边局部发育较好的砂层，尤其是长 9 下部有长 10 期发育的河流在逐渐萎缩过程中形成较好的渗透性砂体。

2. 长 8 油层组

自长庆油田西峰超亿吨级整装大油田发现之后，立即引起了人们对鄂尔多斯盆地长 8 油层的高度重视。砂层厚度较大，尤以长 8^1 砂体最为发育。由于河流的能量较强，入湖后延伸较远，呈树枝状向湖盆中心伸展，砂体厚度 10 ~30m，渗透性砂岩 4 ~17m，岩性以中细粒岩屑长石砂岩及细砂岩为主，分选中等 – 好，磨园棱 – 次棱角状，石英含量 27% ~32%，长石含量 29% ~35%，岩屑含量 22% ~31%，矿物成熟度和结构成熟度均较低，反映为近源快速沉积。多分布在分流河道、河口坝位置，储层物性非均质性强，砂体单层厚度大、分选好、杂基少，平均孔隙度9.9% ~10.3%，平均渗透率(0.56 ~2.01) $\times 10^{-3}\mu m^2$，总体物性好。且与生油岩接触面积大，因此成为中生界有力成藏带。在樊学、姬塬等区域发现了含油富集区，勘探实践充分证实了长8三角洲巨大的勘探潜力(图5－13、图5－14、图5－20、图5－21)。盐池－定边三角洲具有客观存在的勘探潜力。其沉积近物源，沉积厚度大(中心区达40m)、速度快，分选差、粒度粗，油层平均孔隙度15.6%，平均渗透率$9.3\times 10^{-3}\mu m^2$，储层发育断层裂缝，易形成油藏。在孟沙窝油田发现了长8油藏，平均单井压裂后产油1.6t/d，平均含水率10%，最高日产油量24.35t。

3. 长7油层组

长7期湖盆继续下沉，研究区广大地区被湖水淹没，湖泊沉积发展到鼎盛时期。此时的深湖亚相范围较长8期扩大，沉积格局与长8基本相似，只是规模有所减小。长7时期，定边地区总体以细粒沉积为主，储集层物性普遍较差，只有极个别井获得工业油流。

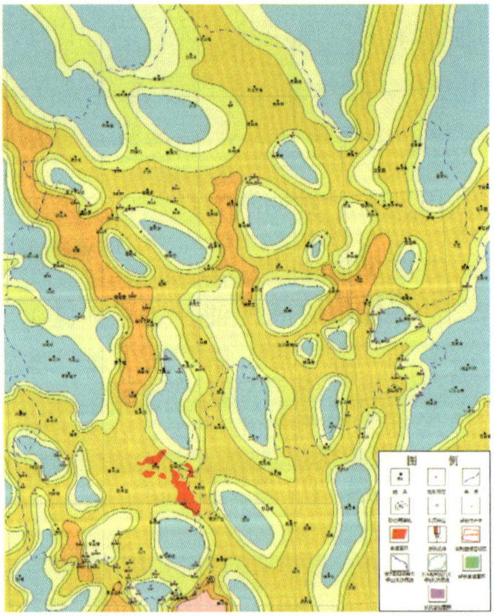

图5－13　长8^2含油面积分布图

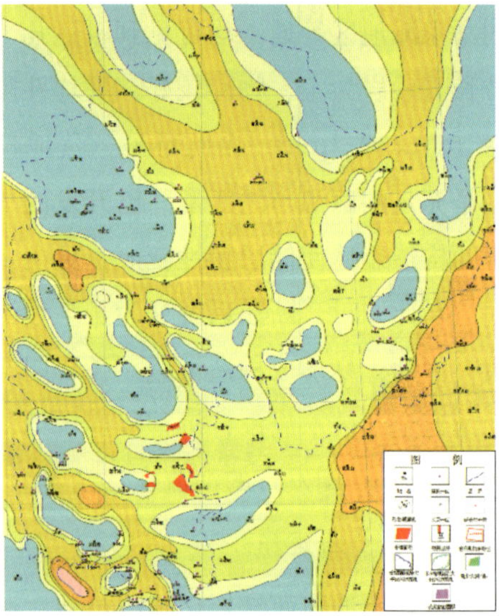

图5－14　长8^1含油面积分布图

4. 长6油层组

长6期为三角洲大规模建设时期，定边三角洲属于大型内陆湖盆三角洲，且皆为河控型进积型三角洲。沉积方向近北北东－南南西向，沉积体主要位于浅水地带，以三角洲沉积为主，按砂体分布，可分为三支，由西向东依次为盐池、定边、杨井新安边砂体，后二者砂体分布面积广，砂层厚度大，总面积达 2800km²。三角洲前缘亚相是主要储层沉积相，微相为水下分流河道、河口坝、前缘末端－远坝等。定边、杨井－新安边砂体分布广，其分布近一条带状，以 A39－A1－吴 168 一线物性较好，向两侧物性变差，长 6 末期，沿主河道部位所钻探井均不同程度见到油气显示，但试油均为低产（图 5－15、图5－23）。

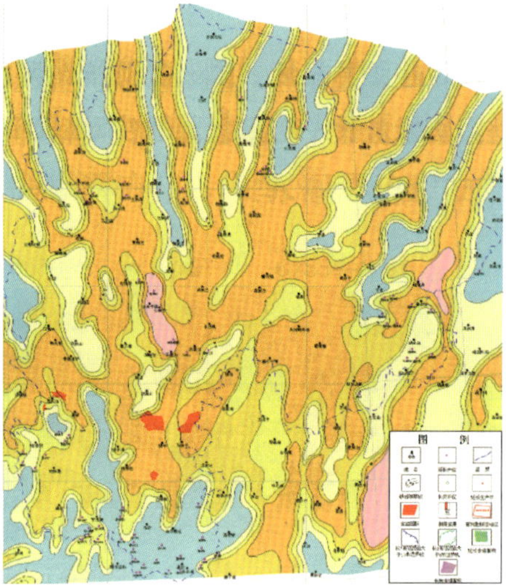

图 5－15　长 6^1 含油面积分布图

5. 长 4＋5 油层组

定边地区在长 4＋5 期继承了长 6 期的沉积体系格架，平面上三角洲的发育规模略有变化，盐池一带也可见到三角洲发育，其前缘主体位于盐池－定边一线以南，湖岸线位于盐池－定边－安边一线，分流河道砂体较发育，以中细粒长石为主体，单层砂体厚度 3～5m，累厚 15～20m，储层物性相对较好，平均孔隙度 10.1%，渗透率 $0.65\times10^{-3}\mu m^2$。近几年在定边长 4＋5 石油预探取得了重大突破，自东向西发现了铁边城、樊学、堡子湾、马家山 4 条含油砂带，证实了该三角洲砂体含油性较好（图 5－16、图 5－17、图 5－23、图 5－24）。

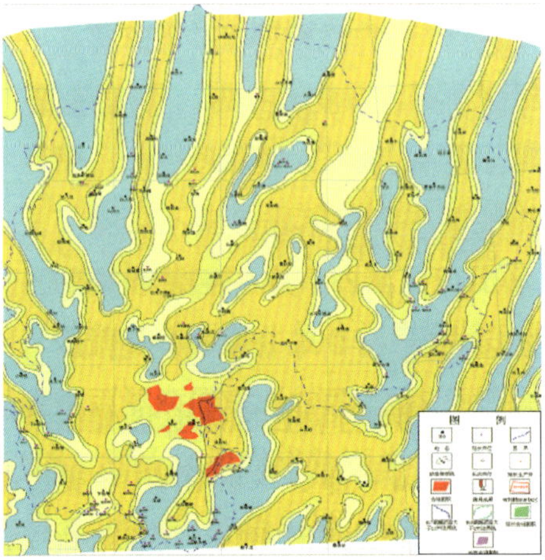

图 5－16　长 4＋5^2 含油面积分布图

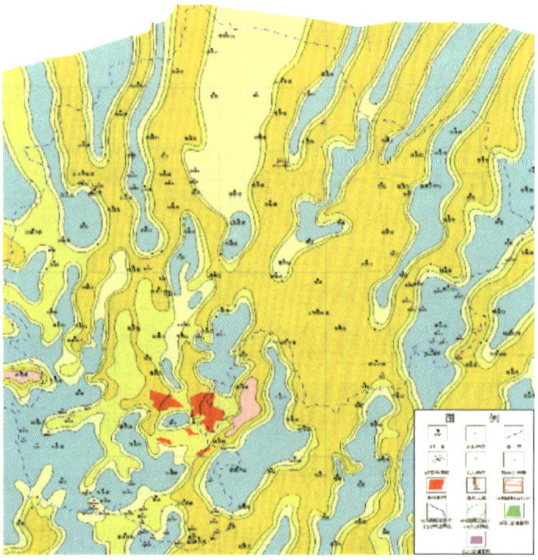

图 5－17　长 4＋5^1 含油面积分布图

6. 长 2 油层组

区内蒙陕古河、甘陕古河所在区域长 2 地层由于受到古河侵蚀切割保存不全，长 2 期全区发育由北北东向南南西的水系 4 条，由西向东依次为：定 113 - 定 114 - 定 44 井、A45 井 - A9 井 - 定 108 井、A13 - A24 - 元 30 井和 A31 - 塞 45 井之间。后者经 A18 井至吴 91 井附近分叉。经过长 6、长 4 + 5 期三角洲向南推进，长 2 期则以河流、三角洲平原亚相占优势，主要形成分流河道砂体、决口扇砂体，其中以前者占优势，砂体厚度大，分布广，物性好而构成定边地区最主要的储集层。长 2 期定边地区沉积厚度一般 125 ~ 140m，砂层厚度 70 ~ 100m。目前已在定边地区发现多个长 2 高产油藏，并已投入开发(图 5 - 18、图 5 - 25、图 5 - 26)。

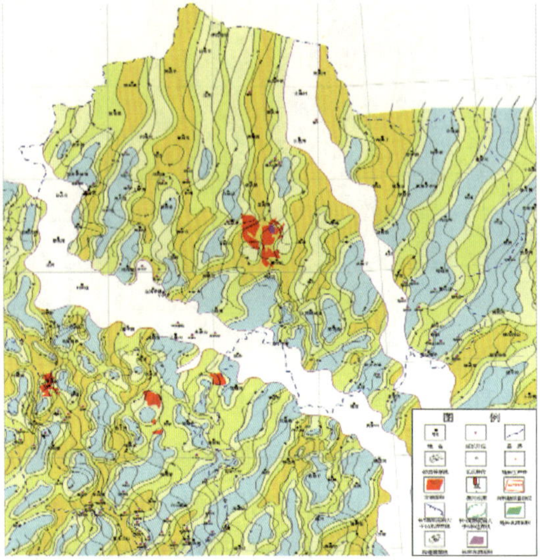

图 5 - 18　长 2^1 含油面积分布图

7. 长 1 油层组

长 1 期定边地区以分流河道沉积为主，砂岩厚度 14m 左右，油层厚度 5 ~ 8m，孔隙度 16.0% ~20.0%，渗透率 $7 \sim 15 \times 10^{-3} \mu m^2$，试油日产油 7.9 ~ 24t。目前在东仁沟和西仁沟区域长 1 油层已投入开发。

5.4.2　延安组储层物性与含油性

1. 延 10 油层

1)定边 - 东红庄 - 马坊地区

基本上各井都能观察到含油显示。本区砂体主要由延 10 早期辫状河心滩及晚期曲流河边滩构成。砂体单层厚度大，大多在 15m 以上，该区延 10 油层物性普遍好 - 中等。平均孔隙度基本上都在 10% 以上，渗透率范围为$(0.5 \sim 200) \times 10^{-3} \mu m^2$。本区总体来说延 10 油层多为中上部砂体，是由于延 10 早期属一种急流的辫状河沉积，砂体分选较差，夹之砂岩颗粒中有许多黏土及碎屑原杂基充填，使之孔隙的连通性变差。而向上随着谷地的充填夷平，河流类型逐渐演化为曲流河，分选逐渐变好，均质性增强，储油性能也随之增强。但是曲流河的摆动性强，为砂体追踪带来一定困难。另外曲流河的侧向迁移使得同一砂体内有时也能见到强的非均质性。

2)新安边地区

延10油层分布不均匀，主要集中在定6192井区，本区沉积主要为分支河道沉积，加之部分地区缺失延10地层，从而为岩性的侧向尖灭奠定了基础，易形成岩性油藏。本区砂岩的分选性普遍比定边地区好，主要为中粒石英和长石、石英砂岩。渗透率平均200.45 $\times 10^{-3}\mu m^2$，有效砂体厚度平均5～8m。

2. 延9油层

本区属一种介于曲流河及网状河之间的沉积，总体看为曲流河，但就单层砂体沉积环境来说是一种网状河。延9油层主要分布在王盘山、姬塬、樊学、堡子湾等区域，平均孔隙度范围在13%～20%之间，渗透率范围为(4.2～635) $\times 10^{-3}\mu m^2$，以岩性油藏及岩性－构造油藏为主。砂岩胶结物以高岭石、少量伊利石、方解石铁方解石、菱铁矿构成，孔隙类型主要为粒间孔及粒间溶孔，压实及胶结作用较弱，加之粒间溶孔使得粒间孔的连通性增强。延9油层组也是定边地区重要的勘探层位之一，具有储层物性较好，含油丰富的特征。(图5－19、图5－27)。

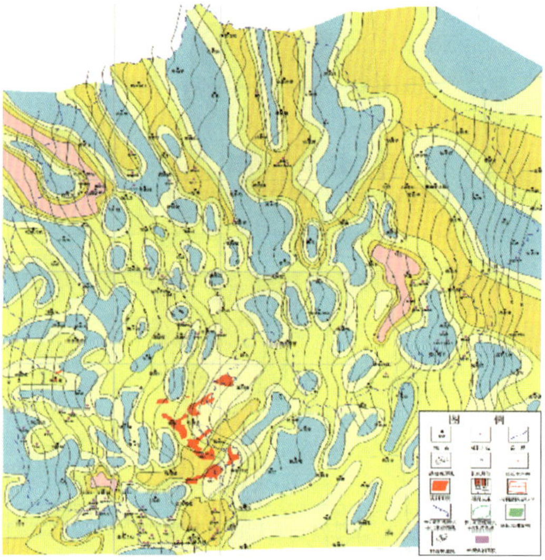

图5－19 延9含油面积分布图

3. 延8油层

延8油层主要分布在定边西南部马坊、红井子、王家场等区域，定边以南由于处于滨浅湖相，砂岩粒度较细，泥岩夹层多未形成工业性储层。而马坊、红井子、王家场等区域处于滨湖沼泽环境，其网状河道砂体发育，所以物性相对较好。延8油层平均孔隙度13.6%，平均渗透率4.2 $\times 10^{-3}\mu m^2$。

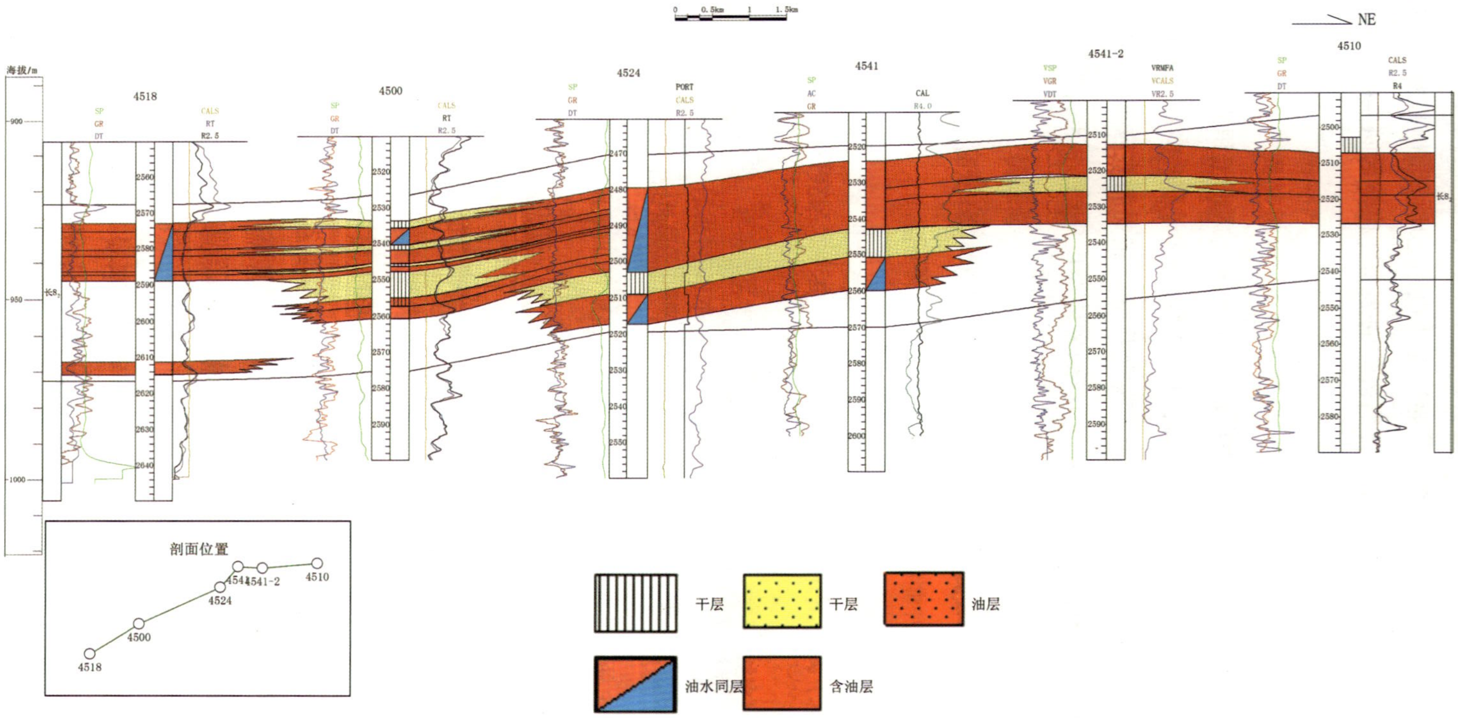

图 5-20　定边油田定 4518—定 4510 井延长组长 8^2 油藏剖面图

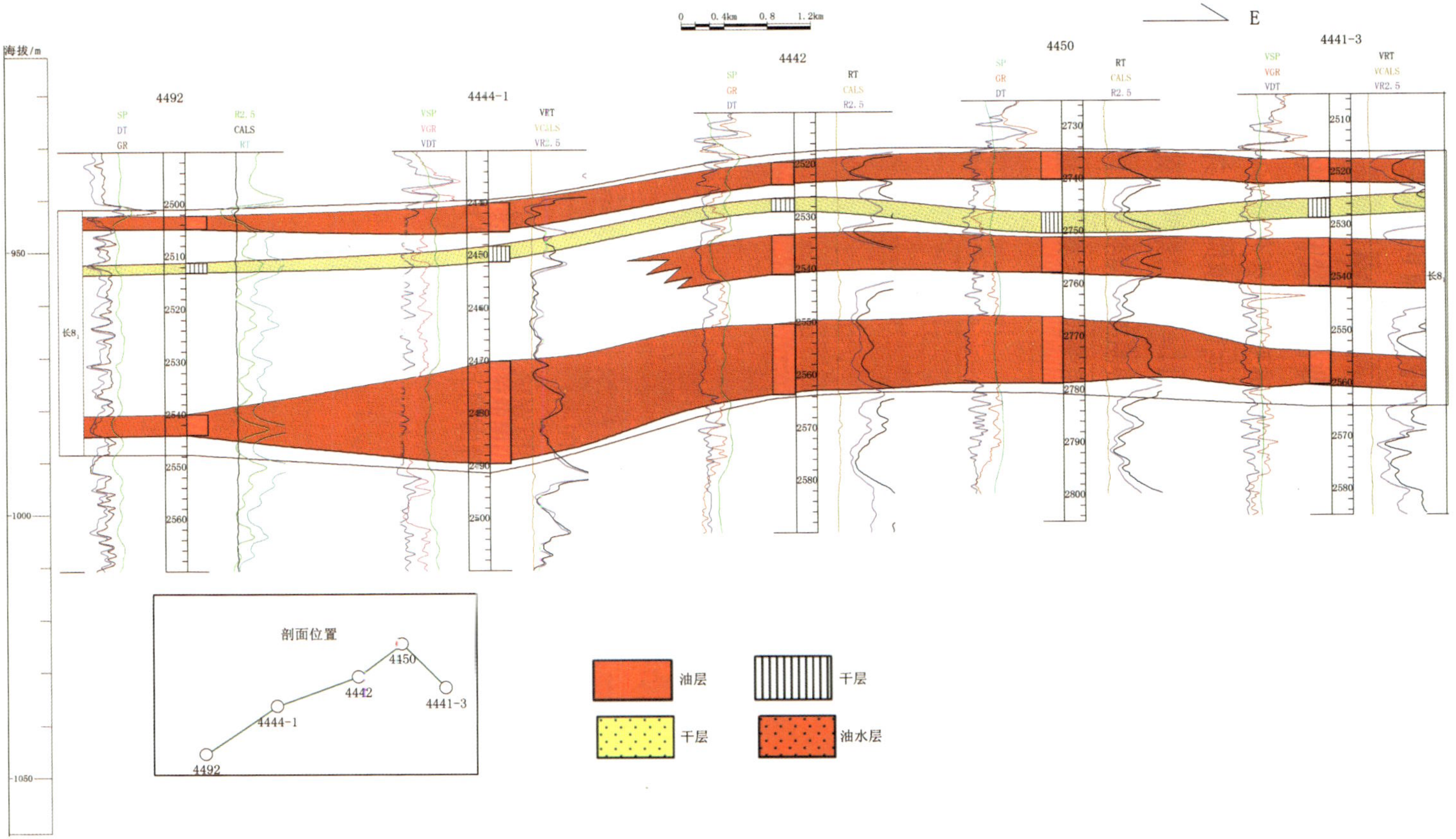

图5－21　定边油田定4492—定4441－3井延长组长8¹油藏剖面图

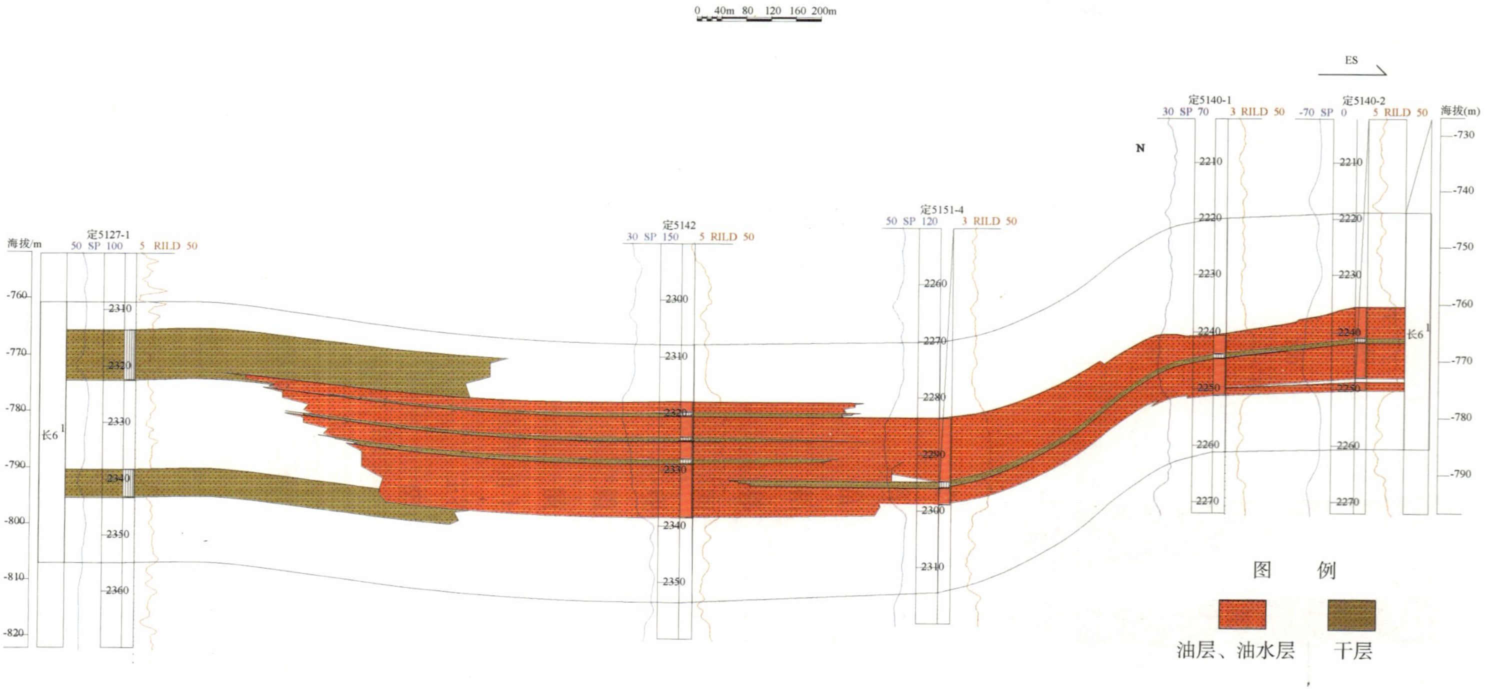

图 5－22 定边油田定 5127－1 井—定 5140－2 井延长组长 6¹ 油藏剖面图

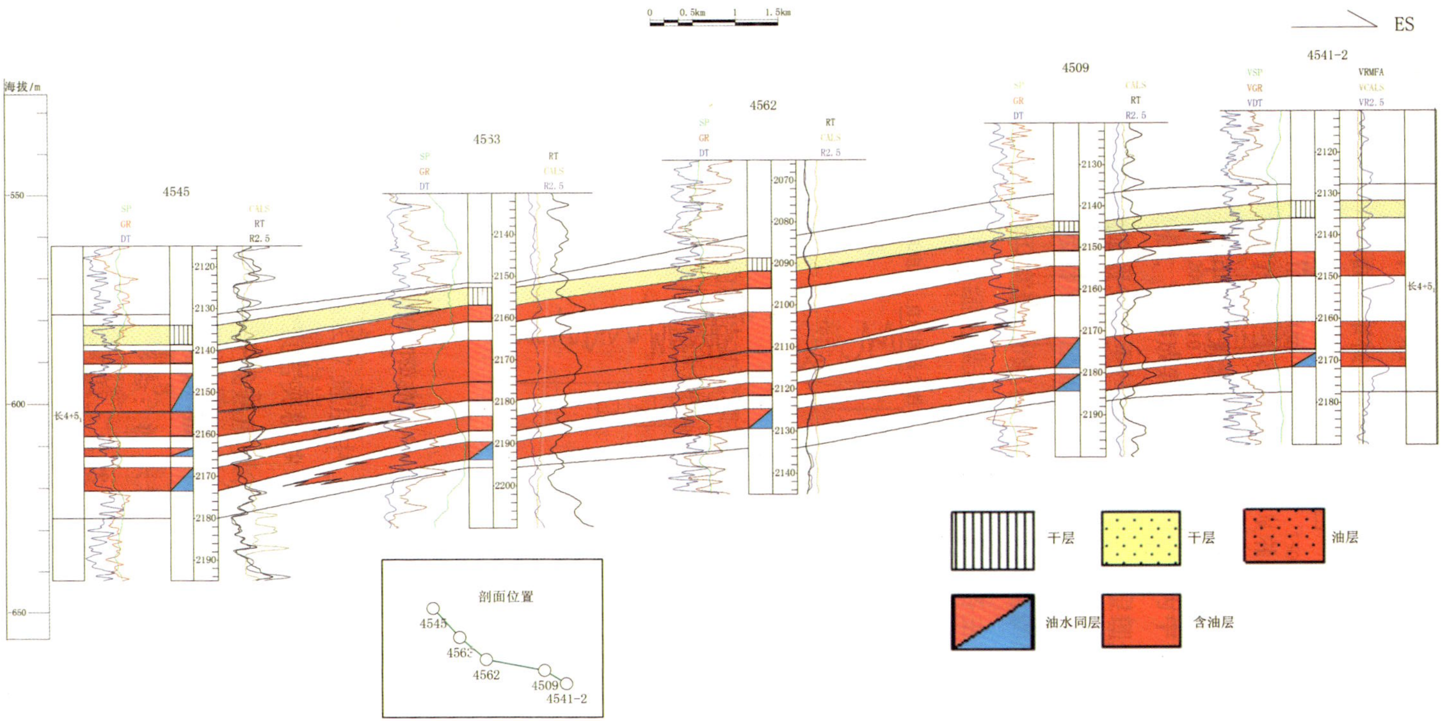

图5－23　定边油田定4545井—定4541－2井延长组长4＋5¹油藏剖面图

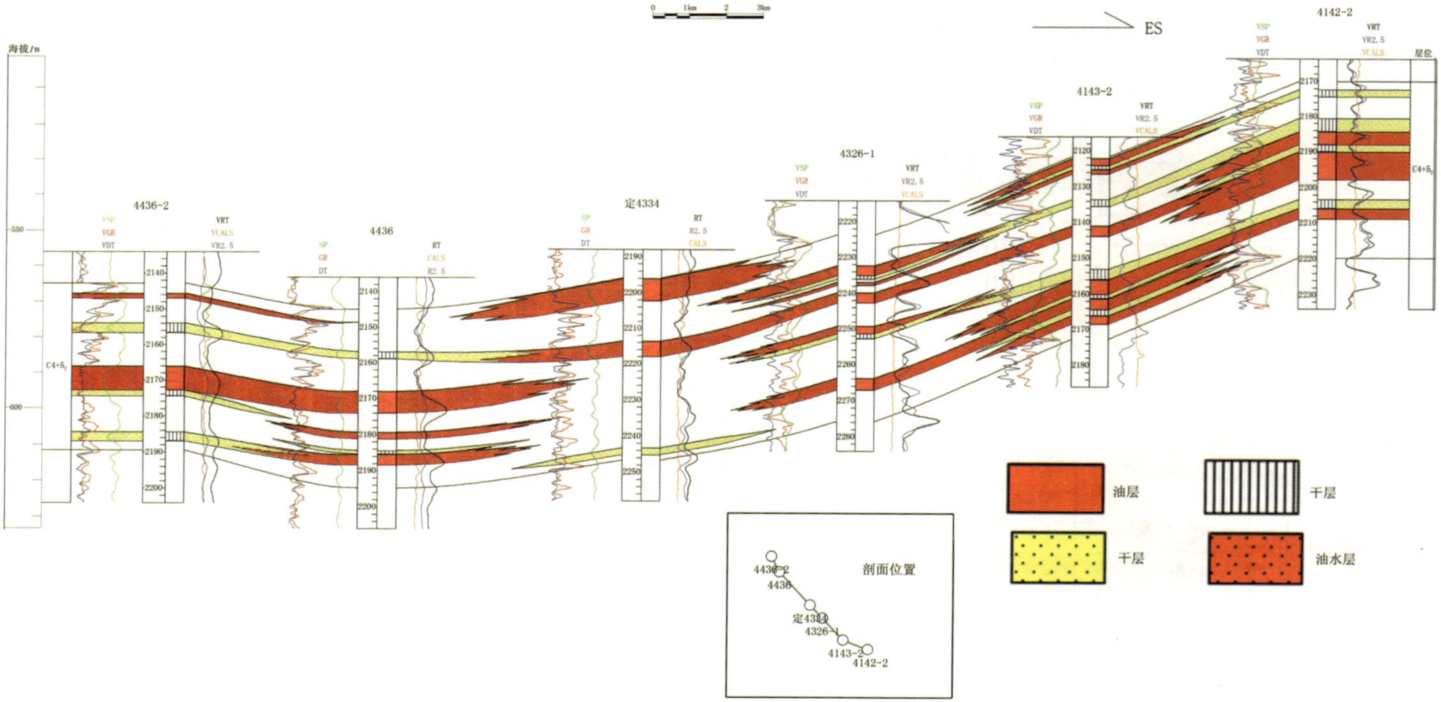

图5-24 定边油田定4436-2井—定4142-2井延长组长4+5^{2}油藏剖面图

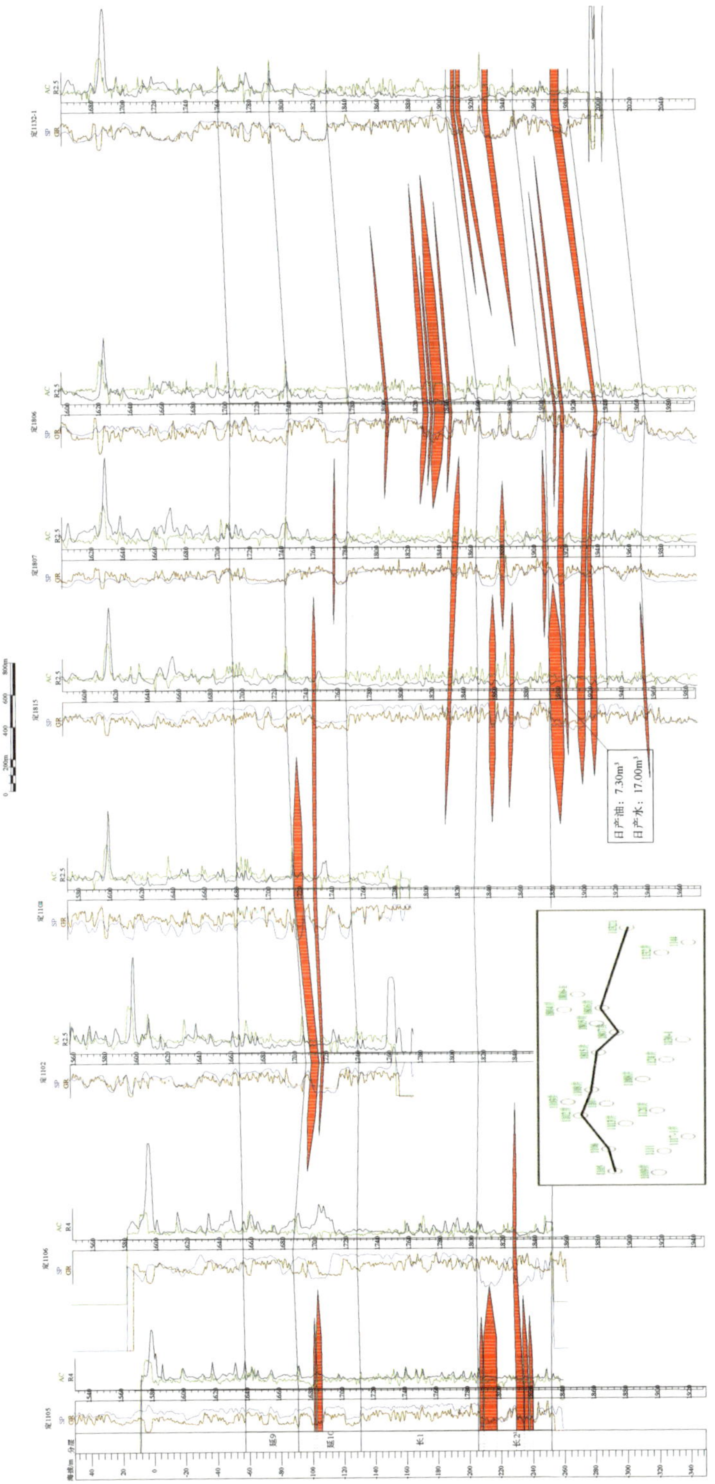

图5-25　定边油田定1105井—定1132-1井长2油藏剖面图

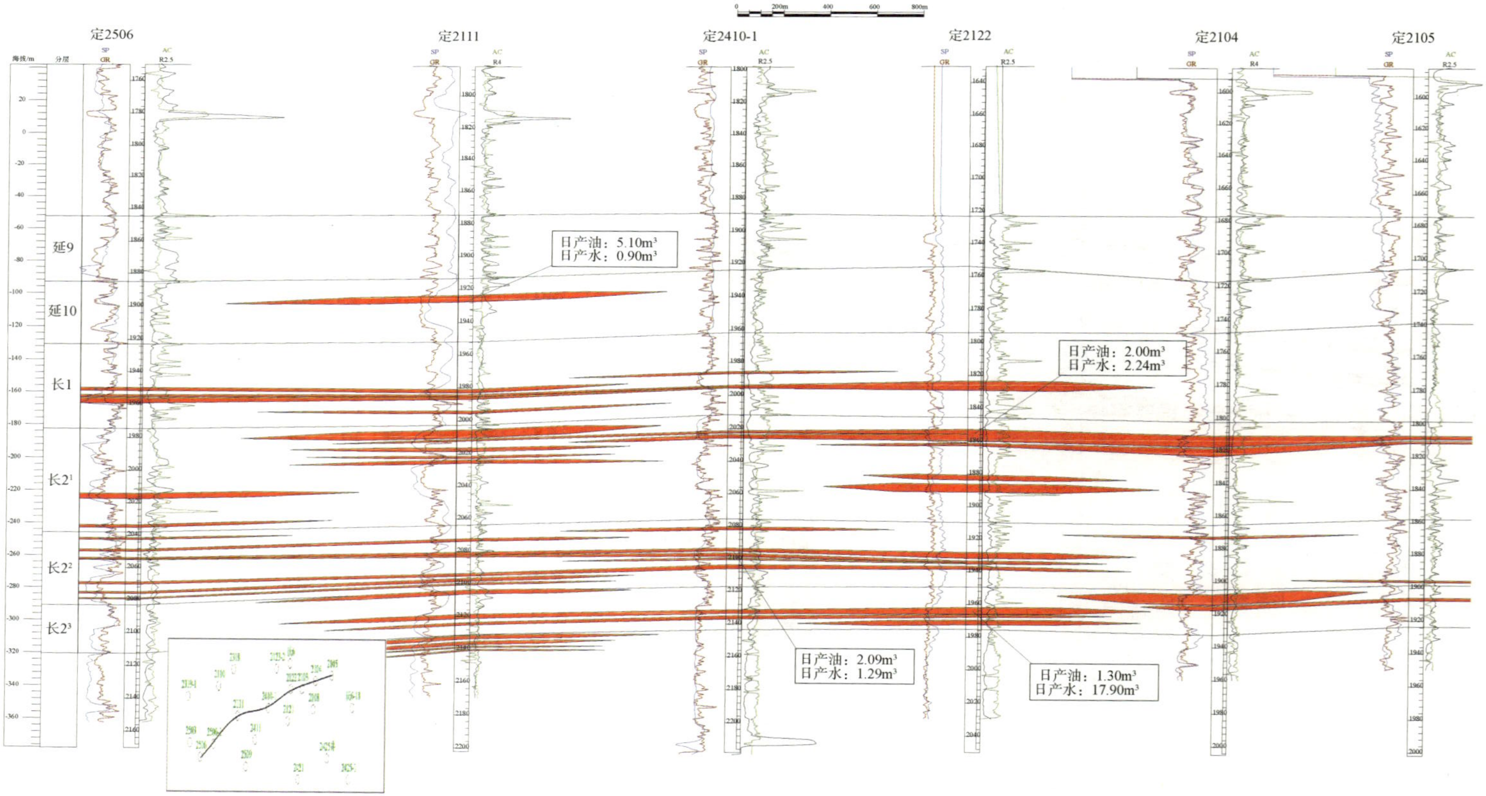

图5－26　定边油田定2506井—定2105井长2油藏剖面图

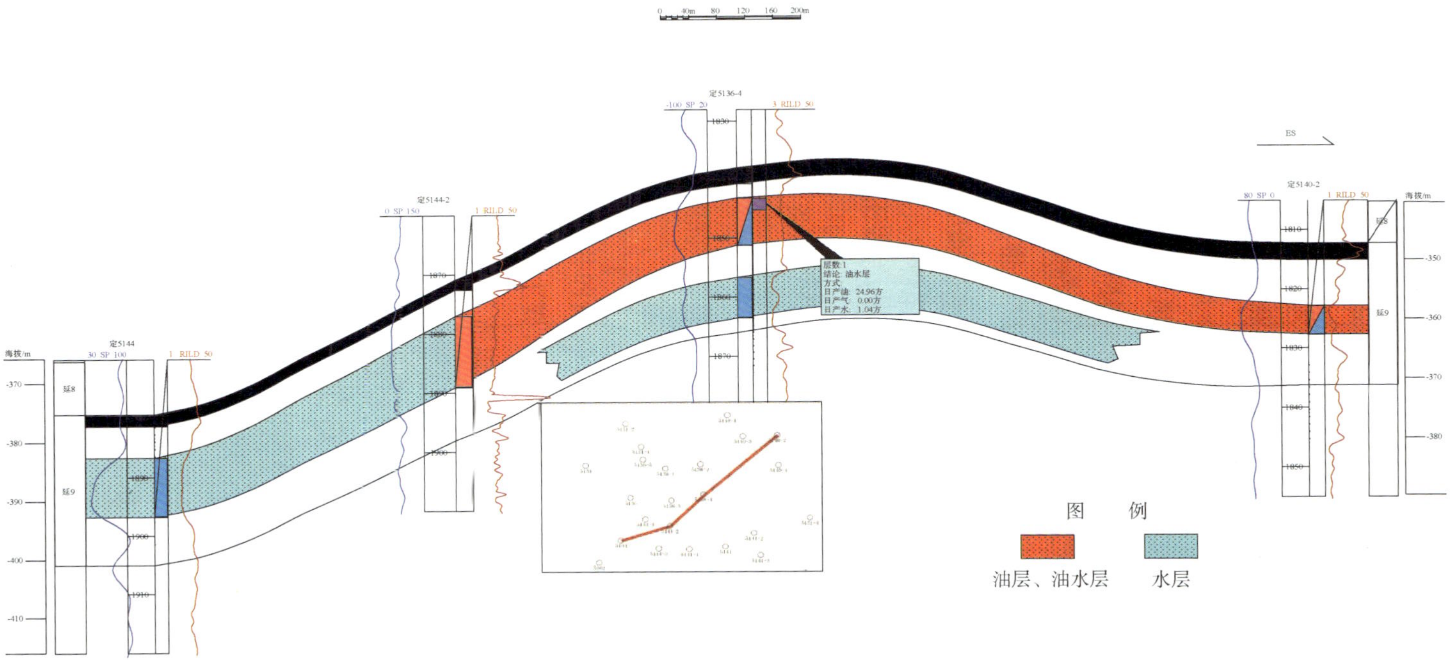

图 5－27　定边油田姬塬区定 5144 井—定 5140－2 井延安组延 9 油藏剖面图

第6章　油藏形成条件及主控因素

油气藏的形成与生、储、盖、圈、运、保六大因素密切相关，不同类型的油气藏，影响富集程度的因素也不尽相同。通过对油气藏类型、空间分布分析，既能研究油藏形成的基本条件，又能揭示某些油藏形成的特殊规律。

根据定边－樊学罗卯地区延安组与延长组主要油层的特点，分别总结了其主要的油藏类型，在此基础上对油气成藏条件、富集规律及主控因素进行了深入的分析；通过对延长组(长7、长8、长9)纵向上最大排烃期过剩压力及平面上压差分布的研究，分析了延长组油气运移的方向等成藏动力问题；在此基础上，分别对定边－樊学罗卯地区延安组和延长组成藏模式进行了总结。

6.1　延安组油藏形成条件

6.1.1　油层特征

1. 储油物性中等，油层均质性差

通过对本区延10油层段物性资料研究表明，马坊地区以延10油层段为主，总体上该区储油物性普遍具有中等到强的非均质性。平面上由于沉积相带的控制，渗透率变化也较大。如马坊地区延10油层平均渗透率一般为 $4.4 \sim 160.4 \times 10^{-3} \mu m^2$，红井子地区延10油层平均渗透率一般为 $10 \sim 200 \times 10^{-3} \mu m^2$。

2. 油水分异具有较强的不平衡性

本区属陕北斜坡、天环坳陷及其结合部，地层倾角各分区不一样。马坊东地区相对平缓，向西至王家场及侯家河、马坊地区一带相对陡一些，加之后者有一些断层出现，所以油水的分异在各区具有明显差异。在西部由于倾角的变化引起重力分异和断层的通道作用引起负压反吸，从而造成油水分异相对明显，而马坊地区相对倾角底，构造平缓，油水重力分异稍差一些。另外由于沉积相带的侧向变化也使得岩性孔隙分布不均，油层连通性能变差。

6.1.2 油层分述

1. 延 10 油层

延 10 油层是本区主力油层之一，油层厚度较大，分布面积广。部分地区单井产量高。延 10 期区内发育多条北东向、北西向三级河道，河道砂体砂层厚度大，横向延伸性好，油气显示普遍。由于受沉积水体、物源、古地形及今构造的影响，其油层物性、含油性均有一定的差别。

1)定边 – 东红庄 – 马坊地区

基本上各井都能观察到含油显示。本区砂体主要由延 10 早期辫状河心滩及晚期曲流河边滩构成。砂体单层厚度大，大多在 15m 以上。砂岩粒度由下向上呈现由粗变细的正韵律。砂岩粒度普遍较粗，但分选程度普遍中等到差，颗粒主要由石英、长石，粒间为高岭石、伊利石、黏土杂基和方解石构成，偶见铁方解石及白云石。孔隙主要为粒间孔及粒间溶孔。因此，该区延 10 油层物性普遍好 – 中等。平均孔隙度 >10%，渗透率在(0.5 ~200) $\times 10^{-3}\mu m^2$之间。本区总体来说延 10 油层多为中上部砂体，是由于延 10 早期属一种急流的辫状河沉积，砂体分选较差，夹之砂岩颗粒中有许多黏土及碎屑原杂基充填，使之孔隙的连通性变差。而向上随着谷地的充填夷平，河流类型逐渐演化为曲流河，分选逐渐变好，均质性增强，储油性能也随之增强。但是曲流河的摆动性强，为砂体追踪带来一定困难。另外曲流河的侧向迁移使得同一砂体内有时也能见到强的非均质性。

2)新安边地区

延 10 油层分布不均匀，主要集中在定边油田定 6192 井区，本区沉积主要为分支河道沉积，加之部分地区缺失延 10 地层，从而为岩性的侧向尖灭奠定了基础，易形成岩性油藏。本区砂岩的分选性普遍比定边地区好，主要为中粒石英和长石、石英砂岩。平均渗透率 200.45 $\times 10^{-3}\mu m^2$，平均有效砂体厚度 5 ~8m。

2. 延 9 油层

本区属一种介于曲流河及网状河之间的沉积，总体看为曲流河，但就单层砂体沉积环境来说是一种网状河。延 9 油层主要分布在马坊、红井子、王家场区域，孔隙度在 13% ~20% 之间，渗透率为(4.2 ~635) $\times 10^{-3}\mu m^2$。砂岩胶结物以高岭石、少量伊利石、铁方解石胶结为主，孔隙类型主要为粒间孔及粒间溶孔。

3. 延8油层

延8油层主要分布在王盘山、姬塬、樊学、堡子湾等区域，定边以南由于处于滨浅湖相，砂岩粒度较细，泥岩夹层多未形成工业性储层。而马坊、红井子、王家场等区域处于滨湖沼泽环境，其网状河道砂体发育，所以物性相对较好。延8油层平均孔隙度13.6%，平均渗透率$4.2\times10^{-3}\mu m^2$，毛管压力属偏粗歪度型，从大部分钻探结果来看，延8油藏属于透镜状油藏。

6.1.3 油藏类型

定边地区延安组油藏类型众多，主要有压实构造油藏、顶变遮挡油藏、上倾岩性尖灭油藏、地层超覆油藏、透镜体油藏、致密砂岩圈闭油藏、岩性-构造复合油藏等类型(据杨俊杰，2002)，但主要以压实构造油藏、透镜体油藏、上倾岩性尖灭油藏和岩性-构造复合油藏为主。

1. 压实构造油藏

构造油藏是研究区重要的油藏类型之一，虽然延10、延9、延8油层大部分受岩性控制较为明显，但富油区域大多都分布在构造相对较高的位置，而背斜带两边较低部位基本上不含油(图6-1)。

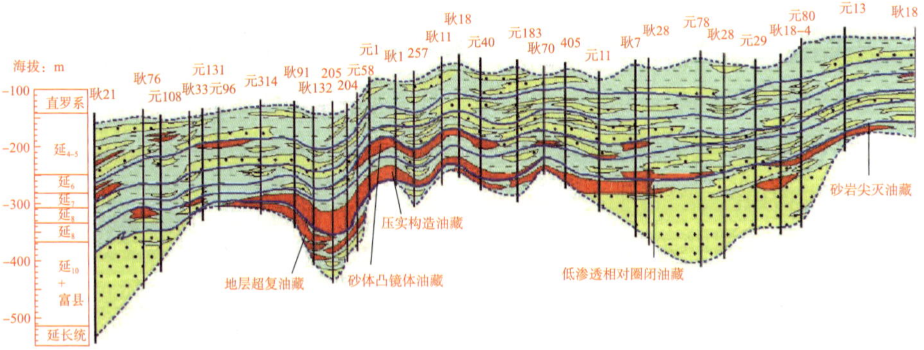

图6-1 定边地区侏罗纪延安组油藏类型(据杨俊杰，2002)

2. 顶变遮挡油藏

砂岩顶部发生相变，使砂岩顶面参差不齐，在构造上倾方向相变的泥岩对油气的运移起遮挡作用，这类油藏主要发育在河道的改道部位及决口作用所形成的砂体中。

3. 上倾岩性尖灭油藏

在砂层的上倾方向发生变薄以至尖灭，阻止油气继续上倾方向运移，则形成这类油藏。由于在河流相中砂岩的岩性尖灭非常普遍，如果砂岩的尖灭部位正好在构造上倾方向，就有可能形成这类油藏。

4. 地层超覆油藏

此类油藏多出现在延长组顶和富县组顶两个侵蚀面上，其实质属于一种复合油藏，在富县组和延 10 砂岩的上倾方向有相对“高位”的遮挡，这种遮挡便是不整合面。此外，不整合面也是油气藏运移的重要通道之一。

5. 透镜体油藏

此类油藏在古地貌控制的河流相中分布较多，油藏面积较小。储层多呈透镜状分布，砂体一般被泥岩所包围。

6. 致密砂岩圈闭油藏

此油藏的形成与成岩的非均质性有关。河道的摆动及水流能量的变化势必引起曲流砂坝的侧向加积，当较多的粉砂或泥岩出现在沉积砂体中，压实作用就是会使孔隙量大大降低，从而形成致密带，对油气的侧向运移起到遮挡作用。

7. 岩性 - 构造复合油藏

此类油藏在研究区是最重要也是最常见的油藏类型之一。研究区河流相的岩性变化是比较普遍的现象，压实构造在残丘上也相对比较发育，两者的结合就容易形成岩性 - 构造油藏。

6.1.4 油藏分布及主控因素分析

1. 沉积相的分布与油藏的关系

沉积相是决定油藏形成的最根本因素，沉积作用决定了砂体的形态、厚度、砂体的物性、砂体的空间配置等。

1) 辫状河道心滩砂体与油气的关系

在富县及延 10 期早期，辫状河砂体比较发育，由于水态急流分选性较差，在碎屑颗粒之间多充填泥质，导致孔隙的连通性变差，所以多出现油水层或水层。此外，主河床水动力条件较强，地下水交替频繁，虽然局部砂体有较高的孔隙，但油气保存条件也相对较差，所以仍为水层。一般在河床相心滩部位发育的砂体，随着早期古地貌的隆起，末期在差异压实下所发育的压实构造顶部常见到好的油层，但砂体往往以块状单砂体出现，易造成上下油水层连通而出水。延安组油藏的形成与古河道砂体有密切的关系。研究区延10期属河流相沉积，区内发育两条古河道(北西向宁陕古河与北北西向的蒙陕古河)，在古河道侧翼又发育次一级的支河道。支河道具有砂岩厚度适中(40~60m)、物性较好、圈闭(岩性)和保存条件明显优于主河道的特征，因此往往成为油气聚集的场所。定边地区目前所发现的延10油藏正好处在宁陕古河侧翼、近南北向展布的分支河道上(图6-3)。

2)边滩相与油藏的关系

曲流河边滩相是本区主要储集体之一，主要分布在主河床及支河床两侧，沿河流走向呈裙边状分布，下部为含砾砂岩，岩性向上变细。边滩沉积由于河流水动力条件的变化，边滩往往成为活动性砂体，这样砂体中的颗粒反复被淘洗，使本相带中的结构成熟度与成分成熟度均有提高。例如本区延10发育的支河谷边滩由于远离主河道，地下水交换较弱，所以油气保存条件较好。同时边滩砂体的侧向迁移也易形成上倾方向的岩性致密遮挡，从而形成岩性圈闭。如定41井区延10油层平均厚度3.96m，油水层1.8m，平均日产油12.2t，平均孔隙度16.6%，平均渗透率$96.2\times10^{-3}\mu m^2$。

3)滨湖沼泽相与油藏的关系

滨湖沼泽相发育的储集层是本区另外一种有特色的储集体，主要发育在延9、延8期网状河道的储集砂体。延9分流河道砂体以定边和马坊地区最为发育，定边地区延9储集体在物性及油水分异程度上相对比延10河道砂体好，滨湖沼泽网状河道砂体沿河道方向上砂体的延伸性较好，而向河道两侧迅速减薄，并相互变为泥岩为油藏的形成提供了遮挡条件。因此，延9、延8期网状河道往往是油气聚集的场所(图6-4、图6-5)。例如定边地区定43井区延9油层平均厚度3.5m，油水层0.9m，平均日产油21.75t，平均孔隙度17.9%，平均渗透率$156.5\times10^{-3}\mu m^2$。如坊23井孔隙度13.7%，渗透率$4.5\times10^{-3}\mu m^2$，平均日产油10.75t。

2. 构造与油藏分布的关系

压实构造由差异压实作用所形成，也就是说必须有相当于古潜山之类的相对高的地形才能形成，所以前侏罗纪古地貌形态对压实构造形成起着至关重要的作用。研究区发育的宁陕古河，其东西两侧又被许多支河谷所切割，形成了许多沟谷交错的古地貌，这样的古地貌有着极复杂的地质背景，水系的流向在盆地呈一种近 X 型的形态，这种形态的前提是相对低地分布的形态或是易剥蚀区形态。延长组末期盆地所沉积的岩性多以灰绿色泥岩夹粉砂岩为主，其抗风化能力应该近似，但是当岩石中含有较多的裂隙，加之构造应力作用的不均衡性，含裂隙并处于相对低地的岩石则易受到水流的冲刷，从而愈演愈烈，才得以形成主河道。至于支河谷部分是由河道的迁移所形成。古水系的分布成为本区各种古地貌单元划分的格架，如高地、丘咀等。各构造的大致形态与古高地形态基本接近，如马坊构造富县组。古地形是构造形成的基础，但也不能忽略构造运动对于古地貌形成的作用。

3. 油气运移与油藏分布关系

1）裂隙的发育

断层作为油气运移通道之一被大家所公认，在王家场、侯家河及马坊北区储油层位高达直罗组，在压力递减、运移阻力加大、能量逐渐消耗的过程中，断层无疑为泄压提供了一种通道（图 6－2a）。裂缝在研究区西部比较发育，本区裂缝以垂直裂缝为主，裂面倾角高，裂缝宽窄不一，缝内充填钙质及泥质，纵向上自下而上随着地层变新，裂缝发育程度增强。裂缝和断层为油气的二次运移提供了通道，若遇较合适的圈闭或储集体，就会形成次生油藏。

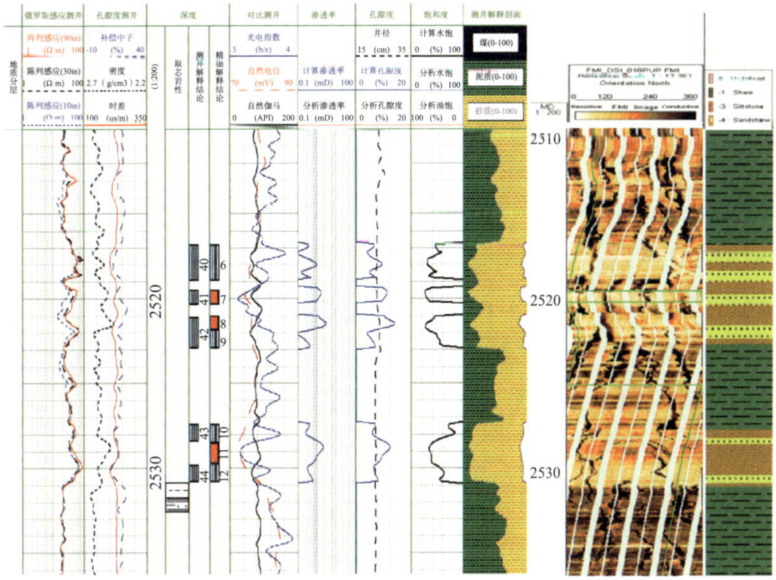

图 6－2a　定边地区黄 39 井地层裂缝

2)古河谷的切割程度

在研究区发现的侏罗纪河道砂岩油田，尤其是红井子、马坊、大水坑油田都分布在二级及三级古河谷的两侧，由此来看，富县及延安组的古河谷切割对油气的运移具有重要作用。延长世末，印支运动使盆地形成了西南高、东北低的地貌格局，造成延长组上部地层的剥蚀西南强东北弱。地形高差大，下切程度深的延长组残留的顶部层位相对较老，主要以粗富县为特征。地势较低部分剥蚀作用弱，以侵蚀作用为主(图6－2b)。

图6－2b　延安组期水下河道

（据宁夏地质矿产局资料，1987）

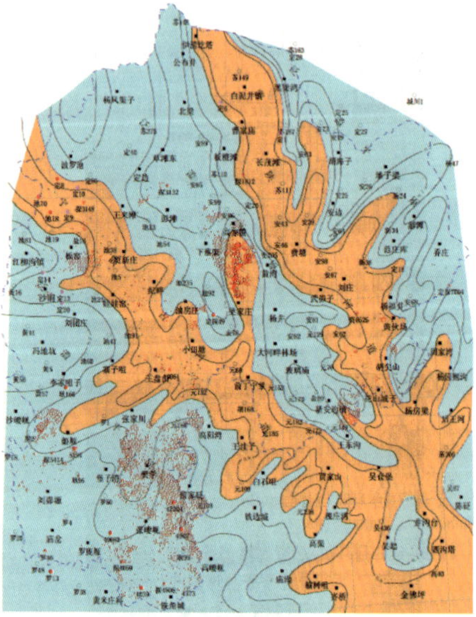

图6－3　延10沉积相与油藏分布关系图

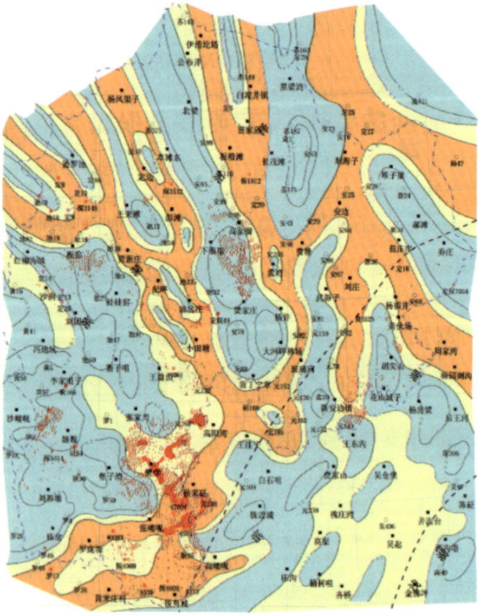

图6－4　延9沉积相与油藏分布关系图

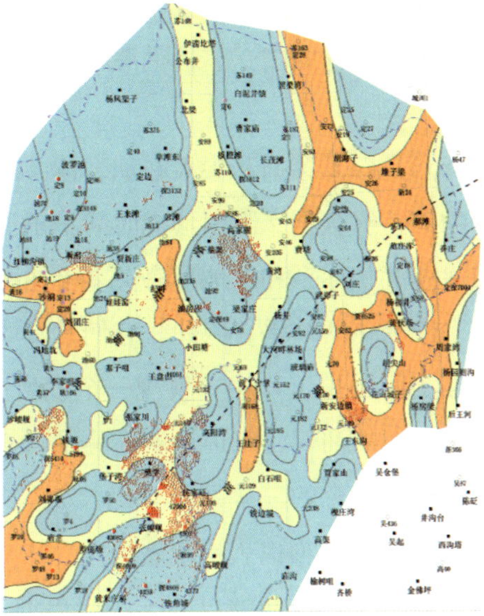

图 6－5　延 8 沉积相与油藏分布关系图

6.2　延长组油藏形成条件

成藏条件研究是建立在盆地地层、构造、沉积、储层、生油、运移、保存和圈闭等专题研究的基础上而开展的综合性研究。针对定边地区勘探现状，结合历年石油地质研究成果，对油气聚集机理进行了深入探讨，延长组油藏成藏条件研究主要包括油藏类型、油藏控制因素分析、油藏形成模式等几个方面的内容。

6.2.1　油藏类型

研究区三叠系延长组油藏类型主要为岩性油藏，这类油藏主要受沉积体系所控制。按照油藏成控因素，可进一步细分为四大类油藏：岩性油藏、构造一岩性油藏、地层一岩性油藏、差异溶蚀油藏。

长 3 油层组及其以上地层中发现的油藏通常属于构造－岩性油藏，其构造形成与压实作用有关；长 6－8 油层组地层中发现的油藏主要属于岩性油藏；构造油藏所占比例较少，主要分布在盆地西缘断褶带地区。在古湖岸线附近的湖岸砂洲、古河道和古三角洲的河道砂层，当它们上覆不渗透泥岩时，可形成砂岩体岩性圈闭；当它们在横剖面上呈透镜状，在平面上则呈不规则的条带状延伸。在陆相沉积盆地当中，由于岩性与岩相频繁的变化，形成了类型众多的相互叠置的储集岩体，往往会形成多种类型岩性圈闭。岩性油藏可进一步分为储集层上倾尖灭油藏与透镜状岩性油藏。

这两类油藏的共同特点是：①穿插和尖灭在油岩体中的储集体，既有充足的油气源，还有还有良好的储盖组合；②圈闭形成时间早于油气初次运移，利于油气聚集成藏；③分布与河湖沉积体系和古地形有关。上述圈闭在成因上都和沉积环境的变化有关，都是岩性变化的结果。因此，它们常常成群成组的出现，形成较大的多层岩性圈闭。在实际勘探工作中，发现一个砂岩尖灭体或透镜体油藏，就可能在其附近找到更多类似的油气，定边地区三叠系延长组中已经发现的油气藏主要分布在三角洲沉积体系发育的三叠系延长组长 2、长 3、长 4 +5^2、长 6^1、长 6^2、长 8 油层组中。主要油藏类型以岩性油藏为主，按其圈闭条件可分为岩性油藏、构造 – 岩性油藏、地层 – 岩性油藏以及由于成岩期及成岩后生作用期间，由于成岩自生矿物如浊沸石、碳酸盐岩胶结物等的差异溶蚀作用，使得非渗透性岩层中的一部分变为渗透性岩层而形成的成岩圈闭油藏。

1. 岩性油藏

岩性油藏中的砂岩上倾尖灭油藏是油气聚集在沿上倾方向尖灭或渗透性变差的圈闭当中而形成的。上倾尖灭圈闭的形成是因为在陆相湖盆中各种类型砂岩体的前缘带与大型隆起或局部构造圈闭构造等高线相交的。不同级别的构造与砂岩体的不同部位决定了这类油藏的分布和规模大小。复合砂岩体与斜坡带或隆起带相结合，使砂层组上倾尖灭线与构造等高线相交形成的上倾尖灭油藏，具有含油面积大，含油层组多，富集程度高的特点(图 6 –6)。此油藏在研究区延长组主

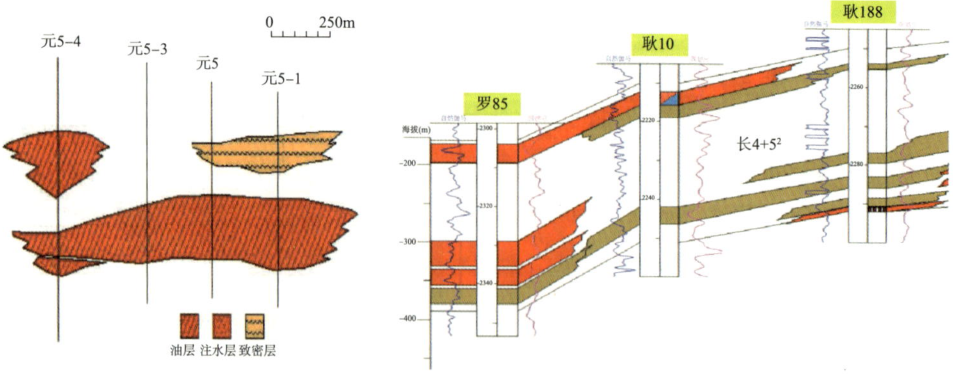

图 6 –6　定边耿湾地区岩性尖灭油藏

要存在于长 6 与长 4 +5 的三角洲平原亚相的分流河道微相和三角洲前缘亚相的水下分流河道微相中。砂岩体受河道控制，呈北东 – 西向展布。砂体在横向上往往为河间洼地或分流间湾微相所形成的泥岩相隔。本区樊学油藏就是一个岩性油藏。透镜体油藏：该油藏亦是岩性油藏的一种，是由透镜状或其他不规则状储集层，其周围被不渗透性地层所限，组成圈闭条件而形成的油气聚集。最常见的是泥岩层中的砂岩透镜体，透镜体油藏的规模一般相对较小，它可以是泥岩中的砂岩透镜体，也可以是低渗透性岩层中的高渗透带。含油层位为延长组三角洲沉积体系河道及河口坝砂体，油藏置于长 7 烃源岩之上，原始地层压力较低、油质较轻，反映了原生油藏的特点(图 6 –7)。透镜体岩性油藏的另一种情况是在低渗透岩层中的高渗透带透镜体油藏。在这种类型的储集层中渗透性变化很大，油气聚集在渗透性好的部分，而渗透性不好的部分则为水所充满。这种油藏在形状和分布方面都是很不规则的，通常在构造较高部位，油气相对富集。

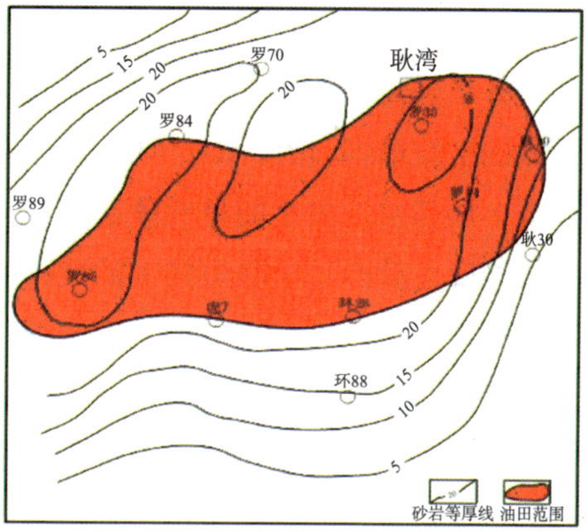

图 6 –7　定边地区元 5 井区透镜体油藏

2. 构造 – 岩性油藏

这类油藏主要分布于定边地区延长组长 2 中。其成藏背景是上倾方向的岩性尖灭或岩性致密遮挡与鼻状构造相配合形成的一类油藏(图 6 –8)。这类油藏可分为两种类型：一种是河道砂体走向与鼻状构造走向有一定的夹角，在砂体与构造交汇部位形成局部高点。这种形态在河道砂体的两侧由于岩性变化而形成岩性遮挡，在鼻状构造的两翼由于构造的降低为构造圈闭，形成了构造 – 岩性油藏。如东仁沟地区定 3361 井区的长 2^1 油藏。油(气)在经过垂向和侧向运移到达长 2 油层组时，量已经很少，在岩性逐渐致密遮挡条件或构造控制下，从而形长 2 局部富集的岩性 – 构造油藏。另一种是

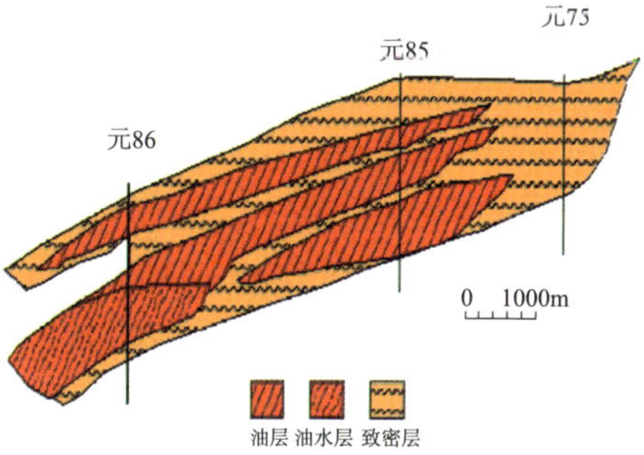

图 6 –8　定边地区元 85 井区构造 – 岩性油藏

构造的局部高点偏离河道砂体的主体带，偏向构造上倾方向的河道一侧，在上倾方向为岩性控制，在下倾方向为构造控制，这种油藏规模一般较小。

6.2.2 油藏成藏条件研究

1. 构造条件

三叠系延长组油藏大部分分布在陕北斜坡构造带，该斜坡带区域上是一个东高西低的平缓单斜(坡降 10 ~ 15m/km)，在此之上发育着一系列低缓鼻褶带，在鼻褶带上局部发育较小的鼻状隆起。产生构造的原因：延长组地层受到南北方向应力的挤压之后产生了规模较大的成排的鼻状构造；二是延长组地层砂泥岩分布受沉积相带的控制而分布不均，在差异压实作用下形成差异压实构造，这种构造沿河道的方向发育，规模相对较小；三是复合鼻状构造。前两种作用共同产生了的局部高点或平缓台阶区。这三种构造都是油气富集的有利区带。三叠系延长组油藏的形成取决于储层与生油区油源的沟通条件、储层物性的好坏、局部构造及岩性良好配置以及盖层的条件。河道与河口坝砂体发育，一二类成岩相分布广、局部圈闭数量多、油源丰富、河道砂体的切割叠合与垂直微裂缝的存在，为石油的运移、聚集成藏提供了良好的条件，在孔隙发育、物性好、构造有利的储层为油气富集区。

2. 烃源岩条件

定边长 7 与长 9 地层沉积时正处于湖盆发展期，深湖相、半深溯相沉积发育。暗色泥岩厚度一般约为 20 ~ 60m，其中富含介形虫。长 7 烃源岩 TOC 分布 2.15 ~ 7.25，平均值为 5.76，氯仿沥青“A”含量分布在 0.359% ~ 0.761% 之间，均值为 0.485%；产油潜量为 14.04 ~ 21.3mg/g，均值 17.56mg/g，显微组分主要以腐泥组为主，其含量为 86% ~ 93%，干酪根属于腐泥型，有机质类型为 II_1—II_2，为优质烃源岩，成熟度多数分布在 0.88 ~ 1.01，为成熟烃源岩。长 9 烃源岩 TOC 分布于 1.19% ~ 8.64% 之间，平均 TOC 为 5.03%，氯仿沥青“A”含量分布于 0.4724% ~ 1.2997%，平均沥青“A”含量为 0.8603%；$S_1 + S_2$ 分布于 4.12 ~ 27.03mg/g，均值为 15.94mg/g。干酪根富类型为腐泥型，为优质烃源岩，长 9 的 R_o 值位于 0.85% ~ 1.08% 之间，达到了成熟生油高峰阶段，具备很好的生烃潜质。

3. 储集条件

研究区三叠系储集岩主要为碎屑岩。在三叠纪时期，发育有多种类型的砂体，由于南北构造活动的差异，形成了盆地北高南低坡度和缓的古地貌格架。三角洲界限清楚，其间发育的河道砂体、河口坝和前缘席状砂等砂体纵向上相互叠置，横向上连片，形成了三叠系碎屑岩储层的主体。根据储层物性特征研究，储集层原始物性相对较好，在后期成岩作用过程中，尤其是压实胶结作用，不利于原生孔隙的保存；同时，三叠纪末期发生的长时间的抬升剥蚀，以及大气淡水淋滤的作用，促使延长组长 2 储层形成第一个次生孔隙发育带；随有机质热演化更加速了次生孔隙的产生，在长 4 +5 和长 6 地层中也形成了次生孔隙发育带。因此，本区砂岩储层具有较好的储集条件，为油气提供了大量储集空间。

4. 生储盖组合条件

1）储盖组合

（1）延长组长 8、长 9 段储盖组合：研究区在长 8、长 9 时期为浅湖相湖盆环境，发育的厚层状暗色泥岩与伸入泥岩中的定边三角洲沉积体系砂体，形成良好的储盖组合。另外，长 7 为全区良好的烃源岩发育层，由长 7 烃源岩生成的油气可以向下运移至长 8、长 9 储集岩中形成良好的油气藏，本身也可以成为长 8、长 9 盖层。

（2）延长组长 6、长 4 +5 段的储盖组合：至长 6 沉积时期，伴随着水退过程研究区发育了分布较广的三角洲砂岩体，这些三角洲砂岩体可形成良好的储集层，与此同时长 4 +5 又发育了区域性分布的泥岩，可作为长 6 砂岩体的盖层；由长 7 烃源岩生成的油气垂向向上运移至长 6、长 4 +5 储集层中便形成油气藏。因此，从整体上看，长 6 作为良好储层，长 4 +5 段作为良好的盖层而构成了区域性的储盖组合。

（3）长 2 的储盖组合：研究区长 2 时期，岩相与岩性在横向上变化较大，纵向上多套砂泥岩间互分布，本身就形成了较好的储盖组合。另外。研究区部分长 2 储层受到剥蚀，但延安组泥岩覆盖其上，也形成了较好的储盖组合。

2）储盖组合与生油层的配置关系

研究区储盖组合按其与生油层之间的配置关系主要有以下三种形式：

（1）自生自储式：研究区长 7 段储盖组合，位于有效生油层系中，由于储集岩相变成为烃源岩，则储集层中油气主要沿渗透层、裂缝等运移通道侧向和垂向运移方式在长 7 地层中聚集成藏。此类油藏在定边地区也有发现，但数量较少。

（2）下生上储式：研究区主力烃源岩为长 7 段，上覆的长 6、长 4 +5、长 2 等储集层通过叠置的砂体（断层或垂直裂缝）向上间接或者直接获得下伏烃源岩层中的油气而聚集成藏，形成下生上储正常式的生储盖组合。此类油藏在定边地区为数较多。

(3)上生下储式：来自长 7 烃源岩生成的油气在过剩压力的驱动下，通过叠置的砂体(断层或垂直裂缝)也可向下运移至长 8、长 9、长 10 储集岩层中聚集成藏，从而形成上生下储式储盖组合。在近几年的延长组下组合勘探中不断地得到发现。

5. 有机质成烃演化与沉积演化及圈闭条件的有利配置

据有机质成烃演化和盆地模拟研究认为，鄂尔多斯盆地中生代以来的古地温场的变化是渐变与突变相结合的演化模式(据何自新，2003)；在不同阶段的古地温的演化对烃源岩的热成熟作用是不同的(据任战利，2006)。根据盆地地热史分析，研究区三叠系主力烃源岩在晚侏罗世沉积末期即开始进入生油窗，至早白垩世中晚期开始进入生排烃高峰期，晚白垩世生烃作用急剧减小，进入油气保存阶段(据任战利，2008)。

此外，定边地区延长组沉积时湖盆水体发育的水退水进的多期性及其所控制的沉积条件的差异，形成了多层次、多种类型的圈闭。具有一定成因联系的圈闭在纵向和横向上有机地组合，便构成了不同类型的圈闭带，为油气的聚集提供了有利场所(据李元昊，2008)。

综上所述，研究区长 7 烃源岩生排烃时期主要在早白垩世，三叠系中的非构造类型圈闭，都是在沉积演化过程中同时形成，且都早于生排烃高峰期，亦与生排烃期构成了良好的配置关系，为油气聚集成藏提供了有利条件。

6.2.3 油藏分布与成藏条件关系

1. 烃源岩与油藏分布

(1)延长组主要生油层纵向分布特征：①产油层位多：定边地区发现的主要产油层集中分布在长 6^1、长 6^2、长 $4+5^1$、长 $4+5^2$、长 8^1、长 8^2，其他产油层长 9^1、长 9^2、长 2^1、长 1 只分布在局部区域；而且纵向上产油层符合叠加的区域主要集中在姬塬、堡子湾、王盘山、樊学、新安边等地区。②储量分布中间大，两头小：定边地区目前发现的储量主要集中在长 6^1、长 6^2、长 $4+5^1$、长 $4+5^2$ 油层，占定边探明储量 80% 以上，长 8、长 9、长 2 探明储量约占 10%。探明储量区域主要集中在姬塬、堡子湾、王盘山、樊学等地区。

(2)烃源岩与油藏分布关系。研究区勘探开发实践证明：姬塬、堡子湾、王盘山和樊学油田绝大多数分布在烃源岩厚度 >20m 范围内，生油坳陷对油藏起着不容忽视的控制作用。油藏多出现在烃源岩厚度变薄、生烃强度、排烃强度较低的低势区(图 6－9)。长 6、长 4+5 储层相当发育，厚度较大，物性良好，砂体大面积连片，是大规模油藏富集的场所。

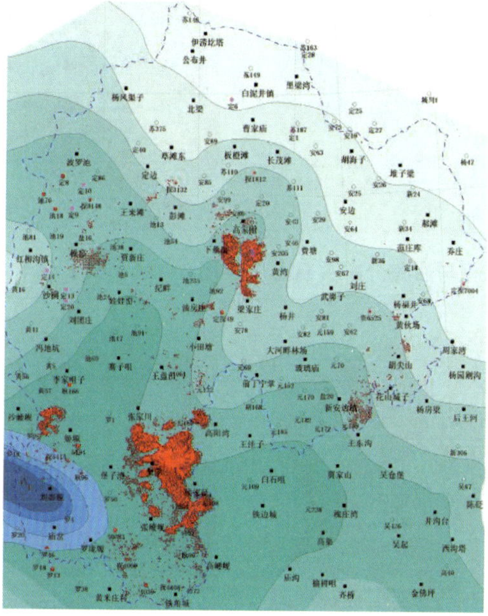

图 6－9　油藏分布与生烃坳陷叠合图

2. 沉积相带与油藏分布

有利的沉积相带是油气富集成藏和大面积分布的重要地质基础，是油气运移聚集最有利的载体。三角洲沉积体系的各个亚相，由于其距离油源的远近不同，在捕获油气的优先程度上存在着明显的差异(据李文厚，2004)。

在三角洲前缘亚相中，水下分流河道，储集性能良好，距离油源近等特征，是油气聚集最有利的相带。因此，在定边地区长 2^1、长 $4+5^2$、长 $4+5^1$、长 6^1、长 8^2、长 8^1 储层发育的三角洲前缘水下分流河道成为最有利相带。另外，延长组从长 9—长 2 是一个湖盆形成、发展至萎缩的历史演变过程，期间也形成了砂岩粒度在纵向上由粗到细再到粗的变化，储层物性也相应发生了变化，纵向上构成较好的配置关系，从而为研究区大面积油藏的形成奠定了地质基础。长 2 油藏与三角洲平原水上分流河道关系密切，目前定边油田在东仁沟、西仁沟及东红庄地区已获得较高的产能(图 6－10～图 6－15)。

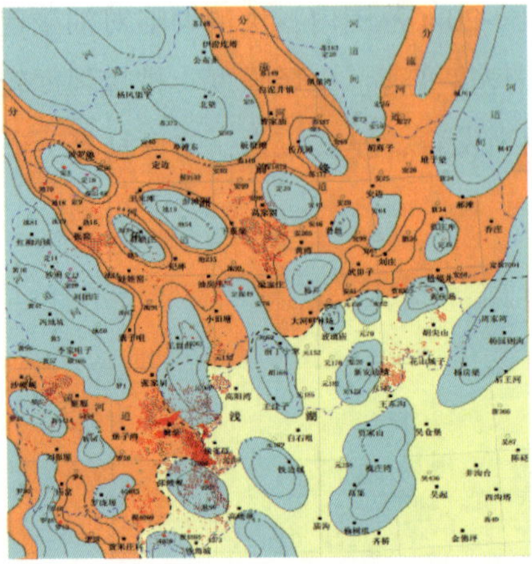

图 6－10　长 8^2 沉积相与油藏分布关系图

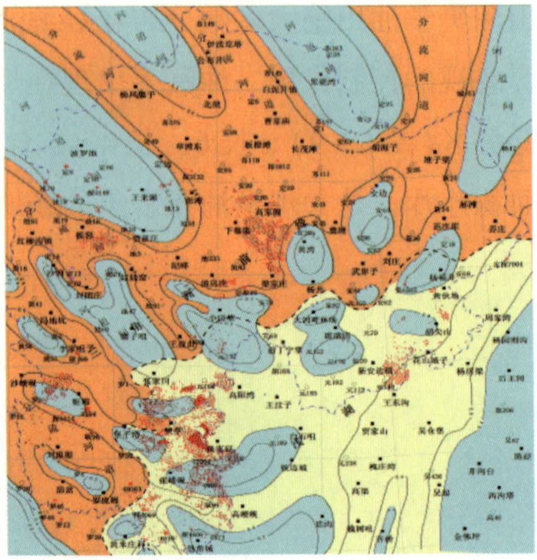

图 6－11　长 8^1 沉积相与油藏分布关系图

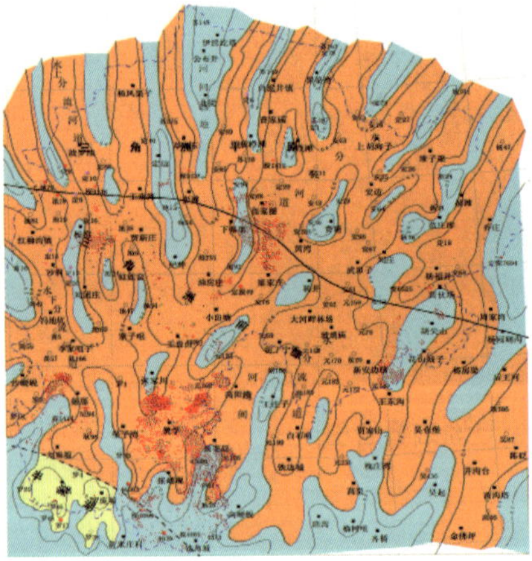

图 6－12　长 6^1 沉积相与油藏分布关系图

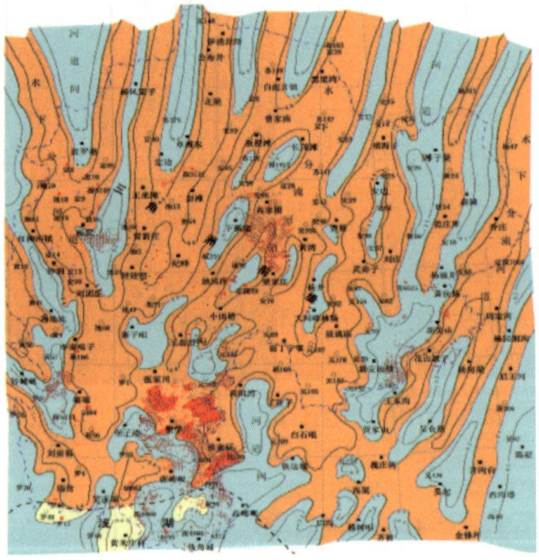

图 6－13　长 4＋5^2 沉积相与油藏分布关系图

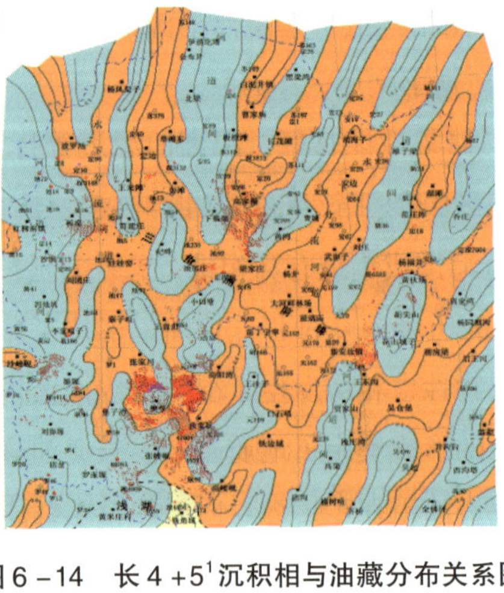

图 6－14　长 4＋5^1 沉积相与油藏分布关系图

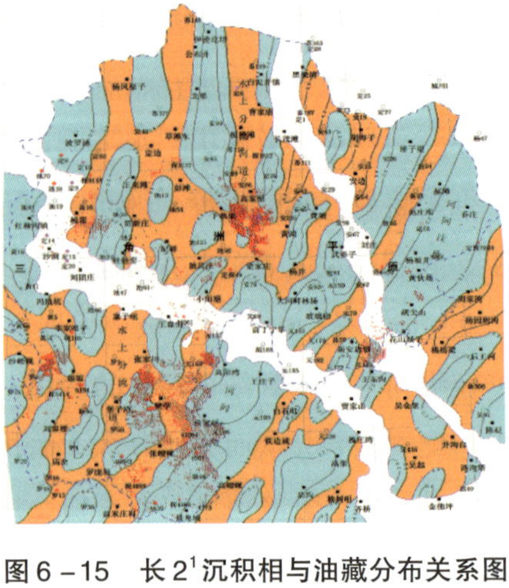

图 6－15　长 2^1 沉积相与油藏分布关系图

6.2.4 油藏高产地质因素分析

油层厚度、储层孔隙度、渗透率、面孔率往往与油藏的高产有密切关系。本书以主力油层长6为例。

1. 油层厚度与油层产量关系

储层发育是油藏大范围、大规模富集的最直接地质基础。通过对长6油层厚度与产量进行统计分析发现，长6油层厚度与产量之间的线性相关性不是非常明显(图6－16)，但仍然存在着产量高的油井油层厚度偏大，而产量低的油井厚度较小的趋势。从表6－1中可以看出，产量越低的井，油层厚度 < 10m 频率越高，产量越高的井(> 10t)油层厚度 > 10m 的频率越大。造成上述现象的原因是储层物性较差、油层中可动烃含量少所致。

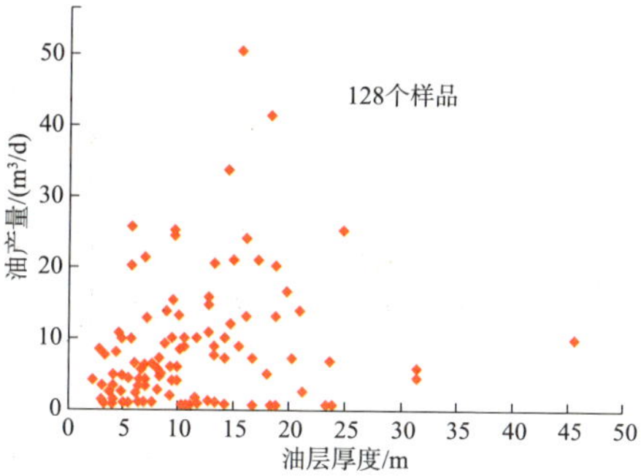

图6－16 延长组长6油层厚度和产量关系图

表6－1 定边地区油井单井产量与油层厚度频率关系表

产量/t	样品数	油层厚度/m		
		<2	2～10	≥10
<5	79	1	85	14
5～10	39	0	85	15
10	41	0	63	37

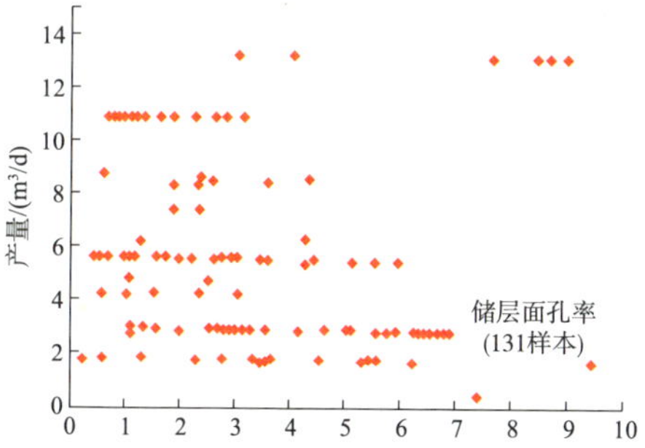

图6－17 延长组长6储层面孔率与产量关系图

2. 面孔率与油井产量的关系

面孔率能反映储层孔隙、喉道的发育程度，是流体介质运移的重要空间因素。本书以延长组长6油层为例。通过对东北三角洲沉积体系中长6油层面孔率与油井产量作散点图，发现两者间无明显线性关系(图6－17)。但是，在东北三角洲沉积体上已经探明的油田中，还是存在着随面孔率增大而产量升高的趋势。定边地区产量 <5t/d 的油井储层面孔率 <7% 的分布频率为 71.0%，面孔率 >7% 的分布频率为 29.0%；而产量 >10t/d 时油井储层面孔率 <7% 的分布频率下降为 63.0%，储层面孔率 >7% 的分布频率则上升为 37.0%（图 6－18、图 6－19、表 6－2）。

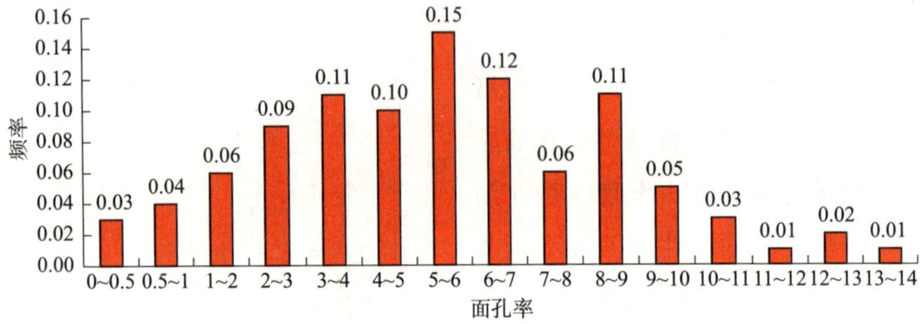

图 6－18　定边地区长 6 产量 <5t/d 井油层面孔率频率图

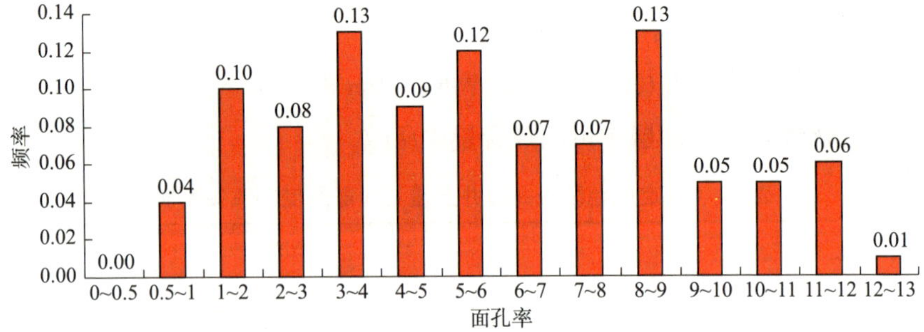

图 6－19　定边地区长 6 产量 >10t/井面孔率频率图

表 6－2　延长组油井产量与储层面孔率分布频率关系图

产量/t	面孔率 <7	面孔率 ≥7
	定边地区	定边地区
≤5	71	29
≥10	63	37

3. 油层产量与渗透率的关系

通过对定边地区 242 口井近万余块岩心分析资料统计发现，在与油层产量有关的诸多因素中，渗透率与产量的关系要比油层厚度、面孔率和渗透率的关系密切。如研究区产量 >10t/d 的高产油井均分布在渗透率（1.0 ~ 3.0）$\times 10^{-3}\mu m^2$ 的较高渗透率频率区带内。尽管储层渗透率对油井产量的影响十分明显，表明复杂的地质背景往往不是由一个因素所能控制的。

6.2.5 油藏控制因素分析

研究区三叠系延长组油藏的形成受多种因素的控制，其中最基本的地质因素有烃源岩、沉积相、储层等。

(1)定边地区延长组长7与长9烃源岩发育，有机质丰富、有机质类型好、成熟度高等特征，具备良好的生油潜力，具体指标见本书第五章。具有良好的生油潜力是油气成藏的先决条件，长7烃源岩之上的长4+5、长6期三角洲砂岩及长8期三角洲砂岩均属于流体低势区(相对于长7)，往往具有“近水楼台”近源运聚成藏的特征(离烃源岩近)。

(2)延长组长4+5、长6、长8期发育的三角洲前缘亚相中的水下分流河道是油气富集的较为有利的场所。原因是他们往往距生烃坳陷很近，具有优先捕获油气的位置优势，此外分流河道砂体厚度大，储层孔渗发育，具有良好的储集空间。

(3)在低渗透层中寻找相对高渗透储层是发现高产油藏的重要因素。研究区长4+5、长6、长8地层中存在相对高渗透砂岩储层，而油藏的高产往往与其有直接的关系。

6.3 油气成藏模式

6.3.1 最大排烃期过剩压力及压力差分布

1. 泥岩欠压实作用

通过对研究区测井资料的分析，利用声波时差与深侧向测井曲线分析了研究区的10口井的压实情况，并建立了综合压实曲线(图6-20)。

由综合压实曲线可知，研究区延长组长6段以上，声波时差逐渐减小，深侧向电阻率逐渐增大，反映了研究区延长组长6以上地层属于正常压实。而长6段以下，随着声波时差逐渐增大，深侧向电阻率逐渐减小，反映研究区存在压实与排水之间不平衡引起的欠压实作用。通过压实曲线与深度校正后认为，正常压实段一般出现在延长组长6以上，欠压实作用出现在长6以下层段。

2. 最大埋深时期过剩压力

过剩压力是指地层中的流体压力与对应点的静水压力的差值。由于岩石压实作用的不可逆性，压实曲线反映了地层处于最大埋深时的压实状态，计算的过剩压力(ΔP)即为地层最大埋深时期的压力。在分析前人研究成果的基础上(陈荷立，1988；张金功，1996，2002；张小莉 2006，2010)，充分利用研究区及临区的资料，开展了研究区压力及压差分布。

1)纵向分布特征

通过对研究区内 10 口井过剩压力剖面分析发现，研究区过剩压力 ΔP 在纵向上是有规律的变化，即从三叠纪末期开始一直呈增大的趋势，在长 7 段底达到最大，至长 8 段陡然变小。在这种情况下，石油既可以向上运移也可以向下运移(图 6－21)。

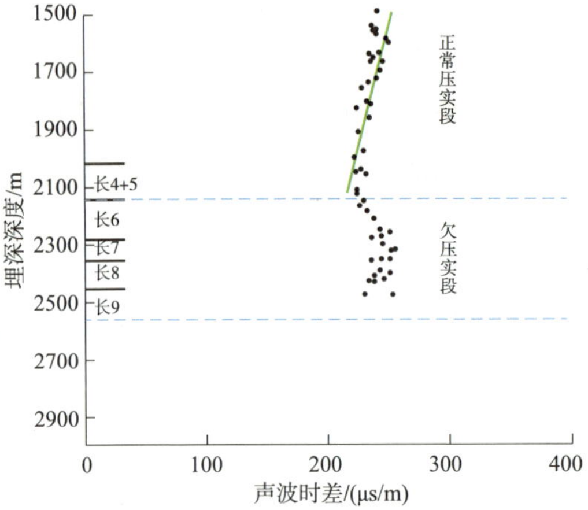

图 6－20　3290 井泥岩压实曲线图

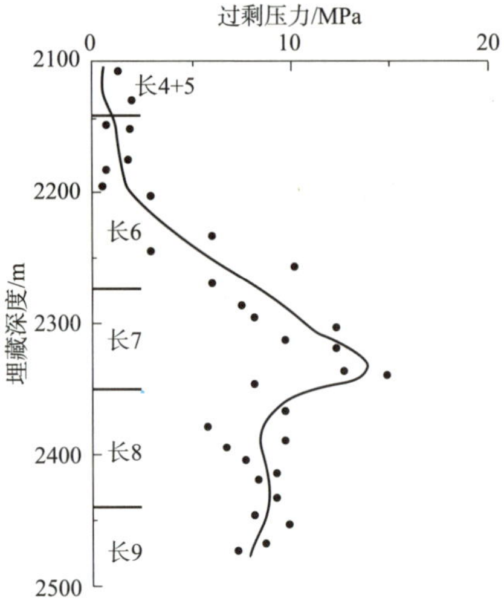

图 6－21　3290 井延长组过剩压力图

2)过剩压力及过剩压差平面分布特征

(1)过剩压力平面分布特征。由鄂尔多斯盆地中部地区延长组长 7 过剩压力等值线图(图 6－21)可知，研究区长 7 过剩压力值从西南到东北有逐渐减小的趋势，西南地区 $\Delta P>14$MPa，东北地区 $\Delta P>8$MPa，研究区的过剩压力多集中在 10MPa 左右(图 6－22)。研究区长 8 过剩压力值也具有从西到东逐渐减小的趋势，研究区西部地区 $\Delta P>8$MPa，研究区东部地区过剩压力较小，$\Delta P>2$MPa(图 6－23)。长 9 从西北到东南逐渐减小，西北部地区过剩压力 $\Delta P>8$MPa，东部地区过剩压力最小，过剩压力值 $\Delta P>4$MPa(图 6－24)。

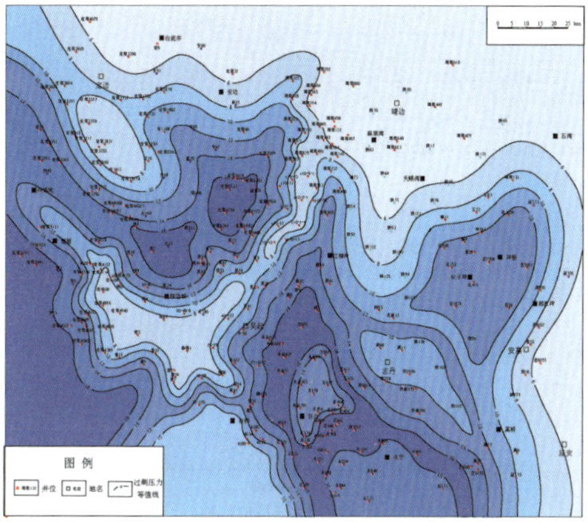

图 6-22　长 7 过剩压力等值线图

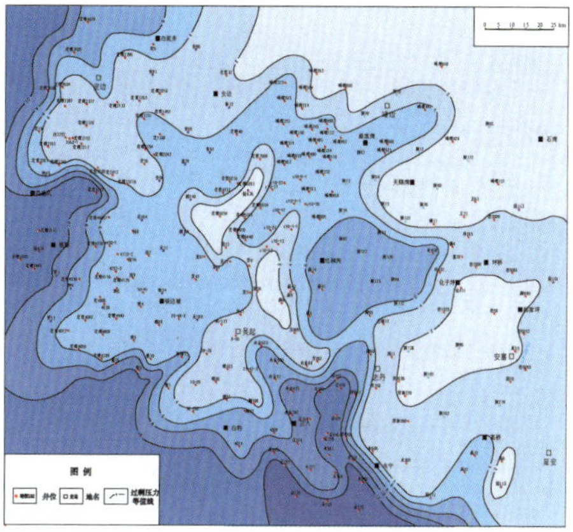

图 6-23　长 8 过剩压力等值线图

(2)过剩压差平面分布特征。从长 7-长 8 烃源岩过剩压差等值线图(图 6-25)可以看出，研究区长 7~长 8 过剩压力值由南到北不断的减小，在南部地区过剩压差接近 6MPa，在北部地区过剩压差较小，差值最小值 >2MPa。长 8~长 9 过剩压力值在整个研究区分布较为均匀，其差值约为 2MPa(图 6-26)。要使长 7 烃源岩发生排烃作用，必须是过剩压差大于毛细管压力。假设取含 $S_o=50\%$ 作为油层的下限取值，那么换算成克服毛细管压力(P_c)所对应的油柱高度 $h=170$m，换算成 $P=0.5$MPa(图 6-27)。因此，当过剩压力差 $\Delta P \geq 0.5$MPa 时，长 7 段内的油气可向上或者向下运移。从图 4-13、图 4-14 可以看出本区 ΔP 均 >0.5MPa，因此研究区长 7 烃源岩排烃普遍存在。这也为本区石油勘探指明了方向。

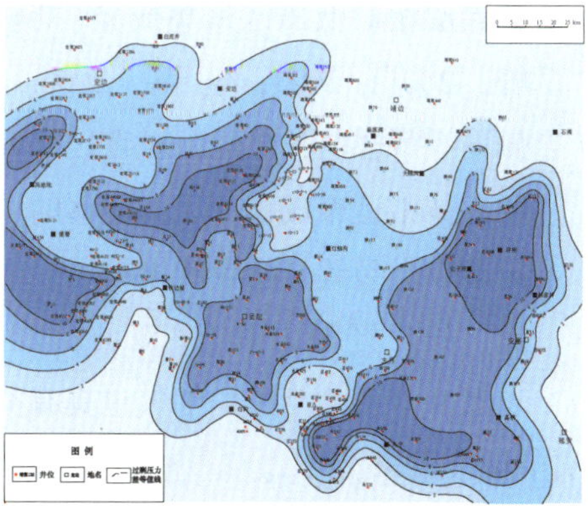

图 6-24　研究区长 9 过剩压力等值线图

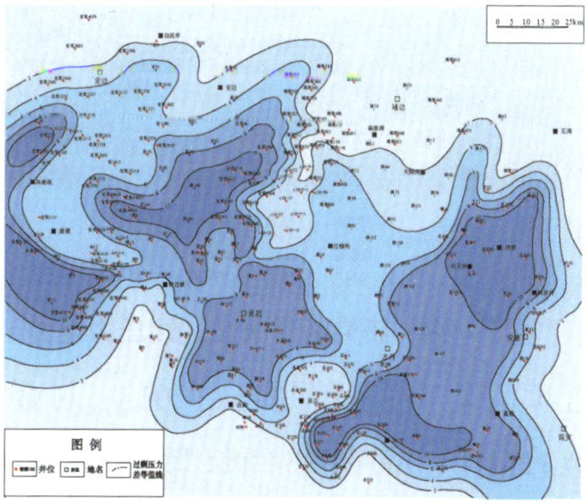

图 6-25　延长组长 7-长 8 过剩等值线图

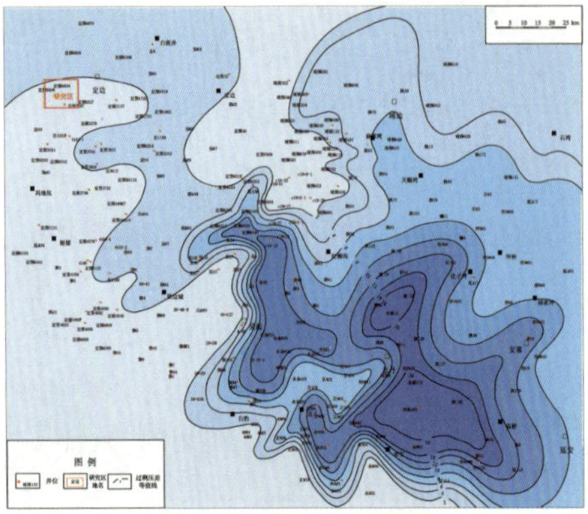

图 6 -26　长 8 - 长 9 过剩等值线图

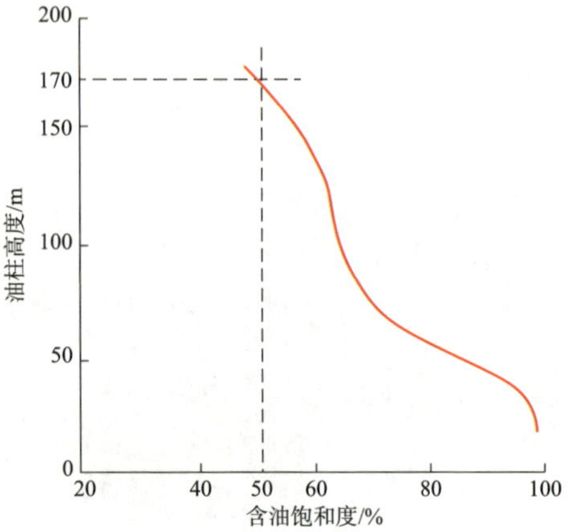

图 6 -27　储集层克服 Pc 所需的理论油柱高度

6.3.2　延长组石油成藏模式

研究区地层在早白垩世中晚期发生较大规模的区域性沉降，接受大量新沉积，至白垩世早期埋深达到最大值。与此同时，延长组长 7 烃源岩热演化达到生烃高峰期，油气在过剩压力下发生强排烃运移(图 6 -28)。从方向上看，油气向下运移至长 8、长 9 储层的相对低压区(低势区)聚集成藏，向上则可以在长 6、长 4 +5、长 2(甚至通过裂隙至侏罗系地层)的储层相对低压区聚集成藏(刘晓峰，2001，2003；杨飏，2006)；侧向上可在与长 7 烃源岩直接接触的砂体中运聚成藏，油气运移的通道多以微裂缝、叠置砂体为主。因此，长 7 烃源岩具有“双向排烃、近源运聚”的特征(楚美娟 2013；付金华 2013)；长 9 烃源岩生成的油气也具有类似的特征，可向长 8 与长 10 的低压有利储层中运聚成藏。

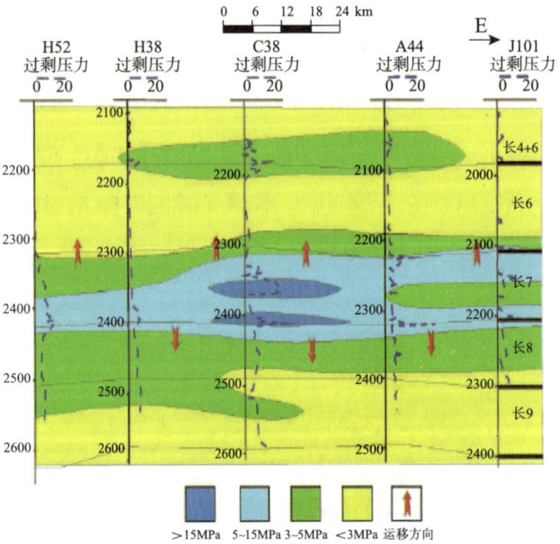

图 6 -28　研究区延长组过剩压力连井剖面图

根据长 7 与长 9 烃源岩的排烃特点以及纵向上与之匹配的盖储特点以及运聚方式，并结合研究区延长组油藏自身的特点，认为在定边地区延长组石油成藏模式主要有以下四类(图 6 -29)：

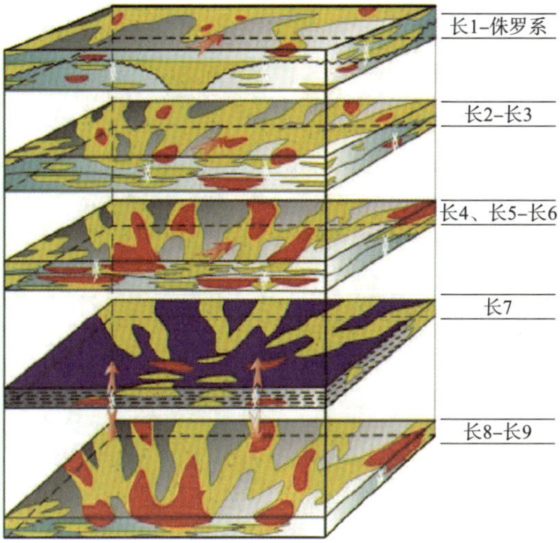

图 6－29　延长组垂向成藏模式图

（据付金华，2013，有修改）

（1）通过储层与烃源岩直接接触成藏模式。

（2）通过叠置渗砂体运聚成藏模式。

（3）通过流体压裂缝运聚成藏模式。

（4）混合成藏模式（叠置渗砂体与流体压裂缝运）。

6.3.3　延安组石油成藏模式

同样性质的古地貌单元所处的沉积环境不同，势必形成储集砂体形态和分布规律的变化，进而影响油藏的形成与分布（据李文厚，2004）。古地貌油藏的形成不仅受到油源、圈闭等基本地质条件的制约，而且还受到古地貌－沉积组合和运移通道的制约（据郭正权，2001）。侏罗统延安组的早期沉积受控于前侏罗纪古地貌（图 6－30）。根据本区延安组油藏的空间展布情况，并结合古地貌、沉积环境、砂体展布、运移通道类型等诸多因素，认为研究区延安组古地貌油藏的有 3 种基本成藏模式：

1. 斜坡区－三角洲平原组合成藏模式

具有此类成藏模式特点的油藏多分布在前侏罗纪古地形斜坡区，上覆地层属三角洲平原沉积，油层（延 10、延 9、延 8）分布在水下分流河道的砂体中，多呈现储层厚度薄、油层充满程度高、边水较活跃的特征。深切河谷、河道砂体及侵蚀面是此类油藏的疏导系统。水下分流河道常常会发生侧向迁移，而含油砂体多分布在水系两侧。例如本区的油房庄油田就属此类油藏(图 6－31)。

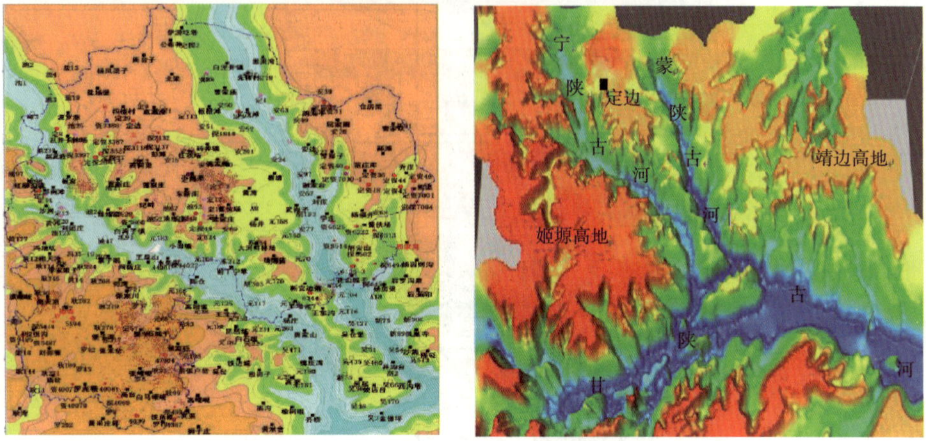

图 6－30　前侏罗纪古地貌恢复图

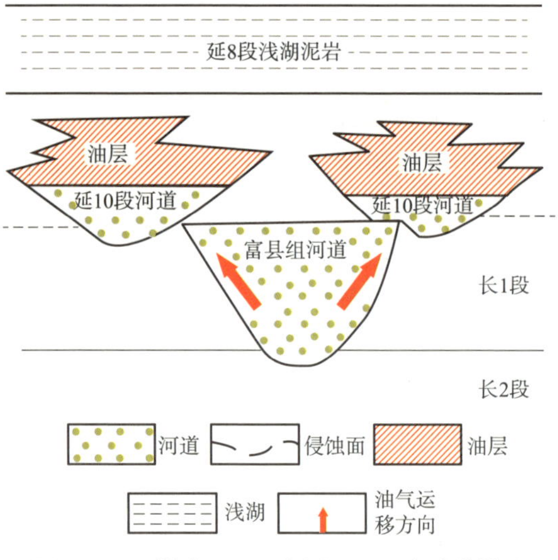

图 6－31　斜坡区－三角洲平原组合成藏模式

（据宋凯，2013，有修改）

2. 河间丘区－三角洲前缘组合成藏模式

具有此类成藏模式特点的油藏多分布在前侏罗纪古地貌河间丘区域，上覆地层属三角洲前缘沉积，储集体(延 10、延 9、延 8)多为水下分流河道砂体。该类油藏具有储层发育、油层厚度薄、油气充满程度低、底水与边水较活跃的特点。此类油藏毗邻一级、二级古河谷(河谷底部常出露延长组长 2 层段)，油气运移的通道是深切河道的砂体，分流河道横向迁移相对频繁，油藏保存条件较好，经常在砂体构造高部位富集成藏(图6－32)。

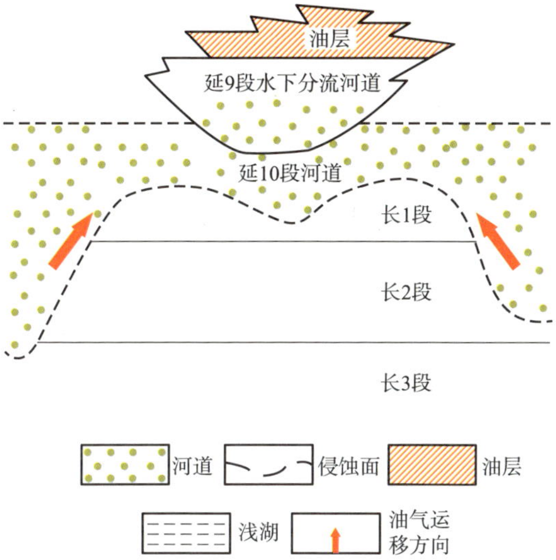

图6－32　河间丘区—三角洲前缘组合成藏模式
(据宋凯，2013，有修改)

3. 斜坡区－三角洲前缘组合成藏模式

具有此类成藏模式特点也分布在前侏罗纪古地貌斜坡区，上覆地层同样属三角洲前缘沉积(图6－33)。由于长1段地层残余厚度相对较大，裂隙网络导运系统相对发育，致使从下伏地层中的油气向上运移至延安组早期河道砂体(延10、延9、延8)中，进而聚集成藏。裂隙网络导运系统相对发育，这也是此类油藏区别于上述两类古地貌油藏的本质特征。研究区波罗池油田就属于这类油藏。

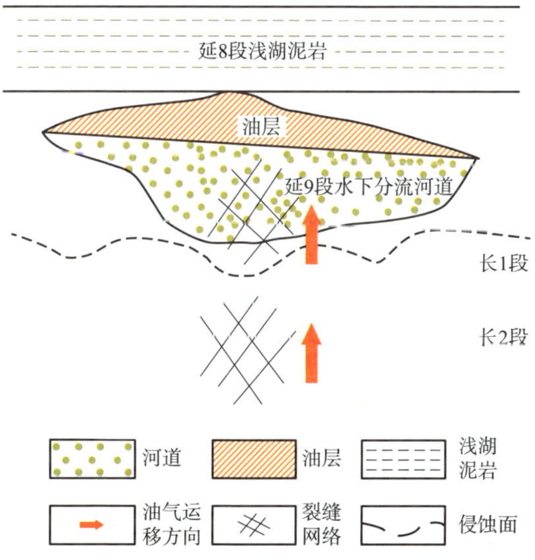

图6－33　斜坡区－三角洲前缘组合成藏模式
(据宋凯，2013，有修改)

第 7 章　油藏特征及试油、试采特征分析

本章针对定边 – 樊学罗卯油区的压力与温度系统进行了分析，对该区的油藏特征进行了总结，并结合定边 – 樊学罗卯油区开发历程及现状，总结了该区的试油、试采特征并分析了该区的注水能力。

7.1　油藏特征

7.1.1　压力与温度系统

1. 油藏的压力系统

1)压力梯度图(曲线)

油藏中不同部位探井的原始底层压力与埋藏的深度曲线，表示为：

$$P_i = a + G_D \cdot D \qquad (7-1)$$

式中　P_i——原始地层压力，MPa；

a——关闭后的井口静压，MPa；

G_D——井筒内静止压力梯度，MPa/m；

D——埋深，m。

井筒内的液体静止压力梯度，由式(7 – 2)表示：

$$G_D = dP_i/dD = 0.01\rho \qquad (7-2)$$

式中　ρ——井筒内的静止液体密度，g/cm^3。

由于各井钻井和投产的时间不同，投产时间较晚的井受周围早期投产井的压力干扰，测试的压力偏低，不能代表其原始地层压力，因此，原始地层压力数据的获取应遵循以下原则：

(1)尽量选取投产时间较早的井，其测试的地层压力为原始地层压力。

(2)生产时间较晚，但压力受周围井的干扰较小或不受干扰，其测试的地层

压力也基本能代表原始地层压力。

2)压力系数

在很多情况下，油藏不但与周围的广大水体想连通，而且常常还有补给来源，油藏内部的流体处于静止状态，因为油藏内的流体压力等于或相当于其埋藏的静水柱压力，二者的比值在0.9～1.1之间。

原始地层压力与静水柱压力之比称为压力系数，压力系数>1.2为异常高压，压力系数<0.8为异常低压。

$$\eta_o=\frac{P_i}{P_{ws}}=1+\left(\frac{\rho_w-\rho_o}{\rho_w}\right)\left(\frac{D_{owc}-D}{D}\right) \tag{7-3}$$

对于一个具有多层油水系统的油田，由于不同层位的边底水矿化度比较接近，地层水的密度也基本相同，因而各油层可以形成统一的静水压力梯度线，并用于确定不同层位的油水界面位置，含有部分的压力梯度线，若偏离静水压力梯度线愈大，即两直线的夹角愈大，则表明油藏的含油高度愈大。以下为如何确定不同层位的油水界面位置。

(1)当以确定探井的压力系数之后，由压力系数可以预测油水界面的位置：

$$D_{owc}=D\left[1+\frac{(\eta_o-1)\rho_w}{\rho_w-\rho_o}\right] \tag{7-4}$$

(2)当仅有一口探井打到含油部分，而未钻遇油水界面时，可由式(7-5)测算油水界面位置：

$$D_{owc}=D+\frac{100(\rho_i-P_{ws})}{\rho_w-\rho_o} \tag{7-5}$$

(3)当一口探井打在含油部分，另一口探井打在含水部分，两者均未实际钻遇油水界面时，可由下式测算油水界面的位置：

$$D_{owc}=\frac{(\rho_w D_w-\rho_o D_o)-100(\rho_{iw}-P_{io})}{\rho_w-\rho_o} \tag{7-6}$$

2. 油气藏的温度系统

油藏的温度来自地球的温度场，即由温度很高热能极大的地心热源向四周散热形成的一个温度场。地球的温度场可以看成是一个稳定不变的温度场。油藏的温度与其埋藏和地温梯度有关。影响地温梯度的因素比较复杂，主要受岩石(主要是其导热率)和局部地区地质条件的影响，表现在地球各处不是常数。

油气藏的温度系统：是指不同探井所测静温与相应埋藏深度的关系：

$$T=A+BD \tag{7-7}$$

式中 T——油气藏不同埋深静温,℃;

A——取决于地面的年平均常温,℃;

B——静温梯度,℃/m;

D——埋深, m。

结合温度压力计算公式，选取研究区域4口井的静压数据进行统计分析，统计结果见表7-1。

表7-1 静压数据统计分析表

井号	层位	井段/m	测试日期	下放位置/m	压力值/MPa	压差/(MPa/50m)	温度值/℃	温差/(℃/50m)
4432-1	长2	1905.5~1907.5	2013.8.14	1706	4.1234	—	51.29	—
				1756	4.631	0.5076	53.67	2.38
				1806	5.1391	0.5081	55.67	2
				1856	5.661	0.5219	57.7	2.03
				1906	6.1746	0.5136	59.28	1.58
4552-1	长2	1964~1966	2013.8.13	1765	3.0763	—	55.21	—
				1815	3.5956	0.5193	57.46	2.25
				1865	4.1244	0.5288	59.41	1.95
				1915	4.6423	0.5179	61.17	1.76
				1965	5.1654	0.5231	62.65	1.48
4555-1	长4+5	2215.5~2220.5	2013.10.13	2018	1.6094	—	64.04	—
				2068	1.9895	0.3801	66.56	2.52
				2118	2.4454	0.4559	68.3	1.74
				2168	2.9408	0.4954	70.19	1.89
				2218	3.4398	0.499	71.52	1.33
4615	长7	2448~2457	2013.10.13	2253	14.962	—	71.75	—
				2303	15.381	0.4186	73.15	1.4
				2353	15.884	0.5033	74.73	1.58
				2403	16.404	0.5205	76.29	1.56
				2453	16.899	0.4943	78.24	1.95

根据代表不同油层的4口井的原始压力数据、原始温度数据、高压物性数据及试油数据分析确定各油层深度下的地层基本数据见表7-2:

表 7－2　地层基本参数表

井号	4432－1	4552－1	4555－1	4615
测试井段/m	1905.5～1907.5	1964～1966	2215.5～2220.5	2448～2457
油层中深/m	1906	1965	2218	2453
地层压力/MPa	6.1746	5.1654	3.4398	16.8986
地层温度/℃	59.28	62.65	71.52	78.24
温度梯度/(℃/100m)	4	3.72	3.72	3.22
压力系数/(MPa/100m)	1.03	1.04	0.92	0.98

结合以上数据绘制 4 口井的温度和压力曲线如图 7－1 所示：

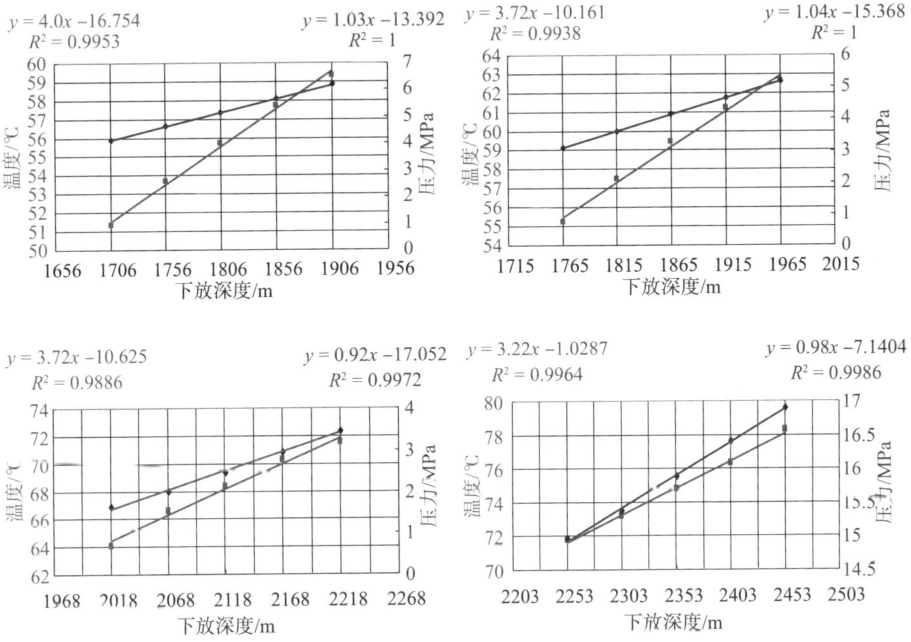

图 7－1　温度压力梯度图

随着油藏深度的增加，地层压力增大，油层温度升高。研究区平均地层压力为 6.17～16.89MPa，平均温度为 55～80℃。

7.2　试油、试采特征分析

截至 2015 年 12 月中旬，根据罗卯地区统计的 374 带有分层和井史的井，其中水井 53 口，油井 321 口，试油和投产的井均以长 4＋5 油层为主。目前，该区块投产井开采层位较多，自上而下有延9，长2，长4+5，长7，长8等油层组，其中长4+5为区的主力油层，采油井开井数占总开井数的50%以上。延9所有油水井全部贯穿，而长2仅有1口油井4138-3未穿，长4+5在上一层的基础上增加了1口未穿的油井4318-3，长7大层分为两个小层，其中长7^1共有油水井266口，其中220口油井，46口水井；长7^2小层中共有油水井258口，油井214口，水井44口；长8大层也分为两个小层，长8^1小层共有油水井255口，其中油井214口，水井41口；长8^2共有油水井245口，其中油井205口，水井40口。全部贯穿长8储层的油水井共有196口，其中油井160口，水井36口。每个层位穿过的油水井统计数据见表7-3。

表7-3　每个层位油水井数据统计表

层位	延9	长2	长4+5	长7^1	长7^2	长8^1	长8^2
油井/口	321	320	319	220	214	214	205
水井/口	53	53	53	46	44	41	40

7.2.1　开发历程及现状分析

按研究区块日产量主要开发阶段可划分为产量上升阶段、稳产阶段、产量递减阶段三大阶段，加上试采阶段为四个阶段。

截至2015年12月，该区块在统计的321口油水井中，根据油井的投产时间，生产时间，现将每个阶段的生产油水井数以及产量统计见表7-4：

表7-4　每个阶段的生产油水井数以及产量统计表

年份	生产井数/口	单井日平均产油量/m^3	单井日平均产液量/m^3	单井日平均含水率/%	单井折算年平均采油量/m^3	折算采油速度/%
2007年	38	2.77	3.025	7.25	1104.125	0.22
2008年	94	2.815	3.44	29.5	1027.475	0.50
2009年	96	1.696	2.627	32.2	619.04	0.31
2010年	89	1.477	2.088	35.85	539.105	0.25
2011年	92	1.068	2.021	39.42	390.185	0.19
2012年	74	1.348	1.929	34.49	492.02	0.19
2013年	133	2.191	3.538	34.8	799.715	0.55
2014年	140	1.584	3.338	39.4	578.16	0.42
2015年	166	1.429	3.174	38.19	543.85	0.47

根据表中数据分析可以看出，截至2015年共开采可采储量的3%，2007—2008年属于产量上升阶段，2009—2015年属于稳产阶段。根据表中数据绘制生产区的生产井数、日平均产油量、产液量、以及含水率变化折线图，见图7-2～图7-4。

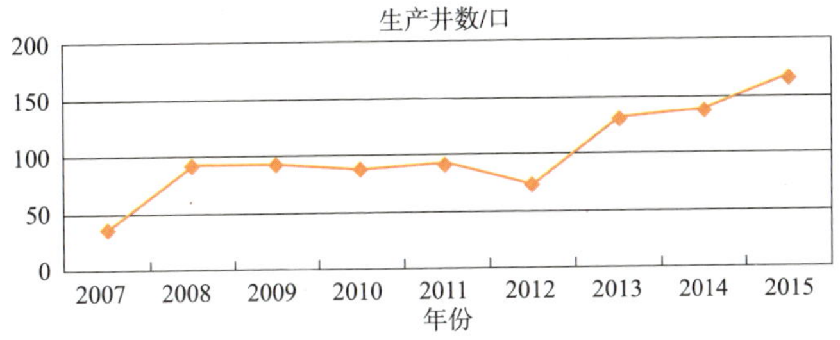

图7-2　生产井数随时间变化图

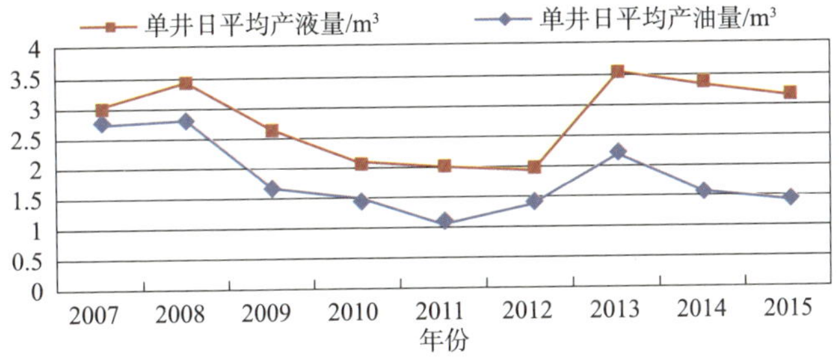

图7-3　日平均产油、产液量随时间变化图

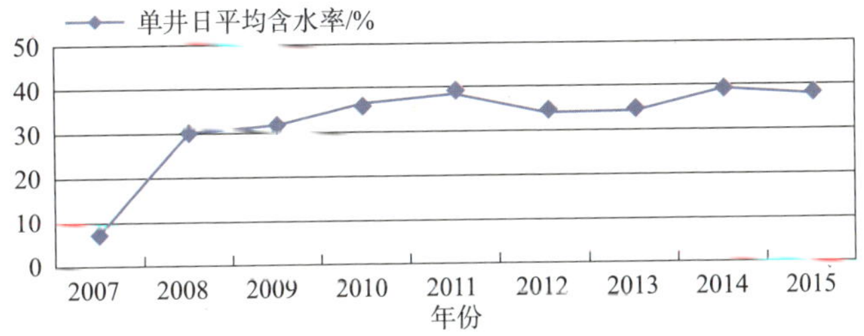

图7-4　单井日平均含水率随时间变化图

从图7-2、图7-3看出，在2008年、2013年两个年份处产生了拐点，分析原因，可以得到以下结论，在2007—2008年间，之所以产液和产油量有小幅度的上升，是由于大量新井的投产；而从2009—2012年，虽然生产井数基本保持不变，但产油与产液量均同步下降，这是由于初级的生产造成地层能量不足，在2013—2015年期间，日产油量与日产液量又有小幅度的提升，又是由于新井的大量投产以及部分生产井转成注水井造成的结果。

从单井日平均含水率曲线可以看出，在产量上升阶段，含水率有大幅度的上升，而在2008年之后，单井日平均含水率小幅上升但均为30%～40%，处于生产稳定期，结合产液量的图我们看出虽然生产井数大幅提升，但是产液量反而下降了，说明想继续保持稳定生产，必须补充地层能量，而根据含水率看出，目前尚处于较低水平，所以可以考虑通过注水来补充地层能量。

该研究区块面积约为70km^2，而目前共有油水井658口，通过计算井网密度，平均井数达到了9.4口/km^2，后面需要通过计算经济极限井网密度分析是打注水井还是将已经投产的油井转成注入井。

7.2.2 注水能力分析

该区块7口注水井的压力恢复测试资料见表7－5及表7－6：

表7－5 注水井注水情况基本信息表

井号	开发层位	日注水/(m^3/d)	孔隙度/%	综合压缩系数/MPa	射孔段/m	射孔段厚度/m	油层段/m	油层有效厚度/m
定4143－7	C4＋5	10	10.63	7/10000	2278.0～2286.0	8	2278.0～2279.9	7.5
							2279.9～2281.0	
							2281.0～2285.5	
定4266－1	C_8	15	12.20	7/10000	2498.0～2508.0	10	2497.0～2503.0	18.1
							2503.0～2515.1	
定4404－3	C_2	15	11.30	7/10000	2054.0～2059.0	5	2054.1～2059.5	5.4
定4429－3	C_1、C_2	20	15.00	7/10000	1888.0～1892.0	14	1887.2～1892.5	16.1
					1928.0～1938.0		1927.7～1933.9	
							1933.9～1938.5	
定4595－1	长8	15	8.80	7/10000	2530.5～2538.0	7.5	2522.3～2531.5	16.3
							2531.5～2536.7	
							2536.7～2538.6	
定4631－1	Y9	18	15.63	4/10000	1924.0～1932.0	8	1921.6～1927.0	19
							1927.0～1940.6	
定44080－6	C_8	15	9.00	7/10000	2690.0～2703.0	13	2690.3～2702.5	12.2

表 7－6　注水井压力恢复测试资料

井号	项目	地层系数 Kh/（$10^{-3}\mu m^2 \cdot m$）	流动系数 Kh/μ/（$10^{-3}\mu m^2 \cdot m$/mPa·s）	表皮系数 S	井筒储集系数 C/（m^3/MPa）	地层渗透率 K（$10^{-3}\mu m^2 \cdot m$）	地层压力/MPa	压力系数/（MPa/100m）	探测半径/m	温度 T/℃
定 4143－7	双对数	11.4	11.4	－5.7	2.58	1.43		1.3708	200	70.33
	半对数	9.45	9.45	－6.59		1.18	31.2836			
	霍纳曲线	9.98	9.98	－6.59		1.25	31.3788			
	MDH 曲线	11.3	11.3	－6.66		1.41				
定 4404－3	双对数	31.68	31.68	－7.38	1.21	5.76		1.0721	157	61.75
	半对数	32.8	32.8	－7.12		608	22.0435			
	霍纳曲线	34.5	34.5	－7.09		6.38	22.078			
	MDH 曲线	36.3	36.3	－7.17		6.72				
定 4266－1	双对数	11.09	11.09	－3.18	0.835	0.613		1.0098	111	74.35
	半对数	8.08	8.08	－4.96		0.447	25.3051			
	霍纳曲线	9	9	－4.95		0.497	25.6143			
	MDH 曲线	10.7	10.7	－5.02		0.592				
定 4429－3	双对数	15.085	15.085	0.215	0.932	0.937		0.7255	141	52.23
	半对数	11.125	11.125	－1.352		0.691	13.8789			
	霍纳曲线	11.06	11.06	－1.356		0.687	13.781			
	MDH 曲线	12.574	12.574	－1.328		0.781				
定 4595－1	双对数	6.55	6.55	－4.55	0.38	0.402		0.725	113	70.72
	半对数	4.24	4.24	－5.38		0.26	18.3356			
	霍纳曲线	4.18	4.18	－5.39		0.257	18.3067			
	MDH 曲线	6.22	6.22	－5.14		0.382				
定 4631－1	双对数	11.6	11.6	－4.47	0.541	0.612		0.5855	144	54.83
	半对数	7.9	7.9	－5.4		0.416	11.3054			
	霍纳曲线	8.57	8.57	－5.33		0.451	11.2985			
	MDH 曲线	9.83	9.83	－5.27		0.517				
定 44080－6	双对数	45.14	45.14	1.32	0.363	3.7		0.9325	0.00154	77.49
	半对数	34.1	34.1	0.357		2.8	25.1224			
	霍纳曲线	33.7	33.7	0.27		2.76	25.115			
	MDH 曲线	39.9	39.9	1.56		3.27				

结合表 7－6 与图 7－5 中压力系数以及每口井所测试的范围，可以看出 C4＋5

层位处于异常高压，C1、C2、长 8、Y9 处于异常低压，异常高压地层的地层能量充足，但容易突发工程事故，异常低压地层的地层能量欠缺，钻井过程中易漏失泥浆，且靠地层能量进行采油能量不足，急需补充地层能量。

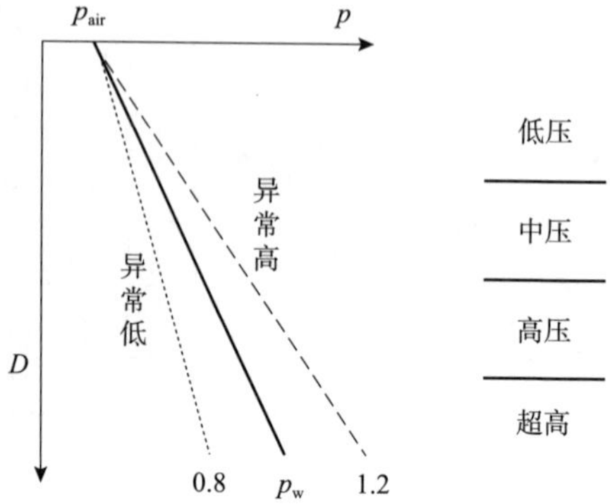

图 7-5 压力系数曲线

第 8 章　油藏工程设计

本章对定边－樊学罗卯地区开发状况、注水方式和井网的适应性进行分析评价，按照理论结合实际的原则，给出单井产能、措施方法和参数，提出开发思路及合理注水方法，并对采收率进行预测，以及对生产能力和采油速度的分析，结合樊学罗卯油区目前开发方式的研究并给出开发调整意见。

8.1　开发原则

(1)油田开发要以注水为纲，实行早期内部切割注水和分层注水，以保持油层压力，实现油井长期自喷开采，使生产管理主动。

(2)油田开发初期，应采用较大的井距，合理布置井网。同时在油田上应先开辟生产试验区，比较详细地掌握油田的静态和动态特征，从而指导全油田更有效地进行加密钻探和合理地投入开发。

(3)大力开展油田的地质研究，合理和严格地划分开发层系，选择合理的注水方式和合理布置井网，既要发挥各类油层的生产潜力，又要为后期调整留有余地。

(4)尽量采用最先进的开采技术。如在采油工艺方面，大力发展和采用分层观测、分层采油、分层注水、分层改造和分层调整控制等工艺技术，做到合理的注采平衡和压力平衡，达到较高采油速度和较长的稳产年限，进一步提高油田的采收率。

(5)区块整体部署，分步实施。

(6)评建一体化，滚动开发、及时调整，规避产建风险，提高经济效益。

(7)立足超前和同步注水开发，优化压裂技术，立足机械采油，合理控制生产压差，提高油井产量，延长稳产时间。

8.2 开发层系划分

8.2.1 划分开发层系的原则

划分开发层系，就是要把特征相近的油层合在一起，用一套生产井网单独开采。总结国内外在开发层系划分方面的经验教训，特别是大庆油田在层系划分方面的研究成果，合理地划分和组合开发层系一般应考虑一下几个原则：

(1)把特征相近的油层组合在同一开发层系内，以保证各油层对注水方式和井网具有共同的适应性，减少开发过程中的层间矛盾。

油层性质相近主要体现在：①沉积条件相近，属于相近的沉积环境；②渗透率相近，即组成层系的基本单元的平均渗透率在平面上的分布差异不大；③组成层系的基本单元内油层分布面积接近；④层内非均质程度相近；⑤各主要油砂体的几何形态及分布状态相差不大。

通常情况下，人们以油层作为组合开发层系的基本单元。有的油田根据大量的研究工作和生产实践，提出以砂岩组来划分和组合开发层系，因为砂岩组是一个独立的沉积单元，油层性质相近。

(2)一个独立的开发层系应具有一定的储量，以保证油田满足一定的采油速度，并具有较长的稳产时间和达到较好的经济指标。

(3)各开发层系间必须有良好的隔层，以便在注水开发条件下层系间能严格地分开，并具有较长的稳产时间和达到较好的经济指标。

(4)同一开发层系内，油层的构造形态、油水边界、压力系统和原油物性应比较接近。

(5)在分层开采工艺所能解决的范围内，开发层系不宜划分得过细，以利于减少建设工作量，提高经济效果。划分开发层系时，要考虑目前的工艺技术水平，充分发挥工艺措施的作用，尽量不要将开发层系划分得过细，这样可以少钻井，既便于管理，又能达到较经济的开发效果。

8.2.2 油藏开发层系合理性论证

合理的开发层系要满足独立开发的基本要求，具有较好的经济效益和满足分层控制技术的措施水平，可以从各层间的渗透率比值、各层间压力比值等方面论证。

1. 各层间渗透率比值

渗透率比值是指同一油藏各小层中渗透率最大的一个小层渗透率和各小层渗透率之比的平均值，该指标反映了油藏层间非均质性的强弱，其数学表达式为：

$$KK = \frac{1}{n}\sum_{i=1}^{n}\frac{K_{\max}}{K_i} \tag{8-1}$$

式中 KK——渗透率比值，1；

K_i——第 i 小层渗透率，μm^2；

$K_{\max}$——各小层中渗透率最大的一个小层渗透率，μm^2。

式(8－1)表明，渗透率<1，其值越大说明油藏的层间非均质性越弱。

2. 各层间压力比值

压力比值为同一油藏的各小层和各小层中压力最大的一个小层压力之比的平均值。该指标反映了同一层系中的层间压力干扰状况或者层间压力不均匀性，描述了高压层与低压层合采时，低压低渗层的可动用性。其数学表达式为：

$$KP = \frac{1}{n}\sum_{i=1}^{n}\frac{KP_i}{KP_{\max}} \tag{8-2}$$

式中 KP——压力比值，1；

KP_i——第 i 小层的压力，MPa；

$KP_{\max}$——各小层中压力最大的一个小层压力，MPa。

式(8－2)表明，压力比值 KP 的变化范围 $0<KP<1$，其值越大说明油藏的层间压力不均匀性较弱。一般而言，为了能够有效动用各小层潜力，一套开发层系的 KP 应 >0.9。

通过统计可得各储层物性钻遇率及平均压力统计表，见表 8－1。

结合上述划分层系的原则和各层渗透率及各层压力计算公式，从表 8－1 可以看出延 9 层与长 2 层处于同一个压力系统，孔隙度渗透率含油饱和度等储层物性参数相似，可以将两个层划为同一开发层系进行井网部署；长 4+5 储层渗透率明显低于其他储层，且地层压力较低，但钻遇井口数大，含油面积大，与长 2、长 7 储层间有较厚的隔层，所以长 4+5 层应作为一个单独的开发层系，进行井网部署和开发，而且长 4+5 储层平均地层压力较低，现阶段，急需补充地层能量来维持产量的稳定；长 7、长 8 储层物性参数接近，且地层埋藏深度相差不大，处于同一压力系统内，油井钻遇率较高，虽然渗透率比较低，但地层压力较大，可以将这两个储层划分到同一开发层系进行开发。

表8－1　各储层物性钻遇率及平均压力统计表

层名	有效钻遇井数/口	平均有效孔隙度/%	平均有效渗透率/$\times10^{-3}\mu m^2$	平均有效含油饱和度/%	油层平均深度/m	平均地层压力/MPa
延9^1	17	12.63	18.62	26.56	1770.30	6.50
延9^2	42	12.70	16.74	31.15	1785.64	
延9^3	61	12.60	15.77	31.66	1799.48	
长2^1	127	11.57	13.05	28.68	1869.24	
长2^2	89	11.21	11.69	28.97	1914.12	
长2^3	65	11.24	12.18	25.80	1957.61	
长$4+5^1$	282	8.73	3.95	26.24	2113.84	3.43
长$4+5^2$	328	8.81	3.71	26.13	2164.56	
长7^1	129	8.87	6.89	36.12	2358.46	16.89
长7^2	21	9.85	9.75	32.52	2422.93	
长8^1	190	8.55	4.19	26.55	2465.69	
长8^2	69	9.36	5.38	25.75	2516.71	

8.3　开发方式论证

8.3.1　补充能量开发的必要性

1. 油藏弹性开发潜力

据资料显示，延安组原始地层压力为4.84～14.43MPa，长4+5、长7、长8油层组原始地层压力为9.76～19.25MPa，压力系数1.0左右，属于正常压力范围，地饱压差7.53MPa，体积系数1.143～1.321。

根据地饱压差、地层及流体物性等计算弹性总采收率公式如下：

$$E_R = \frac{B_{oi} C_t \Delta P}{B_o} \tag{8-3}$$

式中　E_R——弹性开采采收率，%；

B_{oi}——原始地层条件下原油体积系数，1；

B_o——某一压力条件下原油的体积系数，1；

C_t——综合压缩系数，10^{-4}/MPa；

ΔP——压力降，MPa。

运用上述计算方法，计算该区块各油层组的弹性采收率若为1%左右，油藏的弹性采收率很低，需立足其他的开发方式。

2. 水驱油藏开发潜力分析

水驱油藏开发潜力分析方法分为静态法和动态法。静态法又分经验公式法和实验驱替法，动态法包括水驱特征曲线法和黏度比法。

结合实际情况和水驱油实验选取实验驱替法。利用相对渗透率曲线确定采收率。结合相渗曲线，可以用以下公式估算油藏的最终采收率：

$$E_R = \frac{n + 1.69}{7.5} \tag{8-4}$$

$$n = \lg\left(\frac{\mu_w}{\mu_o} \cdot \frac{\gamma}{B_{oi}}\right) + \lg\left(\frac{K_{ro}}{K_{rw}}\right)_i \tag{8-5}$$

式中，$\lg\left(\frac{K_{ro}}{K_{rw}}\right)_i$ 是指在原始含水饱和度下的相对渗透率比；γ 为原油的重度。

根据上述公式，结合相对渗透率综合数据表8-2，可以估算出不同开采层位的水驱油开发潜力及最终采收率均在60%左右。

表8-2　相对渗透率综合数据表

层位	岩样		试验压差/MPa	见水前平均采油速度/(mL/min)	束缚水时		交点处		残余油时	
	长度/cm	直径/cm			含水饱和度/%	油有效渗透率/$10^{-3}\mu m^2$	含水饱和度/%	油水相对渗透率/%	含水饱和度/%	水相对渗透率
延9	5.808	2.49	5	0.1212	42.11	0.1022	59.96	0.115	55.95	0.239
延9	5.66	2.49	8	0.184	42.62	0.081	59.07	0.143	68.94	0.212
长2	7.108	2.49	18	0.26	46.5	0.422	46.08	0.105	71.37	0.185
长2	5.422	2.49	25	0.139	32.24	0.016	50.27	0.206	59.62	0.257
长2	5.8	2.49	8	0.0947	44.17	0.121	49.02	0.196	62.39	0.279
长4+5	5.912	2.49	18	0.0312	44.02	0.016	60.98	0.11	68.17	0.189
长4+5	4.2	2.49	25	0.035	26.3	0.008	52.01	0.084	59.16	0.176
长4+5	5.402	2.49	24	0.039	27.1	0.009	53.12	0.07	59.32	0.155
长7	5.3	2.49	25	0.027	35.98	0.007	55.3	0.1	58.93	0.159
长8	5.23	2.49	25	0.111	33.53	0.004	31	0.04	62.04	0.171

综合对该区块开采现状的分析，发现含水率上升幅度不大，但单井产量低，产量递减大，采收率低，因此，需要额外的补充能量来进行开发，根据上述对水驱油采收率的估算，采用注水开发是经济可行的补充能量开发方式。

8.3.2 注水开发的可行性

通过矿物敏感性及水驱油实验，分析注水开发的可行性指标。

据岩心观察及薄片鉴定资料统计，以研究区长 8 储层为例，岩性主要以灰色、深灰色中粒、细 – 中粒、中 – 细粒及细粒岩屑质长石砂岩为主，少量为长石砂岩，主要粒径为0.1 ~0.5mm。砂岩分选性中等，碎屑颗粒多呈次棱角状，胶结类型主要为孔隙胶结、薄膜 – 孔隙胶结。

砂岩碎屑成分平均占全岩含量的86.5%，其中石英和长石含量较高，石英含量为18% ~49%，平均值为34.5%；长石含量为20% ~38%，平均为32%；岩屑含量较低，为7% ~27%，平均为20%，岩屑类型以变质岩屑和火山岩屑为主，含少量沉积岩屑及云母。

如表8 –3 所示，岩心水敏实验结果显示除延 9 和长 8 为中等偏弱水敏，其他几个储层都是弱水敏，可以进行注水开发。

表8 –3　水敏试验分析表

层位	长度/cm	直径/cm	气体渗透率/$10^{-3}\mu m^2$	孔隙度/%	水敏指数	水敏程度
延9	4.66	2.49	2.699	14.56	0.65	中等偏弱
长2	4.21	2.60	0.349	12.27	0.144	弱水敏
长4+5	4.29	2.50	0.174	11.26	0.25	弱水敏
长4+5	4.4	2.50	0.098	8.82	0.18	弱水敏
长7	4.37	2.54	0.122	7.73	0.08	弱水敏
长8	4.379	2.53	0.141	11.15	0.4	中等偏弱

根据相渗和水驱油资料得出，束缚水的饱和度处于26.3% ~46.5%之间，等渗点饱和度大多处于50% ~60%之间，残余油含水饱和度 >55.95%，处于无水期时，大多数储层的无水采收率都处于 20% 左右，具体的水驱油综合数据见表8 –4。

表 8-4 水驱油综合数据表

岩样			气测渗透率/$10^{-3}\mu m^2$	孔隙度/%	无水期驱油效率/%	含水95%时		含水98%时		最终期	
层位	长度/cm	直径/cm				驱油效率/%	注入倍数/PV	驱油效率/%	注入倍数/PV	驱油效率/%	注入倍数/PV
延9	5.81	2.49	2.560	14.50	4.58	11.5	0.350	14.2	1.120	23.90	12.440
延9	5.66	2.49	5.221	15.80	17.50	34.0	0.695	37.2	1.400	45.87	15.060
长2	7.11	2.49	0.443	12.60	11.46	33.6	0.920	41.36	2.460	46.49	15.120
长2	5.42	2.49	0.199	10.20	14.40	32.5	0.940	34.9	1.386	40.27	10.660
长2	5.80	2.49	0.403	12.30	5.23	23.0	1.100	26.11	1.800	32.63	16.560
长4+5	5.91	2.49	0.378	11.90	10.82	38.5	0.800	42.51	1.390	43.14	9.790
长4+5	4.20	2.49	0.148	10.20	32.16	40.7	0.685	43.21	1.396	44.59	9.330
长4+5	5.40	2.49	0.173	9.40	29.37	41.8	0.970	43.54	1.450	44.20	9.040
长7	5.30	2.49	0.154	9.10	27.14	34.0	0.500	35.12	0.900	35.84	8.400
长8	5.23	2.49	0.265	13.90	20.97	33.5	0.650	35.5	1.100	42.72	11.600

借鉴同类油藏注水开发经验，表明注入水与地层配伍性好，对储层污染小，可通过注入水中加入黏土稳定剂、防垢剂即可满足水质要求。

综上所述，该区块采用注水开发是可行的、有效的。

8.3.3 油藏合理注水时机

合理注水时机与油藏热力学条件——压力对原油物性的影响程度、地层的天然能量大小及储层物性等因素有关。

1. 压力对原油物性影响程度分析

压力对原油物性影响程度可以油藏原油黏度相对变化量 μ_{op} 来描述，其数学表达式为：

$$\mu_{op}=\frac{\mu_{o(注水)}-\mu_{o(P_b)}}{\mu_{o(P_b)}} \tag{8-6}$$

式中 $\mu_{o(注水)}$——开始注水时对应地层压力下的油藏原油黏度，mPa·s；

$\mu_{o(P_b)}$——地层压力为饱和压力下的油藏原油黏度，mPa·s。

式(8-6)表明，油藏原油黏度的相对变化量在地层压力为饱和压力时刻达到最小值，其值为0；在地层压力大于饱和压力或地层压力小于饱和压力时其值均 >0，合理注水时应满足 $\mu_{op}\leq 0.5$。

2. 油藏渗流物性对注水时机的影响

对于低(特低)渗透性油藏以及地饱压差很小的油藏，应实施早期注水开发，这是因为即使油藏存在充足的天然边底水能量，但因油藏渗透性差，天然边底水能量也较难有效快速补充油藏能量的亏空。在保持原始地层压力水平下开发油藏，实施早期注水措施是提高这类油藏水驱开发效果的有效手段。

8.4 井网系统论证

8.4.1 合理井网密度和井距

在我国，渗透率低于 $50\times10^{-3}\mu m^2$ 的油藏称为低渗透油藏，并根据储层平均渗透率的差异，将低渗透油藏进一步分为一般低渗透油藏和超低渗透油藏。根据该研究区块各油层的平均渗透率可以看出延 9、长 2 为一般低渗透油藏，长 4+5、长 7、长 8 为特低渗透油。

一般低渗透油藏大多数具有工业开采价值，但是由于产量较低而需要采取压裂措施提高生产能力来获得较好的开发效果和经济效益。特低渗透油藏则由于渗透率低而达不到工业油流标准，必须采取大型压裂改造等增产措施。超低渗透油藏地层物性差，束缚水饱和度高，基本没有自然产能，一般不具备工业开发价值。低渗透储层是目前国内油气勘探的主要目标之一，低渗透油藏具有异于中高渗透油藏的特性，如天然能力小、存在启动压力梯度和压敏效应、压力传递能力差等因素，开发效果差。

1. 低渗透油藏渗流特性

1) 低渗透油藏呈现非线性特征

国内外大量研究已表明，低渗透油藏孔喉细小，渗透率低，液体在其内流动时，具有明显不同于中高渗透油藏的渗流规律，即不符合达西渗流定律，其主要标志是存在启动压力梯度。

低渗透油藏的孔隙度小、喉道较细，空隙连通性差是造成低渗透非达西渗流的重要因素。由于地层孔隙连通性差，流体渗流时，珠泡由较大的孔隙流动到较窄的喉道时会遇到阻挡，贾敏效应显著；而孔隙较小，毛管力很大，驱动压力小于毛管力使连续流体被卡断为分散液滴，渗透率降低。

低渗透油藏比表面积大，比表面积与渗透率的平方根成反比，渗透率越小，比表面积越大，表明流体与固体表面分子之间分子力作用越强，液体、固体界面作用相对强烈，原油边界层厚度比例大，边界层影响不可忽略，它将影响孔隙系统中流体的分布及渗流特征，因此使得低渗透油藏渗流规律不再遵循达西定律。

在自然界，非牛顿流体是普遍存在的，而牛顿流体仅在一定条件下才存在。孔隙结构、储层与流体之间的相互作用和流体性质三大方面，使得流体渗流表现出非线性特征。

2）低渗透油藏存在启动压力梯度

低渗透油藏原油边界层不可忽略，当气体流动时，除了要克服黏滞阻力外，还必须要克服边界层内固、液界面的相互作用，所以只有当驱替压力梯度大于一定值，流体才能形成流动，此时的驱替压力梯度被称为启动压力梯度。因此，必须增大注采压差来提高低渗透油藏的开发效果，但一般也得不到理想的产量。

对于单相渗流的启动压力梯度，研究表明：地层渗透率对启动压力梯度有明显的影响，随着渗透率的降低，启动压力梯度则急剧增大，特别是在特低渗透率的范围内，该规律性是突出的。

3）低渗透油藏存在应力敏感性

应力敏感性是指储层岩石的渗透率等物性参数随应力变化而变化的性质。油藏被开发之前处于衡状态，当流体从油藏岩石的孔隙中流出时，孔隙压力从原始地层压力开始下降，为了维持平衡有效应力随之升高，岩石因而被压缩，岩石的相关物性参数也跟着发生变化。

低渗透油藏的储集层由于原始渗透率和孔隙度很低，所以即使渗透率和孔隙度下降值不大，其相对变化幅度却很大，因此对生产的影响很大，应力敏感性不可忽略。低渗透、特低渗透油藏往往富含微裂缝，更容易产生介质变形，所以应力敏感性更加严重。

2. 直井井网井距的确定

1）技术井距的确定

前人通过对低渗透砂岩油藏实验数据进行分类统计和研究，得出了在束缚水条件下油相临界启动压力梯度、最小启动压力梯度与渗透率、黏度的关系：

$$\left(\frac{\Delta P}{L}\right)_{\min}=0.1458\frac{K}{\mu}^{-0.4406} \tag{8-7}$$

$$\left(\frac{\Delta P}{L}\right)_{\max}=0.4144\frac{K}{\mu}^{-0.6023} \tag{8-8}$$

研究得到，启动压力梯度随含水饱和度的增大而减小，水驱时是单相(含束缚水)驱替时的1～5倍，且两相驱替时，渗透率越小，启动压力梯度增加的倍数越大。因此，为了准确描述两相驱时临界启动压力梯度、最小启动压力梯度与渗透率、黏度的关系，需要在单相驱替公式中加入一个两相驱替系数 n，即：

$$\left(\frac{\Delta P}{L}\right)_{\min}=0.1458n\left(\frac{K}{\mu}\right)^{-0.4406} \tag{8-9}$$

$$\left(\frac{\Delta P}{L}\right)_{\max}=0.4144n\left(\frac{K}{\mu}\right)^{-0.6023} \tag{8-10}$$

根据现场经验，建议当储层渗透率 $<5\times10^{-3}\mu m^2$ 时，油水两相驱替系数取值为2～3，当渗透率 $>5\times10^{-3}\mu m^2$ 时，取值为1.8～2.5。

油井的极限控制半径为：

$$r_{极限}=\frac{P_e-P_w}{0.1458n\left(\frac{K}{\mu}\right)^{-0.4406}} \tag{8-11}$$

根据以上计算方法，取原油相对密度0.841g/cm³，平均黏度4mPa·s，生产压差16MPa，两相系数为2，得出在各渗透率下的极限井距见表8－5。

表8－5　各渗透率下的技术极限井距

层名	平均有效渗透率/$10^{-3}\mu m^2$	油层平均深度/m	极限井距/m
延9^1	18.62	1770.3	216
延9^2	16.74	1785.64	206
延9^3	15.77	1799.48	201
长2^1	13.05	1869.24	185
长2^2	11.69	1914.12	176
长2^3	12.18	1957.61	179
长$4+5^1$	3.95	2113.84	109
长$4+5^2$	3.71	2164.56	106
长7^1	6.89	2358.46	139
长7^2	9.75	2422.93	162
长8^1	4.19	2465.69	112
长8^2	5.38	2516.71	125

2)经济井距的确定

经济井距包括经济最佳井距和经济极限井距。经济最佳井距即经济效益最大时的井距，经济极限井距即经济效益为零的井距。考虑钻井成本、石油销售利润等因素，经济井距还受供求关系的影响，主要反映的是企业获得利润的大小；同时还应考虑银行贴现率因素，用将来值法确定经济最佳井距和经济极限井距是最合理的。

(1)经济井距的确定方法。根据苏联学者谢尔卡乔夫的计算，最终采收率与井网密度的关系：

$$E_R = E_D e^{-a/s} \tag{8-12}$$

油田开发期限内原油销售收入将来值：

$$V_1 = G[NE_D e^{-a/s}/t][(1+i)^t - 1]/i \tag{8-13}$$

开发投资的将来值：

$$V_2 = ASM(1+i)^{t-1} \tag{8-14}$$

开发期限内维修管理费用的将来值：

$$V_3 = ASP[(1+i)^t - 1]/i \tag{8-15}$$

油田净收入的将来值：

$$V = V_1 - V_2 - V_3 \tag{8-16}$$

即：

$$V = G[NE_D e^{-a/s}/t][(1+i)^t - 1]/i - ASM(1+i)^{t-1} - ASP[(1+i)^t - 1]/i \tag{8-17}$$

式(8-17)中将净收入将来值 V 作为井网密度 S 的函数，令 $dV/dS=0$，此时的 V 即为最大净收入，S 为经济最佳井网密度。

令 $dV/dS=0$，得

$$(GNE_D e^{-a/s}/t)\{[(1+i)^t - 1]/i\}(a/s^2) - AM(1+i)^{t-1} - AP[(1+i)^t - 1]/i = 0 \tag{8-18}$$

设

$$f(S) = (GNE_D e^{-a/s}/t)\{[(1+i)^t - 1]/i\}(a/s^2) - AM(1+i)^{t-1} - AP[(1+i)^t - 1]/l \tag{8-19}$$

则满足 $f(S)=0$ 的井网密度 S 就是经济最佳井网密度。

式中 N——原油地质储量，10^4t；

E_D——水驱油效率；

a——井网指数，口/km^2；

S——井网密度，口/km^2；

A——含油面积，km^2；

M——单井总投资，10 万元；

P——单井维修及管理费用，10 万元；

G——原油价格，元；

t——开发期限，a；

i——贴现率。

根据经济极限井距定义，经济极限井网密度是指盈利为零时的井网密度，在式(8－17)中，即 $V=0$，$V=0$ 时的井网密度 $S(V=0)$ 即为经济极限井网密度。

(2)经济井距的求解方法。

①用经验公式求取 a 值：

$$a=18.14\left(\frac{K_{air}}{\mu_0}\right)^{-0.4218} \qquad (8-20)$$

式中 K_{air}——空气渗透率，$10^{-3}\mu m^2$；

μ_0——底层原油黏度，mPa·s。

根据以上推导方法，求取极限经济井网密度和最佳经济井网密度。

选取油田资料，计算极限经济井距和最佳经济井距方法如下：

确定经济井网密度的参数如表 8－6 所示。

表 8－6　确定井网密度所用参数

参 数	数 值	参 数	数 值
E_D	0.589	$N/10^4$t	574.75
j	0.123	A/km^2	12.31
M/万元	377.5	P/万元	16.678
t/a	30	$K_{air}/10^{-3}\mu m^2$	40
μ_0/mPa·s	2.3	S_0/(口/km^2)	20

由于经济井距受供应关系影响，分别取油价为 2000 元/t、2500 元/t、3000 元/t、3500 元/t、4000 元/t，地层渗透率分别取 $10\times10^{-3}\mu m^2$、$20\times10^{-3}\mu m^2$，根据以上方法计算，确定不同地层渗透率不同油价下的经济极限井网密度和最佳经济井网密度见表 8－7；井网密度与井距之间的换算见表 8－8。

根据表 8－8 中井网密度与井距之间的关系，取油价为 2000 元/t，地层渗透率为$(10\sim20)\times10^{-3}\mu m^2$，计算经济极限井距和经济最佳井距如表 8－9 所示。

表 8-7　不同油价及地层渗透率下的经济井网密度

渗透率/ $10^{-3}\mu m^2$	最佳井网密度/(口/km^2)					极限井网密度/(口/km^2)				
	2000 元/t	2500 元/t	3000 元/t	3500 元/t	4000 元/t	2000 元/t	2500 元/t	3000 元/t	3500 元/t	4000 元/t
10	19.24	22.26	24.97	27.46	29.76	52.26	68.25	84.14	99.99	115.81
20	17.37	19.95	22.28	24.41	26.39	55.2	71.07	86.89	102.69	118.48

表 8-8　面积注水井网特征参数表

项目		线状行列	交错排状井网	五点井网	七点井网	方七点井网	九点井网	菱形反九点井网	矩形五点井网	不等距线状井网
正井网	P	1:01	1:01	1:01	2:01	2:01	3:01	3:01	1:01	1:02
	f	$2d^2$	$1.732d^2$	$2d^2$	$1.299d^2$	$1.5d^2$	$1.333d^2$	$0.385d^2$	$0.57d^2$	$1.155d^2$
	S	d^2	$0.866d^2$	d^2	$0.866d^2$	d^2	d^2	$0.289d^2$	$0.289d^2$	$0.385d^2$
	形状	□	△	□	△	□	□	△	□	□
反井网	P	—	—	—	1:02	1:02	1:03	1:03	1:01	2:01
	f	—	—	—	$2.598d^2$	$3d^2$	$4d^2$	$1.155d^2$	$0.57d^2$	$0.578d^2$
	S	—	—	—	$0.866d^2$	d^2	d^2	$0.289d^2$	$0.289d^2$	$0.385d^2$
	形状	—	—	□	△	□	□	△	□	□

注：P—注采井数比；d—井距；f—单元注水井控制注水面积，即井网密度的倒面积；S—单元控制数，km^2/口；△—三角形井网；□—方形井网。

表 8-9　不同地层渗透率下的经济井距

渗透率/ $10^{-3}\mu m^2$	线状行列五点井网 九点井网反九点井网		七点井网反七点井网 交错排状行列		菱形九点井网 矩形五点井网		不等距线状井网	
	最佳经济井距/m	极限经济井距/m	最佳经济井距/m	极限经济井距/m	最佳经济井距/m	极限经济井距/m	最佳经济井距/m	极限经济井距/m
10	228	138	245	149	424	257	367	223
20	240	135	258	145	446	250	387	217

3)经济合理井距的确定

油藏合理经济井网密度一般是以经济最佳井网密度和经济极限井网密度分别为上下限，根据油田的地质特点，在其之间优选一种比较实用的井网密度，在油藏实际开发中通常使用“加三分差”的方法得到，即以经济最佳井网密度为下限，在其基础上，加上经济最佳井网密度与经济极限井网密度差值的三分之一。

在不同油价不同渗透率条件下计算得到的合理井网密度见表8－10，通过井网密度和井距关系，取油价为2000元/t，地层渗透率为(10～100)×10^{-3} μm^2，计算合理井距见表8－11。

表8－10　不同油价及地层渗透率下的合理井网密度

渗透/10^{-3} μm^2	2000元/t	2500元/t	3000元/t	3500元/t	4000元/t
10	30.25	37.59	44.7	51.63	58.45
20	29.98	36.99	43.82	50.51	57.08

表8－11　不同油价及地层渗透率下的合理井距

渗透率/10^{-3} μm^2	线状行列五点井网 九点井网反九点井网	七点井网反七点井网 交错排状行列	菱形九点井网 矩形五点井网	不等距线状井网
10	168.21	180.76	312.87	270.95
20	169.72	182.41	315.57	273.6

8.4.2　油田注水方式选择

油田注水方式是指油水井在油藏中所处的部位和注水井与生产井之间的排列关系。目前，国内外油田应用的注水方式或注采系统，归纳起来主要有边缘注水、切割注水和面积注水三种。

1. 边缘注水

边缘注水就是把注水井按一定的形式布置在油水过渡带附近进行注水。边缘注水方式的适用条件为：油田面积不大，中小型油田，油藏构造比较完整；油层分布比较稳定，含油边界位置清楚；外界和内部连通性好，油层的流动系数较高，特别是注水井的边缘地区要有很好的吸水能力，保证压力能够有效地传播，水线能够均匀地推进。

根据注水井在油水过渡带附近所处的位置，又可将边缘注水分为：边外注水、边上注水、边内注水。

以该区块长4＋5油层为例，该储层以自东北向西南的多分支河道沉积形式为主，沉积微相图如图8－1、图8－2所示，不满足边缘注水的适用条件，所以不能采用此种注水方式。

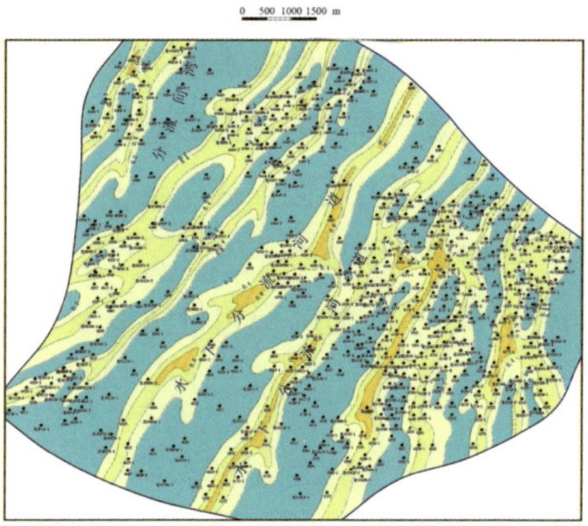

图 8－1　樊学罗茆油区长 4＋5^2 沉积微相图

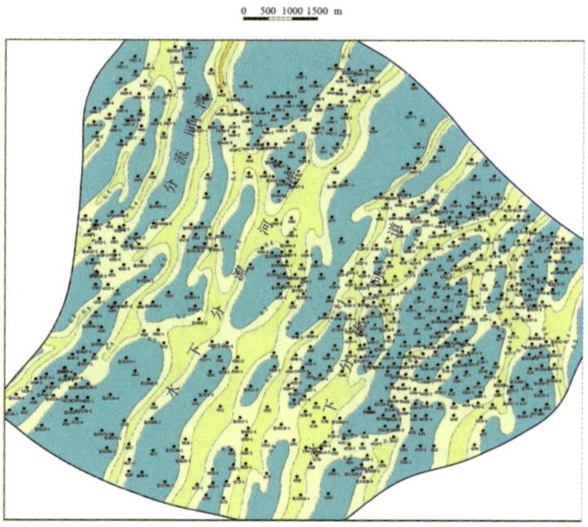

图 8－2　樊学罗茆油区长 4＋5^1 沉积微相图

2. 切割注

切割注水就是利用注水井排将油藏切割成为若干区块，每个区块可以看成是一个独立的开发单元，分区进行开发和调整，这种布井形式称为切割注水或行列切割注水，如图 8－3 所示。两排注水井排之间可以布置三排、五排生产井。两排注水井排之间的区域叫切割区。切割区是独立的开发单元，亦称为开发区或动态区。两个注水井排之间的垂直距离称为切割距，切割距的大小取决于油层连通状况、渗透率高低以及对采油速度的要求。注水井排的分布方向称为切制方向，一般分为横切割、纵切割和斜切割。

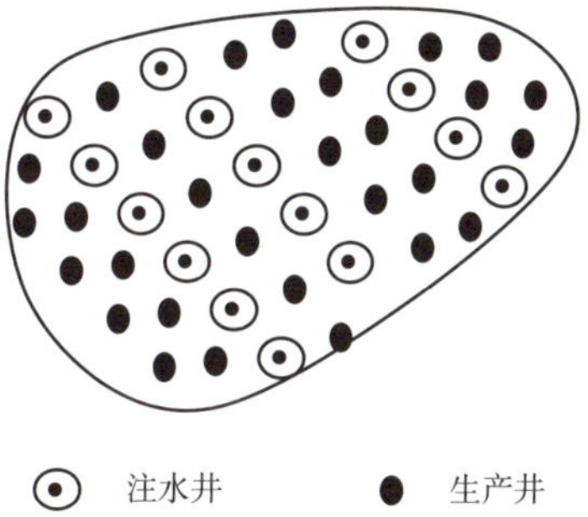

图 8－3　切割注水

切割注水方式适用于油层大面积稳定分布且具有一定的延伸长度；在切割区内，注水井排与生产井排要有较好的连通性；油层渗透率较高，具有较高的流动系数。这样，注水效果才能较好地传递到生产井排，以便确保所要求的采油速度。

采用切割注水的优点是：①可以根据油田的地质特征来选择切割井排的最佳切割方向和切割区的宽度；②可以优先开采高产地带；③使产量很快达到设计要求；④根据对油藏地质特征新的认识，便于修改和调整原来的注水方式。另外，这种注水方式能减少注入水的外逸，切割区内的储量能一次全部动用，从而提高采油速度。

但是，这种注水方式也有一定的局限性，主要是：不能很好地适应油层的非均质性，对于平面上油层性质变化较大的油田，有相当部分的水井处于低渗地带，影响注水效率；注水井间干扰大，井距小时干扰更大。使吸水能力大幅度降低；行列注水方式是多排开采，中间井排由于受到第一排井的遮挡影响，注水受效程度明显变差；在注水井排两侧的开发区内，油层压力不会保持一致，其地质条件也不相同，因此有可能出现区间不平衡，增加平面矛盾。

结合切割注水的适用条件和优缺点，同样对长 4 + 5 的沉积相带图以及现有井的连通性分析，该区块并不适合切割注水。

3. 面积注水

面积注水是指注水井和油井按一定的几何形状和密度，均匀地布置在整个开发区上进行注水和采油的系统。这种注水方式实质上是把油田分割成许多更小的单元。一口注水井和几口生产井构成的单元称为注采井组，又称注采单元。

面积注水方式适用的油层条件：①油层分布不规则，延伸性差；②油层渗透性差，流动系数低；③油田面积大，但构造不完整，断层分布复杂；④面积注水方式亦适用于油田后期强化开采。当油层具备切割注水或其他注水方式条件，但还要求达到更高的采油速度时，可以考虑采用面积注水方式。由于该区块已开采一段时间，且油层渗透性差，流动系数低，砂体分布比较分散，所以应采用面积注水方式。

在面积注水下，所有油井都处于注水井第一线，有利于油井收效；注水面积大，注水收效快；每口油井有多向供水条件，采油速度高。由于面积注水的特点较显著，目前面积注水几乎被所有注水开发油田或进行二次采油油田所采用。面积注水分为五点法面积注水、七点法面积注水、九点法面积注水和直线排状系统等。不同的注水系统(注水井和生产井的布置)都是以三角形或正方形为基础的开发网井。在假定油田具有足够大的线性尺寸前提下，可以用以下参数表示布井方案的主要特征：生产井数和注水井数之比，每口注水井的控制面积单位，在正方形和三角形井网条件下井网的钻井密度(每口井的控制面积)。

Ⅰ—直线排状系统：注采井的排列关系为一排生产井和一排注水井相互间隔，生产井与注水井相互对应，井排中井距与排距可以不等。在此系统下 $m = 1:1$，$f = 2a^2$，$s = a^2$。

Ⅱ—五点系统：油水井均匀分布，相邻井点位置构成正方形，油井在注水井正方形的中心，构成一个注水单元。此时，$m = 1:1$，$f = 2a^2$，$s = a^2$。这是一种常用的强注强采的注采方式。

Ⅲ—反九点系统：每一个注水单元为一个正方形，其中有一口注水井和八口生产井。注水井位于注水单元中央，四口生产井布于四个角上(称为角井)，另四口生产井布于正方形四个角上(称为边井)。此时，$m=3:1$，$f=4a^2$，$s=a^2$。

Ⅳ—九点系统：每一个注水单元为一个正方形，其中有一口注水井和八口生产井。生产井布于注水单元中央，八口注水井布于四角和四边。在此方式下，$m=1:3$，$f=1.333a^2$，$s=a^2$。

Ⅴ—反方七点(歪四点)系统：注水井的井点构成三角形，生产井布于三角形中心，即生产井构成歪六边形，生产井在中心。此时，$m=2:1$，$f=3a^2$，$s=a^2$。

Ⅵ—方七点系统：注水井构成歪六边形，生产井在中心。此时，$m=1:2$，$f=1.5a^2$，$s=a^2$。

Ⅳ、Ⅴ、Ⅵ是各种蜂窝状注采系统，在某些情况下，可采用该注水方式。

布井系统以三角形井网为基础，井间距离为 a，注采系统布井方式有如下几种：

Ⅰ—反七点(正四点系统)：注水井的井点构成正三角形，中心为生产井，即生产井构成正六边形，注水井在中心。在此情况下，$m=2:1$，$f=2.598a^2$，$s=0.866a^2$。

Ⅱ—七点系统：每一个注水单元为一个正六边形，注水井布于正六边形的六个顶点，生产井布于中央。此时，$f=1.299a^2$，$s=0.866a^2$，$m=1:2$。

Ⅲ—交错排状系统：注采井排与生产井排相互间隔布置，注水井与生产井呈交错排列状布置。此时，$m=1:1$，$f=1.732a^2$，$s=0.866a^2$。

另外，有些注采井的井网，例如两点法或者三点法，则是为了某种可能的试注目的而采用的孤立布井方式，其余大部分注采井网属于重复周期布井。

4. 注采井网的面积波及系数

在均匀井网内，连接注水井和生产井的一条直线，是该两井之间的最短流线，该直线上的压力梯度也是最大，注入水在平面上将沿着这条最短流线先推进到生产井，以后才是沿其他的流线突入。因此，在油井见到水时，在注水井与生产井之间只有一部分储层面积被水所波及。水波及区在井网面积中所占的比例，就是均匀井网见水时的面积波及系数。

到目前为止，对均匀井网面积波及系数的研究，大多数是根据在各种简化模型下，用理论方法特别是用试验方法所获得的研究结果。根据 B·丹尼洛夫和

P·M·卡茨的研究结果可以得到面积注水系统流体运动的前缘微分方程的解，因而可以确定见水时的波及系数。

对于直线系统，见水时的面积波及系数计算公式为：

$$E_A=\frac{\frac{2\pi d}{a}-4\exp\left(-\frac{2\pi d}{a}\right)-2.776}{\frac{2\pi d}{a}-\left[1+8\exp\left(-\frac{2\pi d}{a}\right)\right]}\sqrt{\frac{1+M}{2M}} \qquad (8-21)$$

式中 E_A——注入剂的面积波及函数；

d——井排间的距离，m；

a——井排上的井间距离，m；

m——水(驱替剂)与油的流度比，可由式(8－22)确定：

$$m=\frac{\mu_0}{\mu_w K_{ro}(S_{wc})}[K_{ro}(\bar{S})+K_{rw}(\bar{S})] \qquad (8-22)$$

式中 μ_o——油的黏度，mPa·s；

μ_w——水的黏度，mPa·s；

$k_{rw}(\bar{S})$——水的相对渗透率，$10^{-3}\mu m^2$；

$K_{ro}(\bar{S})$——油的相对渗透率，$10^{-3}\mu m^2$；

$\bar{S}$——驱替前缘含水饱和度；

S_{wc}——束缚水饱和度。

当 $m\geqslant 1$ 时，在 $d/a\geqslant 1$ 的情况下，可由式(8－23)确定：

$$E_A=\left(1-0.4413\frac{a}{d}\right)\sqrt{\frac{1+m}{2m}} \qquad (8-23)$$

对于五点、反九点和反七点面积注水系统而言，见水时的面积波及系数可按式(8－24)、式(8－25)、式(8－26)分别确定为：

$$E_{A5}=0.718\sqrt{\frac{1+m}{2m}} \qquad (8-24)$$

$$E_{A9}=0.525\sqrt{\frac{1+m}{2m}} \qquad (8-25)$$

$$E_{A7}=0.743\sqrt{\frac{1+m}{2m}} \qquad (8-26)$$

应用式上述各式计算出的不同流度比条件下各类注采井网见水时的波及系数列于表8－12中。

表8－12　见水时各类井网的波及系数

流度比	直线式	五点式	反九点式	反七点式
1	0.5587	0.718	0.525	0.743
2	0.4838	0.622	0.455	0.675
3	0.4562	0.586	0.428	0.649
4	0.4417	0.568	0.415	0.635
5	0.4328	0.556	0.407	0.627
6	0.4267	0.548	0.401	0.621
7	0.4223	0.543	0.397	0.616
8	0.4190	0.538	0.394	0.613
9	0.4164	0.534	0.391	0.611
10	0.4143	0.532	0.389	0.608
12	0.4112	0.529	0.387	0.606
14	0.4089	0.526	0.384	0.604
16	0.4072	0.523	0.382	0.601
18	0.4059	0.522	0.381	0.600
20	0.4048	0.520	0.380	0.599
25	0.4029	0.518	0.379	0.597
30	0.4016	0.516	0.377	0.596
35	0.4007	0.515	0.376	0.595
40	0.4000	0.514	0.375	0.594
50	0.3990	0.513	0.375	0.594

分析表8－12可以得出：

（1）当流度比增加时，注水波及系数 E_A 很快趋于一定的恒定值：直线系统时为0.391，五点系统时为0.508，反九点系统时为0.371，反七点系统时为0.590。

（2）当流度比从1变到10时，注水波及系数降低很快，当进一步增加时，注水波及系数递减速度减缓。比如五点系统，当从1增加到10时，E_A 值降低了26%；而当从5变化到10时，E_A 值下降了4.3%。由此可见：应用不同的化学剂（如聚合物）使水稠化或降低水的相渗透率时，只有在驱替剂与原油的流度比＜5时，才有较明显的效果。

（3）正方形井网布井系统的波及系数低于三角形井网布井系统，尤其三角形井网反七点系统注水波及系数最高，五点系统次之。

8.5 开发方案设计

8.5.1 研究区块划分

根据第一节开发层系划分给出的结论，延 9 和长 2 划分为同一开发层系，长 4 +5 单独为一个开发层系，长 7、长 8 划分为同一开发层系，从不同的开发层系给出不同的注水方案。

后将它们命名为层系一、层系二、层系三，根据不同的开发层系统计各层系油水井数，并绘制油水井分布图。

由于油水井数比较多，又可以将该研究区块分割成三个小的区块来研究，每个区块的井位分布如图 8 – 4 ~ 图 8 – 6 所示。

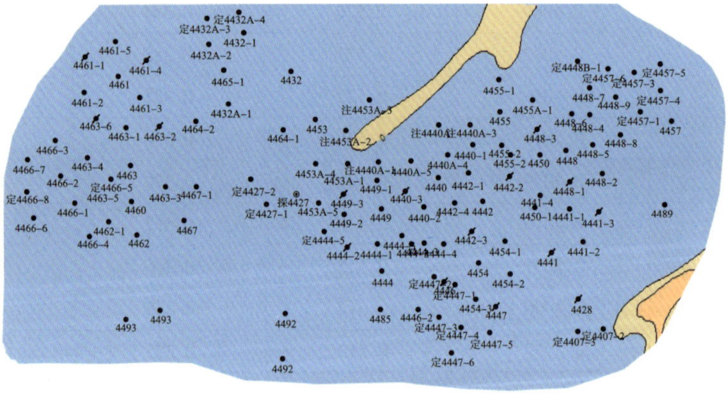

图 8 – 4　第一区块井位分布图

图 8 – 5　第二区块井位分布图

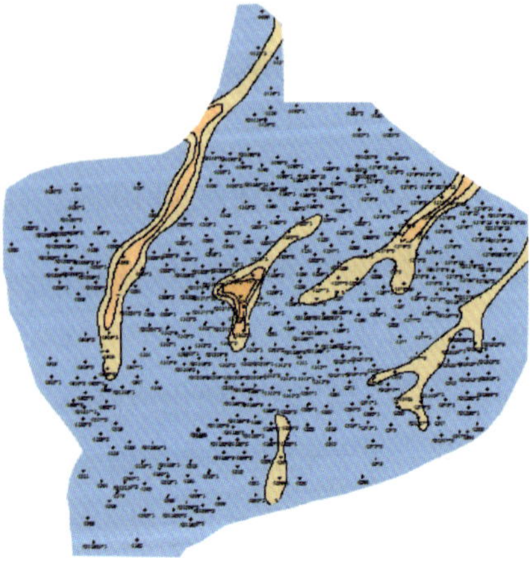

图 8 – 6　第三区块井位分布图

根据分区分层情况统计每个区块的每个层系的油井数见表 8 – 13：

表 8 – 13　各区块各开发层系油井统计表

	层系一		层系二	层系三	
	延 9	长 2	长 4 +5	长 7	长 8
第一区块/口	16	3	15	0	22
第二区块/口	17/2 停	5	38	12	12/7 停
第三区块/口	25	18/1 停	106	2	7

8.5.2　分区块转注井设计

综合前面讨论的合理井距以及面积注水的开发方式，根据生产井史，下列各图即为针对不同油层、不同区块进行的转注井设计图。

1. 第一区块

根据划分的区块范围，第一区块共 56 口井，延 9 油层 16 口，长 4 +5 油层 15 口，长 8 油层 22 口，结合他们所处的层系，进行面积注水油井转注设计，各油层转注井设计如图 8 –7 ~ 图 8 –9 所示。

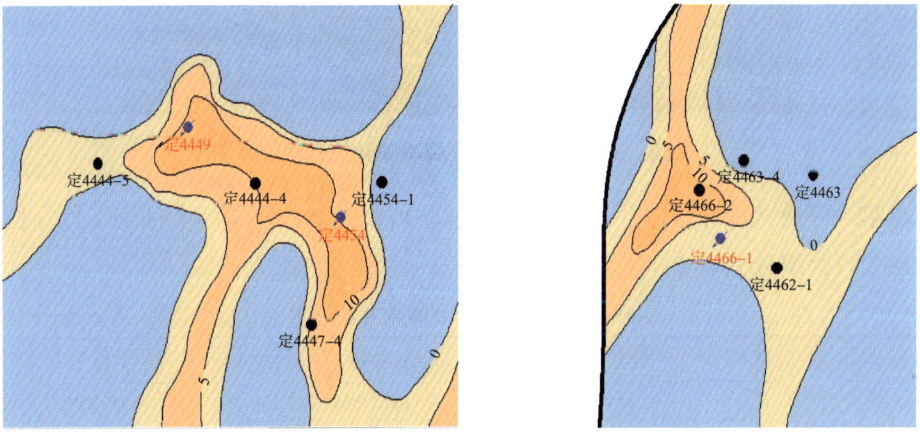

图 8 –7　第一区块延 9 层油井转注井设计图

延 9 油井转注井的定 4444 – 4、定 4447 – 4 为正在生产的井，定 4454、定 4449 停产，定 4444 –5、定 4455 –1 无井史，定 4466 –2 停产，定 4466 –1 明水停抽；其余油井全部停产。

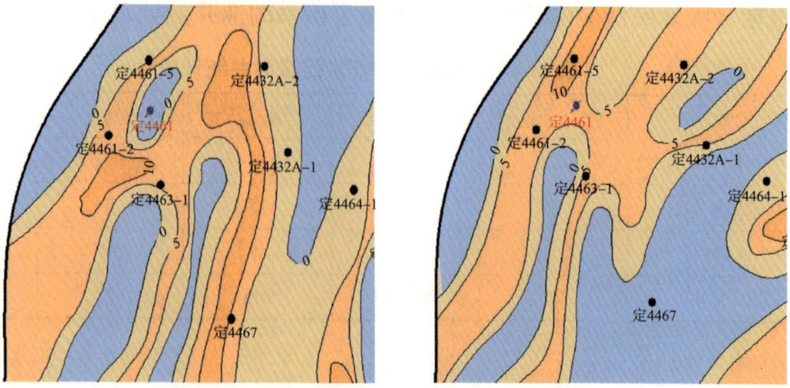

图 8－8　第一区块长 4 +5 层油层转注井设计图

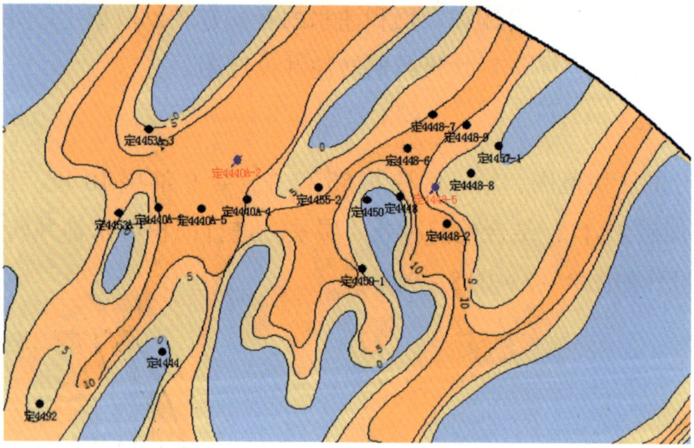

图 8－9　第一区块长 8 层油井转注井设计图

第一区块共设计转注井 6 口，分别是延 9 油层 3 口，长 4 +5 油层 1 口，长 8 油层 2 口，统计见表 8－14。

表 8－14　第一区块转注井统计表

	井号	横坐标 X	纵坐标 Y
延 9	定 4449	18733869	4115225
	定 4466－1	18731154	4115274
	定 4454	18734724	4114759
长 4 +5	定 4461	18731559	4116369
长 8	4440A－2	18734374	4115950
	定 4448－5	18735730	4115780

2. 第二区块

根据划分的区块范围，第二区块共 84 口井，延 9 油层 17 口，长 4 +5 油层

38 口，长 7 油层 12 口，结合他们所处的层系，进行面积注水油井转注设计，各油层转注井设计图 8－10～图 8－14 所示。

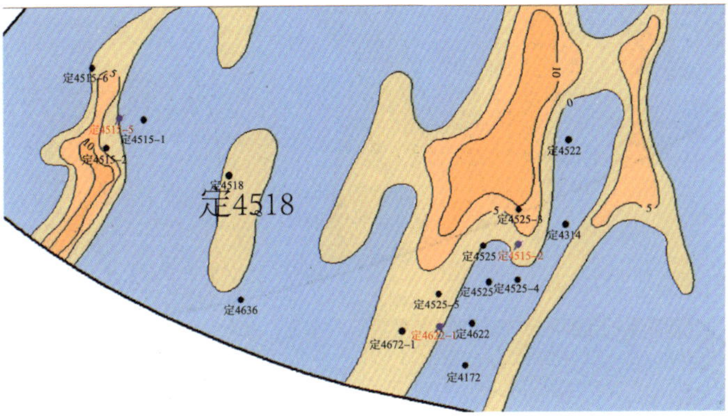

图 8－10　第二区块延 9_3 层油井转注井设计图

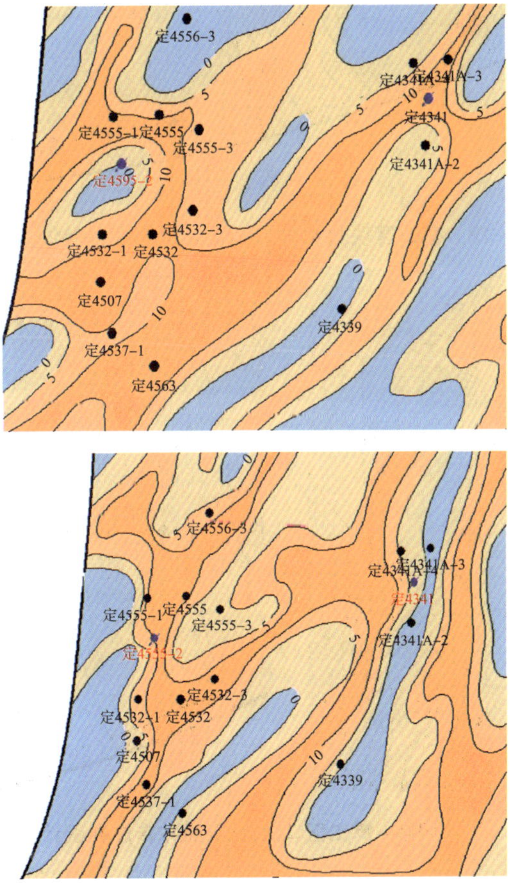

图 8－11　第二区块长 $4+5^1$ 层、$4+5^2$ 层油井转注井设计图

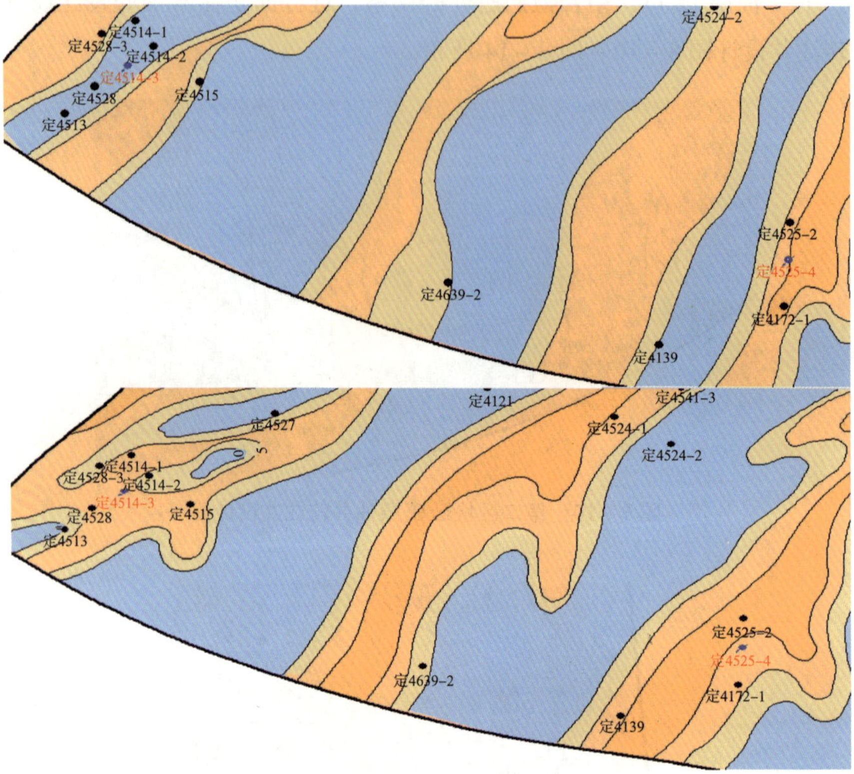

图 8－12　第二区块长 $4+5^1$ 层、$4+5^2$ 层油井转注井设计图

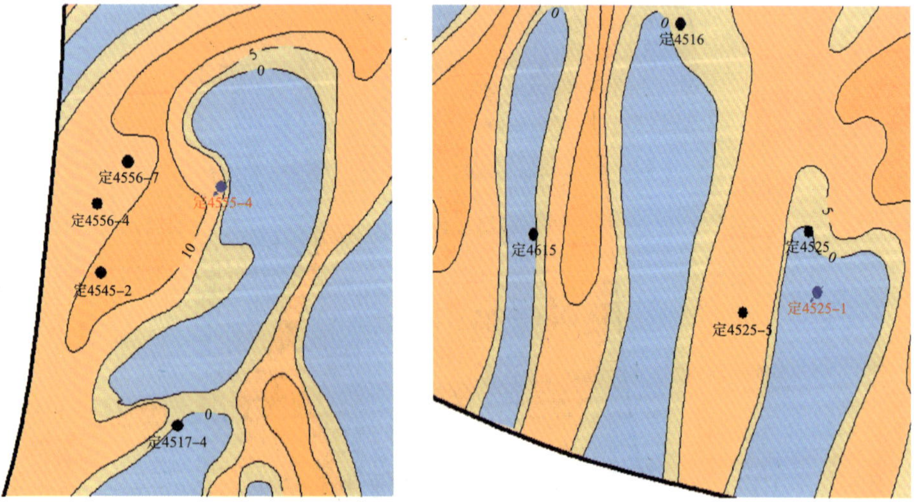

图 8－13　第二区块长 7^1 层油井转注井设计图

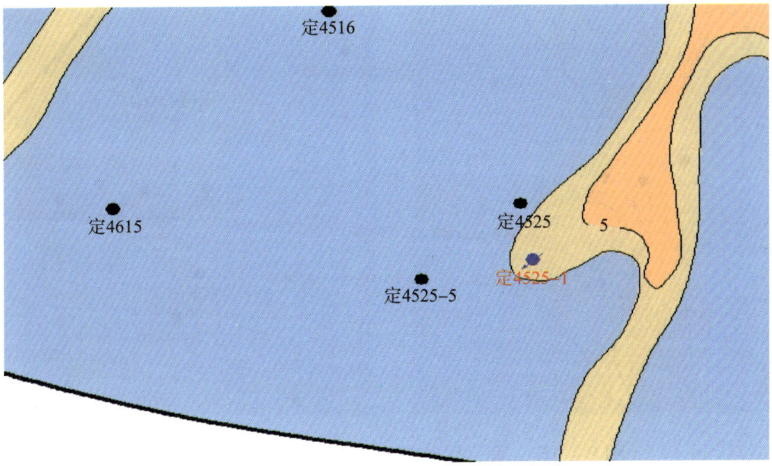

图 8－14　第二区块长 7^2 层油井转注井设计图

第二区块共设计转注井 8 口，分别是延 9 油层 2 口，长 4＋5 油层 2 口，长 7 油层 2 口，统计见表 8－15。

表 8－15　第二区块转注井统计表

	井号	横坐标 X	纵坐标 Y
延 9	定 4515－5	18730419	4109910
	定 4525－2	18733840	4108882
长 4＋5	定 4555－2	18730903	4112794
	定 4341	18732795	4113144
	定 4514－5	18729799	4110366
	定 4525－4	18733829	4108601
长 8	定 4555－4	18731248	4113285
	定 4525－1	18733579	4108583

3. 第三区块

根据划分的区块范围，第三区块共 158 口井，延 9 油层 25 口，长 2 油层 18 口，长 4＋5 油层 106 口，结合他们所处的层系，进行面积注水油井转注设计，各油层转注井设计如图 8－15～图 8－18 所示。

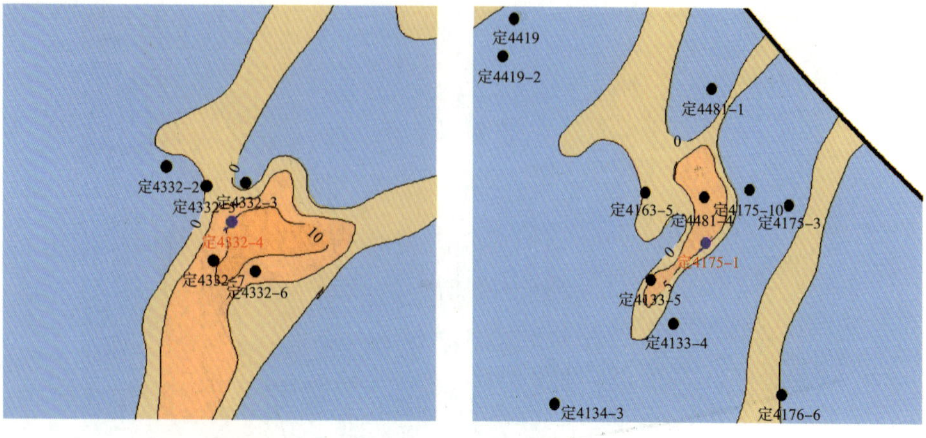

图 8－15　第三区块延 9^3 层油井转注井设计图

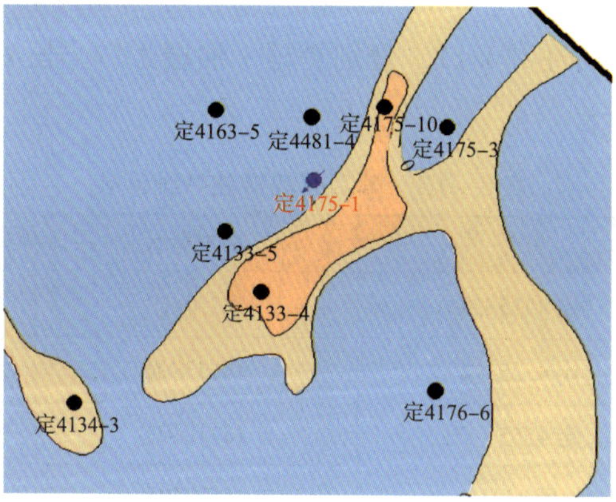

图 8－16　第三区块延 9^2 层油井转注井设计图

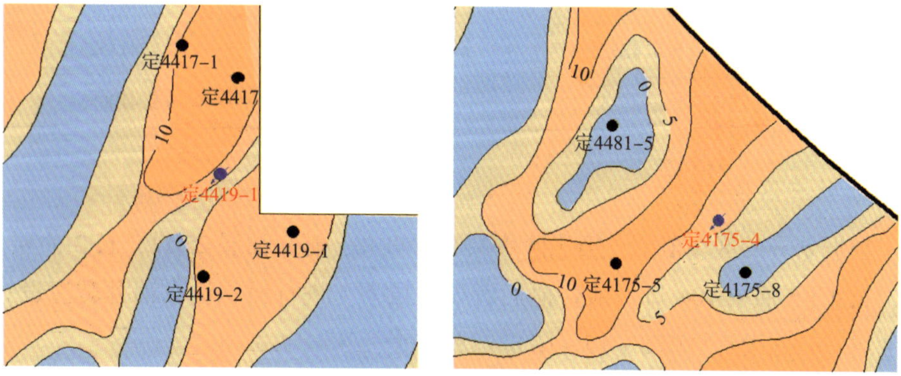

图 8－17　第三区块长 2 层油井转注井设计图

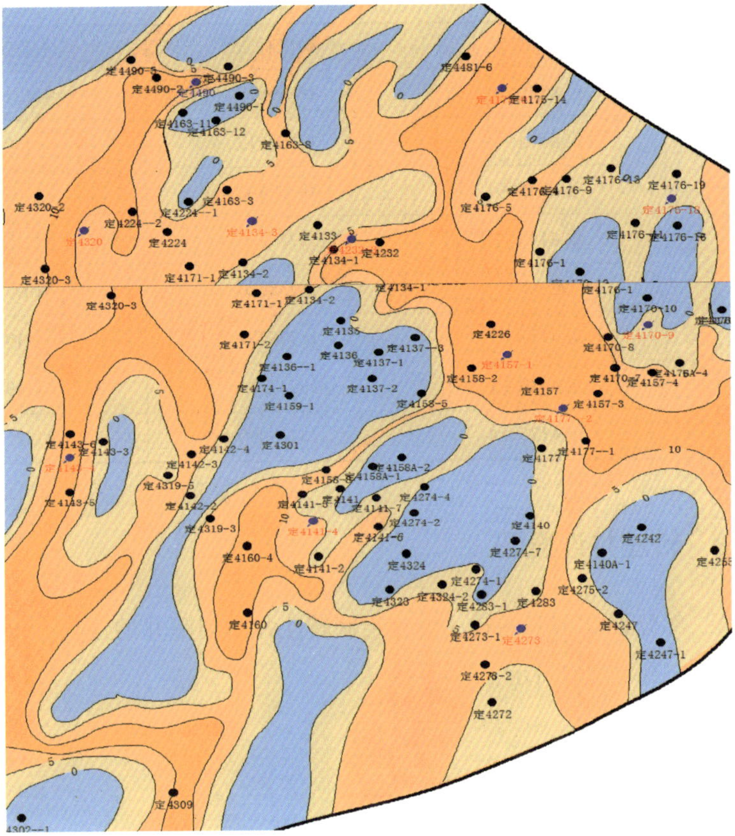

图 8－18　第三区块长 4 +5 层油井转注井设计图

第二区块共设计转注井 8 口，分别是延 9 油层 2 口，长 2 油层 2 口，长 4 +5 油层 12 口，统计见表 8　16。

表 8－16　第三区块转注井统计表

	井号	横坐标 X	纵坐标 Y
延 9	定 4332－4	18734473	4112606
	定 4175－1	18738398	4113541
长 4 +5	定 4490	18737170	4113773
	定 4320	18736444	4112680
	定 4134	18737740	4112527
	定 4232－3	18738164	4112603
	定 4176－18	18740211	4112888
	定 4175－9	18739134	4113710

续表

	井号	横坐标 X	纵坐标 Y
长 4 +5	定 4170 –9	18739629	4112134
	定 4175 –2	18738617	4113608
	定 4141 –4	18737482	4110559
	定 4143 –4	18736118	4110944
	定 4273	18738820	4109783
	定 4157 –1	18738731	4111900
长 2	定 4419 –1	18737294	4114949
	定 4175 –4	18739050	4113522

8.5.3　转注井连通图

根据第二部分设计出来的转注井，绘制转注井与周围井的连通栅状图，分层系如图 8 –19 ~ 图 8 –35 所示：

1. 延 9 层

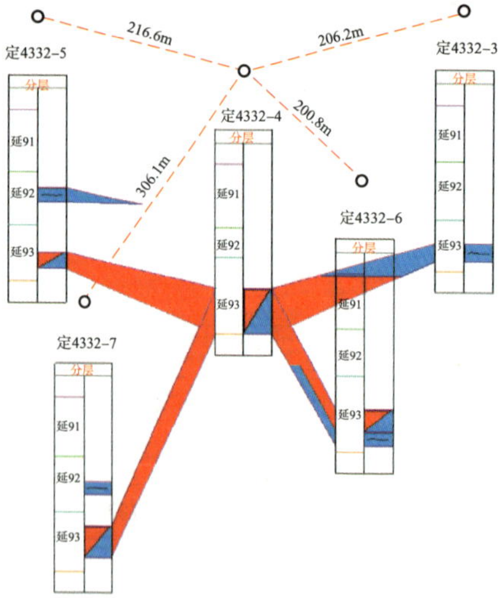

图 8 –19　定 4332 –4 井区
延 9 层栅状图

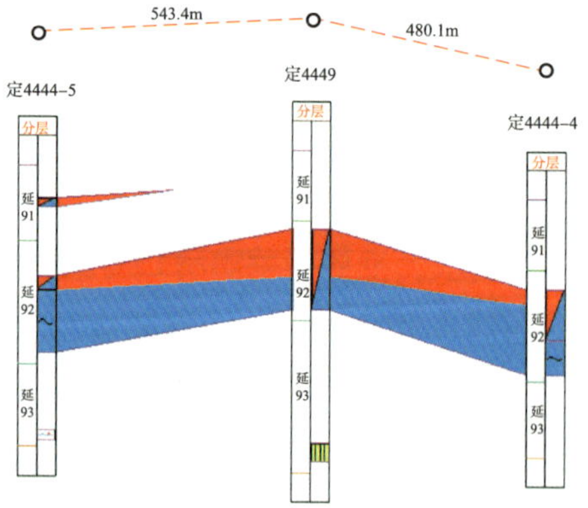

图 8 –20　定 4449 井区
延 9 层栅状图

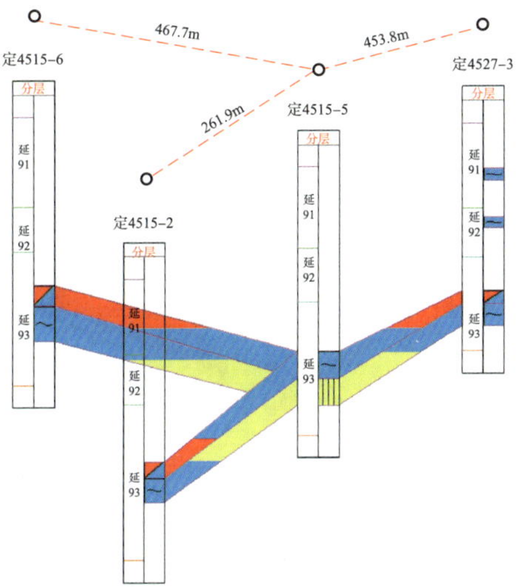

图 8-21　定 4515-5 井区
延 9 层栅状图

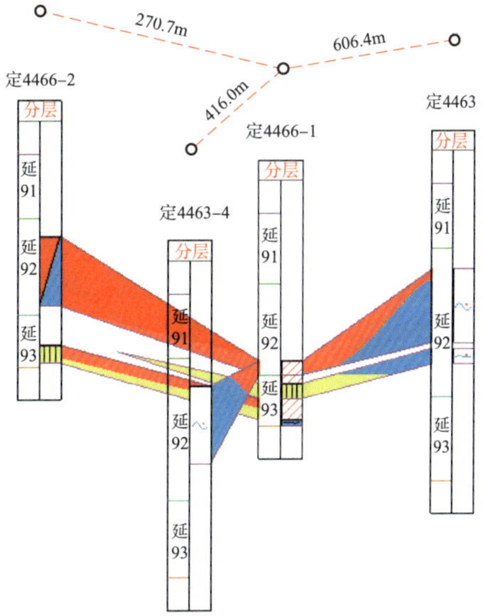

图 8-22　定 4466-1 井区
延 9 层栅状图

2. 长 2 层

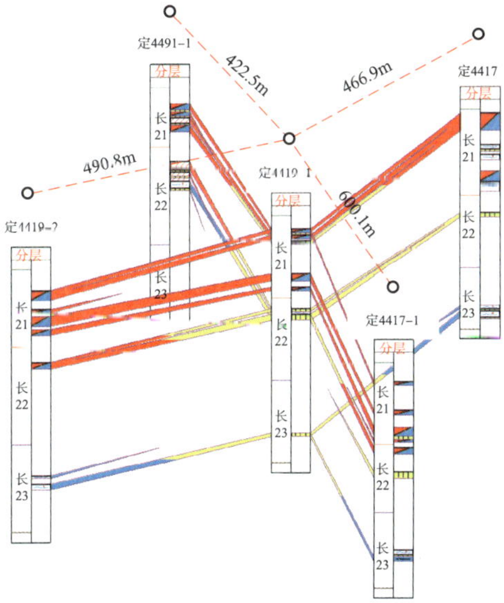

图 8-23　定 4419-1 井区
长 2 层栅状图

3. 长4+5

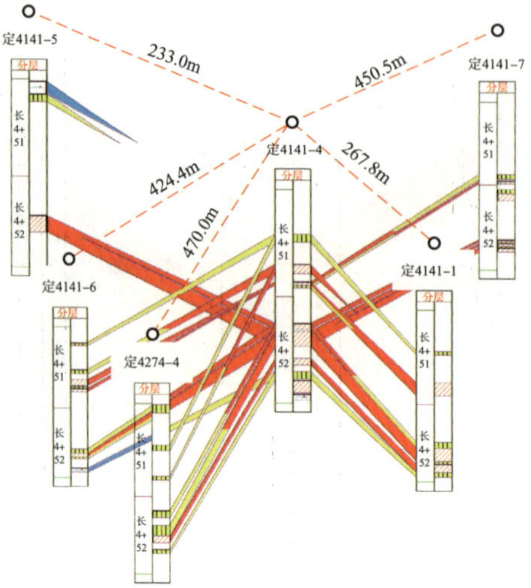

图8-24　定4141-4井区
长4+5层栅状图

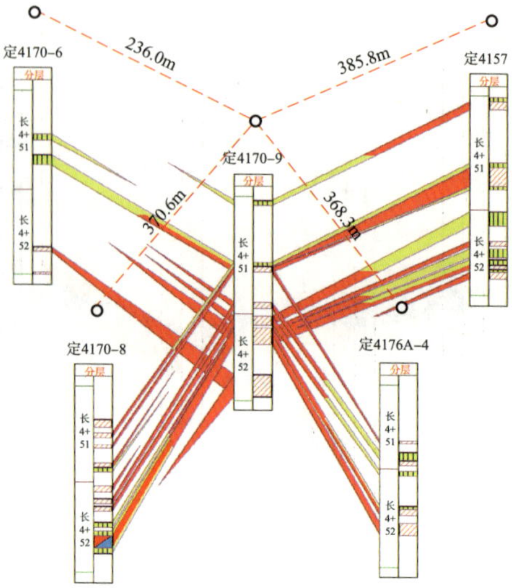

图8-25　定4170-9井区
长4+5层栅状图

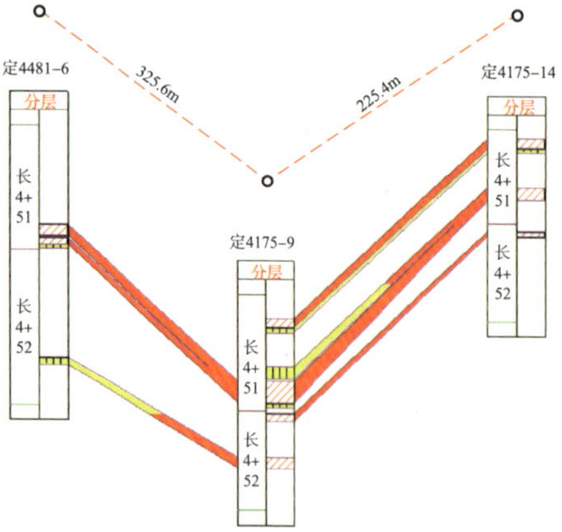

图8-26　定4175-9井区
长4+5层栅状图

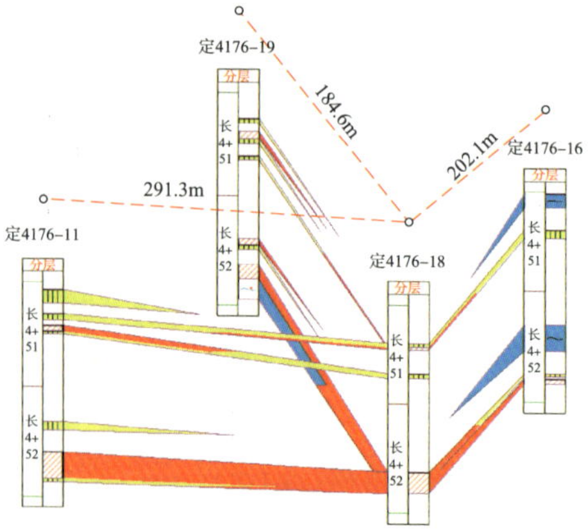

图8-27　定4176-18井区
长4+5层栅状图

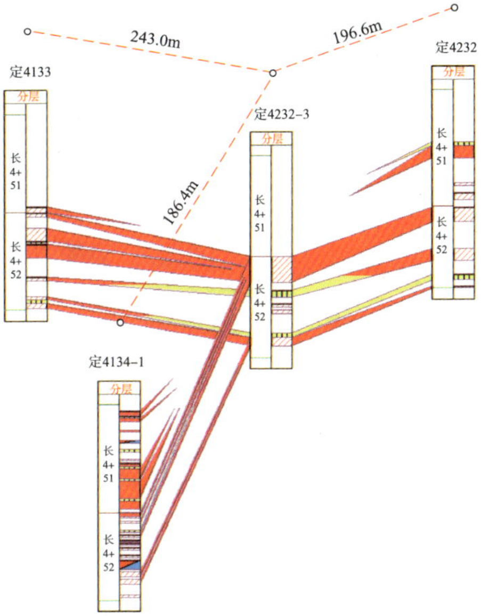

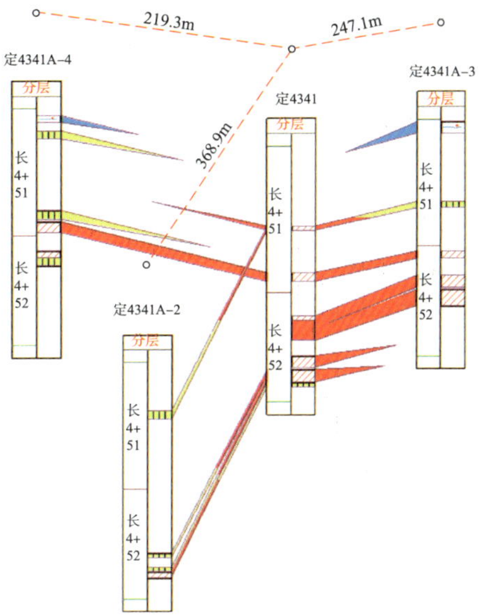

图 8-28　定 4232-3 井区
长 4+5 层栅状图

图 8-29　定 4341 井区
长 4+5 层栅状图

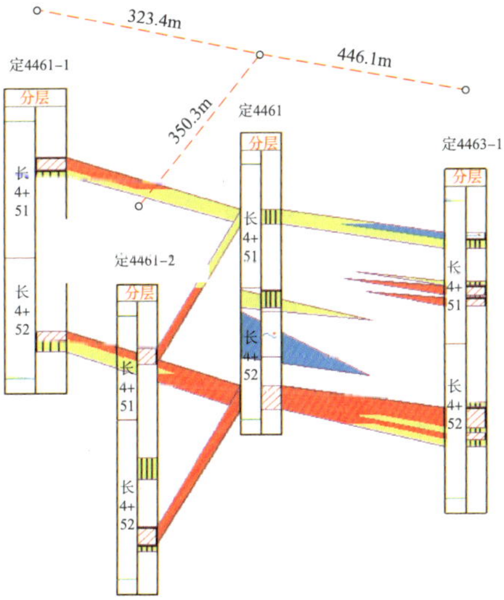

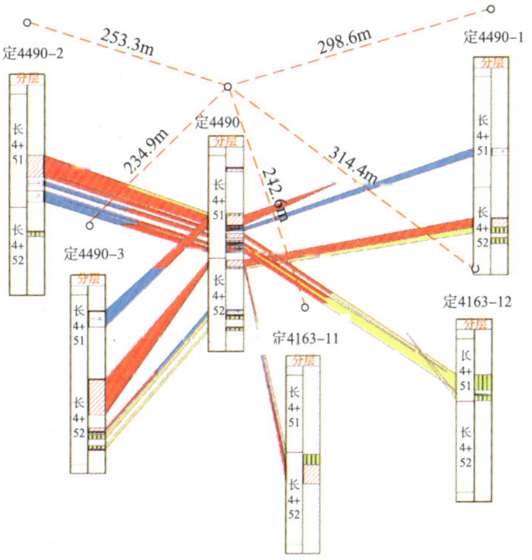

图 8-30　定 4461 井区
长 4+5 层栅状图

图 8-31　定 4490 井区
长 4+5 层栅状图

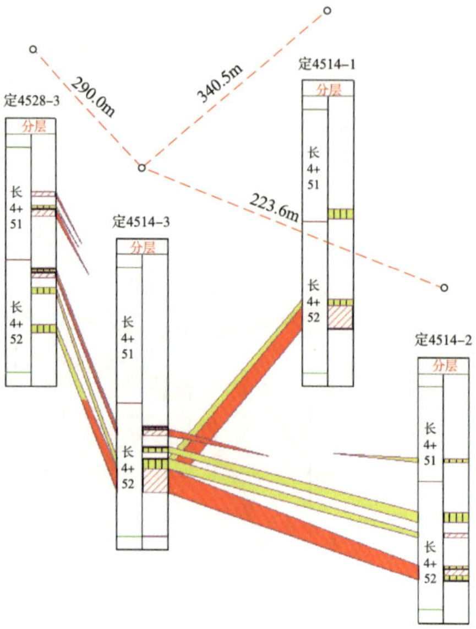

图 8 -32　定 4514 -3 井区
长 4 +5 层栅状图

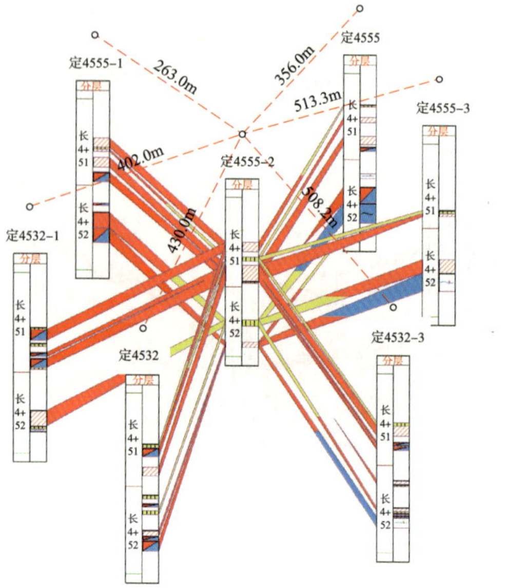

图 8 -33　定 4555 -2 井区
长 4 +5 层栅状图

4. 长 8

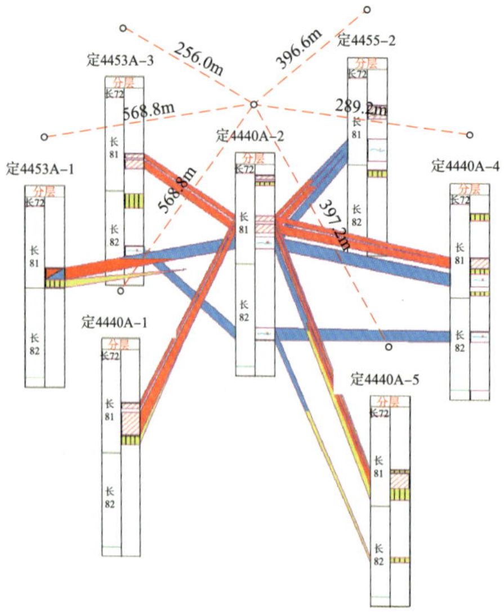

图 8 -34　定 4400A -2 井区
长 8 层栅状图

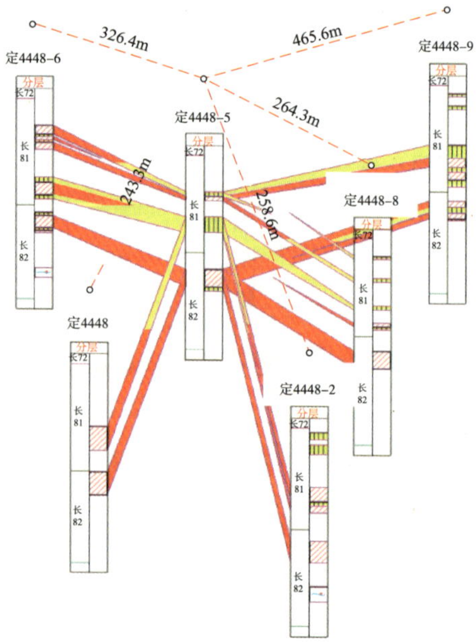

图 8 -35　定 4448 -5 井区
长 8 层栅状图

根据不同层位的油水相渗曲线以及前期的注入能量分析，得到不同层位的日注水量见表 8－17：

表 8－17　不同层位日注水配注量

开发层位	日注水量/m^3
C4＋5	10
C_8	15
C_2	15
Y9	18

参考文献

[1]赵俊兴，陈洪德．鄂尔多斯盆地侏罗纪早中期甘陕古河的演化变迁[J]．石油与天然气地质．2006(02).

[2]赵俊兴，陈洪德，傅锁堂，等．鄂尔多斯盆地侏罗系层序地层与盆地充填演化耦合关系[J]．成都理工大学学报(自然科学版)．2007(05).

[3]赵俊兴，陈洪德，向芳．鄂尔多斯盆地中部延安地区中侏罗统延安组高分辨率层序地层研究[J]．沉积学报．2003(02).

[4]赵俊兴，陈洪德，张锦泉．鄂尔多斯盆地下侏罗统富县组沉积体系及古地理[J]．岩相古地理．1999(05).

[5]赵俊兴，陈洪德，时志强．古地貌恢复技术方法及其研究意义——以鄂尔多斯盆地侏罗纪沉积前古地貌研究为例[J]．成都理工学院学报．2001(03).

[6]焦养泉，李思田，杨士恭，等．湖泊三角洲前缘砂体内部构成及不均一性露头研究[J]．地球科学．1993(04).

[7]焦养泉，李思田，杨士恭．三角洲－湖泊沉积体系及聚煤研究——以鄂尔多斯盆地神木地区延安组Ⅱ单元为例[J]．地球科学．1992(02).

[8]杨友运．鄂尔多斯盆地南部延长组沉积体系和层序特征[J]．地质通报．2005(04).

[9]杨友运，张蓬勃，张忠义．鄂尔多斯盆地西峰油田长8油组辫状河三角洲沉积特征与层序演化[J]．地质科技情报．2005(01).

[10]郭正权，张立荣，楚美娟，等．鄂尔多斯盆地南部前侏罗纪古地貌对延安组下部油藏的控制作用[J]．古地理学报．2008(01).

[11]郭正权，齐亚林，楚美娟，等．鄂尔多斯盆地上三叠统延长组储层致密史恢复[J]．石油实验地质．2012(06).

[12]郭正权，潘令红，刘显阳，等．鄂尔多斯盆地侏罗系古地貌油田形成条件与分布规律[J]．中国石油勘探．2001(04).

[13]康立明，任战利，卿颖，等．韩张油田长2储层研究[J]．石油地质与工程．2011(03).

[14]窦伟坦，刘新社，罗静兰，等．鄂尔多斯盆地姬塬地区上三叠统坡折带、斜坡类型与油藏的关系[J]．沉积学报．2010(06).

[15]窦伟坦，侯明才，陈洪德，等．鄂尔多斯盆地三叠系延长组油气成藏条件及主控因素研究[J]．成都理工大学学报(自然科学版)．2008(06).

[16]白玉彬，赵靖舟，方朝强，等．鄂尔多斯盆地长6油层组准连续型致密砂岩油藏形成机理[J]．石油实验地质．2013(01).

[17]白玉彬，罗静兰，王少飞，等．鄂尔多斯盆地吴堡地区延长组长8致密砂岩油藏成藏主

控因素[J]. 中国地质. 2013(04).
[18]杨华，张文正，蔺宏斌，等. 鄂尔多斯盆地陕北地区长 10 油源及成藏条件分析[J]. 地球化学. 2010(03).
[19]杨华，付金华，喻建. 陕北地区大型三角洲油藏富集规律及勘探技术应用[J]. 石油学报. 2003(03).
[20]杨华，窦伟坦，喻建，等. 鄂尔多斯盆地低渗透油藏勘探新技术[J]. 中国石油勘探. 2003(01).
[21]杨华，田景春，夏青松，等. 短期基准面旋回叠加样式与储层物性变化模式关系研究——以陇东地区三叠系延长组长 6 - 长 8 油层组为例[J]. 成都理工大学学报(自然科学版). 2004(05).
[22]杨华，钟大康，姚泾利，等. 鄂尔多斯盆地陇东地区延长组砂岩储层孔隙成因类型及其控制因素[J]. 地学前缘. 2013(02).
[23]张文正，杨华，李善鹏. 鄂尔多斯盆地长 9^1 湖相优质烃源岩成藏意义[J]. 石油勘探与开发. 2008(05).
[24]李吉君，吴慧，卢双舫，等. 鄂尔多斯盆地长 9 烃源岩发育与排烃效率[J]. 吉林大学学报(地球科学版). 2012.
[25]王香增，任来义，张丽霞，等. 鄂尔多斯盆地吴起—定边地区延长组下组合油源对比研究[J]. 石油实验地质. 2013(04).
[26]王香增，贺永红，张立宽，等. 鄂尔多斯盆地吴起—志丹地区长 10 烃源岩特征与生烃潜力[J]. 天然气地球科学. 2013(03).
[27]李荣西，张锡云，金奎励. 用镜质体反射率重建沉积盆地构造演化特征[J]. 矿物学报. 2001(04).
[28]李荣西，金奎励，廖永胜. 有机包裹体显微傅里叶红外光谱和荧光光谱测定及其意义[J]. 地球化学. 1998(03).
[29]李荣西，金奎励，杨友运. 煤源岩孔隙演化与煤成油气初次运移研究[J]. 中国煤田地质. 1998(01).
[30]周瑞，胡学智. 鄂尔多斯盆地西北部灵盐定地区油藏类型及其控制因素[J]. 石油实验地质. 2001(04).
[31]屈红军，杨县超，曹金舟，等. 鄂尔多斯盆地上三叠统延长组深层油气聚集规律[J]. 石油学报. 2011(02).
[32]赵靖舟，蒙晓灵，杨县超，等. 鄂尔多斯盆地北部姚店油田南区长 6 段沉积相特征及其控油规律[J]. 石油勘探与开发. 2006(01).
[33]赵靖舟，杨县超，武富礼，等. 论隆起背景对鄂尔多斯盆地陕北斜坡区三叠系油藏形成和分布的控制作用[J]. 地质学报. 2006(05).

[34]赵靖舟，武富礼，闫世可，等．陕北斜坡东部三叠系油气富集规律研究[J]．石油学报.2006(05).
[35]赵靖舟，李军，曹青，等．论致密大油气田成藏模式[J]．石油与天然气地质.2013(05).
[36]赵靖舟．幕式成藏的机理和规律探讨[J]．天然气工业.2006(03).
[37]武富礼，赵靖舟，闫世可，等．陕北地区中生界石油补偿成藏规律研究[J]．石油学报.2007(03).
[38]武富礼，王变阳，赵靖舟，等．鄂尔多斯盆地油藏序列特征及成因[J]．石油学报.2008(05).
[39]寿建峰，郑兴平，斯春松，等．中国叠合盆地深层有利碎屑岩储层的基本类型[J]．中国石油勘探.2006(01).
[40]寿建峰，张惠良，沈扬，等．中国油气盆地砂岩储层的成岩压实机制分析[J]．岩石学报.2006(08).
[41]寿建峰，朱国华，张惠良，等．中国北方含油气盆地中、新生界碎屑岩储层特征与评价[J]．中国石油勘探.2004(05).
[42]寿建峰，朱国华．砂岩储层孔隙保存的定量预测研究[J]．地质科学.1998(02).
[43]张兴阳．深水牵引流形成的床形单元组合[J]．古地理学报.2000(02).
[44]张兴阳，罗顺社，何幼斌．沉积物重力流－深水牵引流沉积组合——鲍玛序列多解性探讨[J]．江汉石油学院学报.2001(01).
[45]贾承造，邹才能，李建忠，等．中国致密油评价标准、主要类型、基本特征及资源前景[J]．石油学报.2012(03).
[46]邹才能，陶士振，袁选俊，等．连续型油气藏形成条件与分布特征[J]．石油学报.2009(03).
[47]邹才能，赵政璋，杨华，等．陆相湖盆深水砂质碎屑流成因机制与分布特征—以鄂尔多斯盆地为例[J]．沉积学报.2009(06).
[48]邹才能，陶士振，张响响，等．中国低孔渗大气区地质特征、控制因素和成藏机制[J]．中国科学(D辑：地球科学).2009(11).
[49]钟大康，周立建，孙海涛，等．储层岩石学特征对成岩作用及孔隙发育的影响——以鄂尔多斯盆地陇东地区三叠系延长组为例[J]．石油与天然气地质.2012(06).
[50]钟大康．储层毛管压力曲线的拟合及其地质应用[J]．沉积学报.1997(03).
[51]张义纲．油气地球化学的若干展望[J]．石油实验地质.2005(05).
[52]张义纲．一种快速的生油岩分析方法[J]．石油实验地质.1980(03).
[53]岳乐平．黄土高原黄土、红色黏土与古湖盆沉积物关系[J]．沉积学报.1996(04).
[54]岳乐平，王建其，邸世祥，等．油气田钻井岩芯及岩芯裂缝方位确定的古地磁原理与方法[J]．地球物理学进展.1997(03).

[55]赵文智，汪泽成，胡素云，等．中国陆上三大克拉通盆地海相碳酸盐岩油气藏大型化成藏条件与特征[J]．石油学报．2012(S2).
[56]赵文智，卞从胜，徐兆辉．苏里格气田与川中须家河组气田成藏共性与差异[J]．石油勘探与开发．2013(04).
[57]赵文智，王新民，郭彦如，等．鄂尔多斯盆地西部晚三叠世原型盆地恢复及其改造演化[J]．石油勘探与开发．2006(01).
[58]胡见义．石油地质学理论若干热点问题的探讨[J]．石油勘探与开发．2007(01).
[59]胡见义．石油地质学前沿和勘探新领域[J]．中国石油勘探．2004(01).
[60]胡见义，赵文智，窦立荣．中国含油气盆地与石油地质理论进展[J]．断块油气田．1996(02).
[61]何登发，李德生，何金有，等．塔里木盆地库车坳陷和西南坳陷油气地质特征类比及勘探启示[J]．石油学报．2013(02).
[62]李德生．中国多旋回叠合油气盆地的理论与勘探实践[J]．新疆石油地质．2013(05).
[63]罗晓容，张刘平，杨华，等．鄂尔多斯盆地陇东地区长 8^1 段低渗油藏成藏过程[J]．石油与天然气地质．2010(06).
[64]罗晓容．油气运聚动力学研究进展及存在问题[J]．天然气地球科学．2003(05).
[65]胡朝元．“源控论”适用范围量化分析[J]．天然气工业．2005(10).
[66]龚再升．异常压力油气田[J]．中国海上油气．1991(05).
[67]邱中建，龚再升，杨甲明．含油气盆地早期油气资源区域评价[J]．石油学报．1983(03).
[68]龚再升，邱中建，杨甲明．含油气盆地早期油气资源评价方法—局部圈闭评价[J]．石油学报．1983(03).
[69]张善文．再论“压吸充注”油气成藏模式[J]．石油勘探与开发．2014(01).
[70]张善文，王永诗，彭传圣，等．网毯式油气成藏体系在勘探中的应用[J]．石油学报．2008(06).
[71]庞雄奇，李丕龙，张善文，等．陆相断陷盆地相－势耦合控藏作用及其基本模式[J]．石油与天然气地质．2007(05).
[72]郝芳，邹华耀，龚再升，等．新(晚期)构造运动的物质、能量效应与油气成藏[J]．地质学报．2006(03).
[73]郝芳，邹华耀，杨旭升，等．油气幕式成藏及其驱动机制和识别标志[J]．地质科学．2003(03).
[74]金之钧，蔡立国．中国海相层系油气地质理论的继承与创新[J]．地质学报．2007(08).
[75]马安来，金之钧，张大江，等．流体包裹体在油气成藏和油藏评价研究中的应用[J]．海洋石油．2005(02).
[76]解习农，王增明．盆地流体动力学及其研究进展[J]．沉积学报．2003(01).

[77]解习农，刘晓峰，赵士宝，等．异常压力环境下流体活动及其油气运移主通道分析[J]．地球科学．2004(05)．
[78]解习农，刘晓峰．超压盆地流体动力系统与油气运聚关系[J]．矿物岩石地球化学通报．2000(02)．
[79]刘晓峰，解习农．储层超压流体系统的成因机制述评[J]．地质科技情报．2003(03)．
[80]刘晓峰，解习农．超压释放及其对油气运移和聚集的意义[J]．地质科技情报．2001(04)．
[81]李元昊，刘池洋，王秀娟，等．鄂尔多斯盆地西北部延长组下部幕式成藏特征[J]．石油学报．2009(01)．
[82]李元昊，刘池洋，独育国，王秀娟，黄锦绣．鄂尔多斯盆地西北部上三叠统延长组长8油层组浅水三角洲沉积特征及湖岸线控砂[J]．古地理学报．2009(03)．
[83]付金华，郭正权，邓秀芹．鄂尔多斯盆地西南地区上三叠统延长组沉积相及石油地质意义[J]．古地理学报．2005(01)．
[84]杨飏，郭正权，黄锦绣，等．鄂尔多斯盆地西南部延长组过剩压力与油藏的关系[J]．地球科学与环境学报．2006(02)．
[85]楚美娟，李士祥，刘显阳，等．鄂尔多斯盆地延长组长8油层组石油成藏机理及成藏模式[J]．沉积学报．2013(04)．
[86]楚美娟，郭正权，白嫦娥，等．鄂尔多斯盆地延长组长8^1油层浅水三角洲沉积模式[J]．石油天然气学报．2013(06)．
[87]马启富，陈斯忠，张启明．超压盆地与油气分布[M]．2000，北京：地质出版社．
[88]杨俊杰．鄂尔多斯盆地构造演化与油气分布规律[M]．北京：石油工业出版社，2002，1－30.
[89]赵重远，靳久强．含油气盆地流体流域系统及其油气聚集原理[J]．石油学报．2009(05)．
[90]赵重远，周立发．成盆期后改造与中国含油气盆地地质特征[J]．石油与天然气地质．2000(01)．
[91]黄第藩，尚慧芸．试论油源对比各类指标的理论基础及其可比性问题[J]．石油勘探与开发．1981(01)．
[92]黄第藩，李晋超．干酪根类型划分的X图解[J]．地球化学．1982(01)．
[93]黄第藩，李晋超．利用气相色谱资料探讨几种成油生源构成[J]．石油与天然气地质．1982(03)．
[94]黄第藩，李晋超，邬立言，等．陆相有机质演化的热解色谱研究[J]．石油勘探与开发．1983(03)．
[95]黄第藩，李晋超，张大江．干酪根的类型及其分类参数的有效性、局限性和相关性[J]．沉积学报．1984(03)．
[96]阎霞，黄第藩，李晋超．鄂尔多斯盆地上三迭统和中—下侏罗统干酪根性质的研究[J]．

石油勘探与开发 . 1985(02).
[97]潘志清，黄第藩，林壬子 . 原油和生油岩中完整短链甾类系列化合物(C20—C26)的发现及其意义[J]. 沉积学报 . 1991(02).
[98]李文厚，柳益群，冯乔 . 川口油田长 6 油层组沉积相特征与储集条件[J]. 西北大学学报(自然科学版). 1996(02).
[99]李文厚，周立发，赵文智，等 . 西北地区侏罗系的三角洲沉积[J]. 地质论评 . 1998(01).
[100]白清华 . 鄂尔多斯盆地上三叠统延长组浊沸石分布及成因探讨[D]. 西安：西北大学 . 2009.
[101]党犇，赵虹，付金华，等 . 鄂尔多斯盆地沉积盖层构造裂缝特征研究[J]. 天然气工业，2005，25(7)：14 –16.
[102]黄思静，黄可可，冯文立，等 . 成岩过程中长石、高岭石、伊利石之间的物质交换与次生孔隙的形成：来自鄂尔多斯盆地上古生界和川西凹陷三叠系须家河组的研究[J]. 地球化学，2009，38(5)：498 –506.
[103]罗静兰，刘小洪，林渝，等 . 成岩作用与油气侵位对鄂尔多斯盆地延长组砂岩储层物性的影响闭[J]. 地质学报，2006，27(2)：200 –208.
[104]罗静兰，张晓莉，张云翔，等 . 成岩作用对河流一三角洲相砂岩储层物性演化的影响一以延长油区上三叠统延长组长 2 砂岩为例 . 沉积学报，2001，19(4)：541 –547.
[105]柳益群，等 . 叠合改造型盆地的沉积成岩作用[J]. 西北大学学报(自然科学版)，2006.
[106]柳益群，关于成岩作用与变质作用界线的讨论 – 从沸石相谈起[J]. 地质评论，1996，42(3)：215 –223.
[107]任战利，赵重远，张军，等 . 鄂尔多斯盆地古地温研究[J]. 沉积学报，1994，12(1)：56 –65.
[108]任战利，张盛，高胜利，等 . 鄂尔多斯盆地构造热演化史及其成藏成矿意义[J]. 中国科学 D 辑地球科学，2007，37 卷增刊 I：23 –32.
[109]任战利 . 鄂尔多斯盆地热演化史与油气关系的研究[J]. 石油学报，1996，17(1)：17 –24.
[110]任战利 . 利用磷灰石裂变径迹法研究鄂尔多斯盆地地热史[J]. 地球物理报，1995，38(37)：339 –349.
[111]任战利等 . 志丹探区 1997 年石油勘探总结 . 延长石油管理局，1997.
[112]任战利 . 中国北方沉积盆地构造热演化史研究[M]. 北京：石油工业出版社 . 1996.
[113]任战利，张盛，高胜利，等 . 鄂尔多斯盆地热演化程度异常分布区及形成时期探讨[J]，地质学报，2006，80(5)：674 –682.
[114]陈荷立，罗晓容 . 砂泥岩中异常高流体压力的定量计算及其地质应用[J]. 地质论评 1988，34(1)：54 –63.

[115]何自新．鄂尔多斯盆地演化与油气[M]北京：石油工业出版社．2003.
[116]张小莉．定边东韩长2油层组复杂油水层识别技术[J]．西北大学学报(自然科版)，2010，40(1).
[117]张小莉．双孔隙介质砂岩储层测井响应特征及其油气意义[J]．测井技术，2006，30(4).
[118]张小莉．单砂体高部位油水倒置分布的成因机制[J]．沉积学报，2006，24(1).
[119]张金功．异常超压带内开启泥质岩裂隙的分布与油气初次运移[J]，石油与天然气地质，1996.
[120]张金功．泥质岩裂缝油气藏的形成条件及资源潜力[J]，《石油与天然气地质》，2002，4期．
[121]夏位荣，等．油气田开发地质学[M]．石油工业出版社．1999.
[122]于兴河．碎屑岩系油气储层沉积学[M]．北京：石油工业出版社．2002.
[123]赵澄林．沉积岩石学[M]．北京：石油工业出版社．2001.
[124]周鼎武，李文厚，张云翔，等．区域地质综合研究的方法与实践[M]．北京：科学出版社．2002.
[125]王金鹏，彭仕宓，赵艳杰，等．鄂尔多斯盆地史家湾地区长82－8段储层成岩作用及孔隙演化，石油天然气学报(江汉石油学院学报)，2008，30(2)：170－174.
[126]高辉，孙卫，宋广寿，等．鄂尔多斯盆地史家湾地区长8储层特低渗透成因分析与评价，地质科技情报，2008，27(5)：72－76.
[127]李博．西峰－史家湾地区长82_ 长8沉积相_ 古水流方向与物源研究[J]．西北大学硕士学位论文，2006.
[128]郑荣才．鄂尔多斯盆地长82油层组古盐度研究[J]，石油与天然气地质，1999，20(1)：21－24.
[129]赵俊兴，李凤杰，申晓莉，等．鄂尔多斯盆地南部长82和长7油层浊流事件的沉积特征及发育模式，2008，29(3)：390－394.
[130]杨友运．鄂尔多斯盆地南部延长组沉积体系和层序特征[J]．地质通报，2005，24(4)：370－372.
[131]陈全红．鄂尔多斯盆地南部三叠系延长组沉积体系与层序地层学研究[J]．西北大学硕士学位论文，2004.
[132]陈全红，李文厚，郭艳琴，等．鄂尔多斯盆地南部延长组浊积岩体系及油气勘探意义[J]．地质学报，2006，80(5)657－663.
[133]李克勤，等，长庆油田石油地质志[J]．石油工业出版社，1992.
[134]中国石油天然气总公司勘探局．层序地层学原理及应用[M]．北京：石油工业出版社，1998.

[135]中国石油天然气集团公司油气储层重点实验室．陆相层序地层学应用指南[M]．北京：石油工业出版社，2002.
[136]池秋鄂，龚福华．层序地层学基础及应用[M]．北京：石油工业出版社，2001.
[137]刘宝珺，曾允孚．岩相古地理基础和工作方法[M]．北京：地质出版社，1984.
[138]王良忱，张金亮．沉积环境和沉积相[M]．北京：石油工业出版社，1996.
[139]梅志超．沉积相与古地理重建[M]．西安：西北大学出版社，1994.
[140]中国石油天然气总公司勘探局．储层沉积学[M]．北京：石油工业出版社，1998.
[141]冯增昭．沉积岩石学[M]．北京：石油工业出版社，1993.
[142]冯增昭，王英华，刘焕杰，等．中国沉积学[M]．北京：石油工业出版社，1994.
[143]冯增昭，王英华，刘焕杰，等．中国沉积学，1994.
[144]曾允孚，夏文杰．沉积岩石学[M]．北京：地质出版社，1986.
[145]赵澄林，朱筱敏．沉积岩石学(第三版)[M]．北京：石油工业出版社，2004.
[146]刘宝珺，张锦泉．沉积成岩作用[M]．北京：科学出版社，1992.
[147]尹寿鹏，王贵文．测井沉积学研究综述[J]．地球科学进展，1999，14(5)：440~445.
[148]刘建明．沉积结构单元在油藏研究中的应用[M]．北京：石油工业出版社，2003.
[149]裘怿楠，薛叔浩，等．油气储层评价技术(修订版)[M]．北京：石油工业出版社，1997.
[150]许仕策，等．油藏描述译文集[M]．北京：石油工业出版社，1994.
[151]王捷．油藏描述技术(勘探阶段)[M]．北京：石油工业出版社，1996.
[152]裘怿楠，陈子琪．油藏描述[M]．北京：石油工业出版社，1996.
[153]徐守余．油藏描述方法原理[M]．北京：石油工业出版社，2005.
[154]王允诚．油气储层评价[M]．北京：石油工业出版社，1999.
[155]吴胜和，熊琦华，等．油气储层地质学[M]．北京：石油工业出版社，1998.
[156]邸世祥，祝总祺，等．碎屑岩储集层的孔隙结构及其成因与对油气运移的控制作用[M]．西安：西北大学出版社，1991.
[157]穆龙新．油藏描述的阶段性及特点[J]．石油学报，2000，9，21(5)：103－108.
[158]赵翰卿，付志国，吕晓光，等．大型河流－三角洲沉积储层精细描述方法[J]．石油学报，2000，7，21(4)：109－113.
[159]穆龙新．油藏描述技术的一些发展动向[J]．石油勘探与开发，1999，12，26(6)：42－46.
[160]李德生．重新认识鄂尔多斯盆地油气地质学[J]．石油勘探与开发，2004，12，31(6)：1－7.
[161]李阳．河道砂储层非均质模型[M]．北京：科学出版社，2001.
[162]张厚福，等．石油地质学[M]．北京：石油工业出版社，1999.
[163]赵重远．鄂尔多斯盆地的演化历史、形成机制和含油气有利地区[M]．西安：西北大学

出版社, 1990.

[164]HENDRIX MS . Evolution of Mesozoic Sandstone Compositions, Southern Junggar, Northern Tarim, and Western Turpan Basins, Northwest China: A Detrital Record of the Ancestral Tian Shan [J]. Journal of Sedimentary Research, 2000, 70(3): 520-532.

[165]ALFREDO A, JOSE L G. Tectonic and geomorphic controls on the fluvial styles of the Eslida Formation, Middle Triassic, Eastern Spain [J] . Tectonophysics, 1999, 315 (1-4): 187-207.

[166]JOLLY R, WEI L, PINE R J. Stress - Sensitive Fracture - Flow Modelling in Fractured Reservoirs. Society of Petroleum Engineers, [J]. SPE 59042, 2000: 1-10.

[167]HUDSON JA, POINTER T, et al. Effective - medium theories for flu - saturated materials with aligned, [J]. Geophysical Prospecting, 2001, 49(5): 509-522.

[168]MYUNG W, LEE. A simple method of predicting, Geology, [J], 2006, Vol. 71, P. F161-164.

[169]波特 P E, 裴蒂庄 F J. 古流和盆地分析[M]. 北京: 石油工业出版社, 1984.

[170]PRINZHOFER A, MELLO M R, TAKAKI T. Geochemical Characterization of Natural Gas: A Physical Multivariable Approach and Its Applications in Maturity and Migration Estimates[J]. AAPG Bulletin, 2000. 84: 1152-1172.

[171]LEE M K , WILLIAMS D D . Paleohydrology of the Delaware Basin, Western Texas: Overpressure Development, Hydrocarbon Migration, and Ore Genesis[J]. AAPG Bulletin, 2000, 84 (7): 171-180.

[172]Alaa M, Salem. Digenesis and Reservoir - Quality Evolution of Fluvial Sandstones during Progressive Burial and Uplift: Evidence from the Upper Jurassic: Boipeba Member, Reeneavo Basin, Northeastern Brazil [J]. AAPG Bulletin, 2000, 84: 1015-1040.

[173]TOBIN R C, CLAXTON B L. Multidisciplinary Thermal Maturity Studies Using Vitrinite Reflectance and Fluid Inclusion Microthermometry: A New Calibration of Old Techniques[J]. AAPG Bulletin, 2000, 84: 1647-1665.

[174]YAHI N, SCHAEFER R G, LITTKE R. Petroleum generation and accumulation in the Berkine basin, eastern Algeria[J]. Aapg Bulletin, 2001, 85(8): 1439-1467.

[175]HINDLE A D. Petroleum migration pathways and charge concentration; a three - dimensional model; reply[J]. AAPG Bulletin, 1999, 85(8): 1439-1467.

[176]TERKEN J. Petroleum systems of Oman: charge timings and risks[J]. Aapg Bulletin, 2001, 85 (10): 1817-1845.

[177]HUTTON A C, KANTSLER A J, COOK A C, et al. Organic in oil shales[J]. APEA Journal, 1980, 20: 44-63.

[178]CARLOS, ROSSI, ROBERT, et al. Fluid Inclusions Record Thermal and Fluid Evolution in

Reservoir Sandstones, Khatatba Formation, Western Desert, Egypt: A Case for Fluid Injection [J]. AAPG Bulletin, 2002, 86(10): 1773 - 1799.

[179]YOUNG M, LEE and DAVID D. Overpressures in the Anadarko basin, Southwestern Oklahoma: Static or dynamic[J]. AAPG Bulletin, 2002, 86(1): 145 - 160.

[180]MAGOON L B, DOW W G. The petroleum system. In: Magoon L B, Dow W G. The Petroleum System from source to trap[J]. AAPG Memoir, 1994, 60: 3 - 22.

[181]MATAVA T, ROONEY M A, CHUNG H M, et al. Migration effects on the composition of hydrocarbon accumulations in the OML 67 - 70 areas of the Niger Delta[J]. AAPG Bulletin, 2003, 87(7): 1193 - 1206.

[182]MUGGERIDGE A. The rate of pressure dissipation from abnormally Pressured compartments [J]. AAPG Bulletin, 2005, 89 (1): 61 - 80.

[183]JOHNSON C L. Geochemical characteristics and correlation of oil and Nonmarine source rocks from Mongolia [J]. AAPG Bulletin, 2003, 87(5): 817 - 846.

[184]HINDLE A D. Petroleum migration pathways and charge concentrations: A three - dimensional Model [J]. AAPG Bulletin, 1997, 81(9): 145 - 1481.

[185]DREYER T, SEHEIE A, WALDERHUUG O. Minipermeter - base study of permeability trends in Channel sand Bodies [J]. AAPG Bulletin, 1990, 74: 359 - 374.

[186]SALES J K. Jeal strength vs. trap closure - a fundamental control on the dlstribution of oil and gas [J]. AAPG Memoir, 1997, 67: 57 - 83.

[187]HOGG A J C, HAMILTON P J, MACINTYRE R M. Mapping Digenetic fluid flow within a reservoir: K - Ar Dating in the Alwyn area (UK North Sea) [J]. Marine and Petroleum Geology, 1993, 10: 279 - 294.

[188]GLASMANN J R, CLARK R A, LARTERS, et al. Diaggenesis in Bergen High area, North Sea: Relationship to hydrocarbon maturation and fluid flow, Brent sandstone [J]. AAPG Bulletin, 1989, 3: 1341 - 1360.

[189]DUTTON S P, KIM E M, BROADHEAD R F, et al. Play analysis and leading - edge oil - reservoir development methods in the Permian basin: Increased recovery through advanced technologies[J]. AAPG Bulletin, 2005, 89(5): 553 - 576.

[190]SRUOGA P, RUBINSTEIN N. Processes controlling porosity and permeability in volcanic reservoirs from the Austral and Neuquén basins, Argentina [J]. AAPG Bulletin, 2007, 91 (1): 115 - 129.

[191]MARKOWITZ A, LANDER R H, MILLIKEN K L. Digenetic modeling to assess the relative timing of quartz cementation and brittle grain process during compaction [J]. AAPG Bulletin, 2006, 90(6): 873 - 885.

[192] DIPRIMIO R, HORSFIELD B. From petroleum – type organofacies to hydrocarbon on Phase prediction [J]. AAPG Bulletin, 2006, 90(7): 1031 – 1058.

[193] WILKINSON M, HASZELDINE R S, AE FALLICK. Hydrocarbon filling and leakage history of a deep geopressured sandstone, Fulmar Formation, United Kingdom North Sea [J]. AAPG Bulletin, 2006, 90(12): 1945 – 1961.

[194] ZHOU H, CHEN, Kirk, et al. Geological risk mapping and prospect evaluation using multivariate and Bayesian statistical methods, western Sverdrup Basin of Canada [J]. AAPG Bulletin, 2006, 90(6): 859 – 872.

[195] JAMES, COLLISTER, ROBERT, et al. Modification of the petroleum system concept: Origins of alkanes and isoprenoids in crude oils [J]. Aapg Bulletin, 2004, 88(5): 587 – 611.

[196] EHRENBERG S N. Factors controlling porosity in Upper Carboniferous – Lower Permian carbonate Strata of the Barents Sea [J]. AAPG Bulletin, 88(12): 1653 – 1676.

[197] BOLES J R, EICHHUBL P, GARVEN G, et al. Evolution of a hydrocarbon migration pathway along basin – bounding faults: Evidence from fault cement [J]. Amer. assoc. petrol. geol. bulletin, 2004, 88(7): 947 – 970.

[198] HUBBERT M K. Entrapment of petroleum under hydrodynamic conditions [J]. AAPG Bulletin, 1953, 37: 1954 – 2026.

[199] ENGLAND W A, MACKENZIE A S, MANN D M, et al. The movement and entrapment of petroleum fluids in the surface journal of Geological Society [J], London, 1986, 144: 327 – 347.

[200] HUNT J M. Generation and migration of petroleum from abnormally pressure fluid Compartments [J]. AAPG Bulletin, 1990, 74(1): 1 – 12.

[201] TISSOT B P, WELTE D H. Petroleum Formation and Occurrence [J]. And Berlin: Springer, 1984. 699 – 704.

[202] MONTHIOUX M, LANDAIS P, DURAND B. Comparison between extracts from natural and artificial maturation series of Mahakam delta coals [J]. Org Geochem, 1986, 10(3): 299 – 311.

[203] MAGARA K. Compaction and Migration of Fluids in Miocene Mudstone, Nagaoka Plain, Japan [J]. Aapg Bulletin, 1968, 52: 2466 – 2501.